高等学校土木工程学科专业指导委员会规划教材
高等学校土木工程本科指导性专业规范配套系列教材
总主编 何若全

课书房
新/形/态/教/材

房屋建筑学（第4版）

FANGWU
JIANZHUXUE

主 编 王雪松 许景峰

主 审 李必瑜

U0241305

重庆大学出版社

内 容 提 要

本书是《高等学校土木工程本科指导性专业规范配套系列教材》之一。全书以文字为主,图文并茂,在内容上突出了新材料、新结构、新科技的运用,并从理论和原则上加以阐述。全书分为两篇:第一篇建筑设计主要介绍了建筑设计概述、单一空间设计、空间组合设计、建筑造型赏析、建筑物理环境、工业建筑设计;第二篇建筑构造主要介绍了建筑构造概述、墙体和基础、楼地层、楼梯、屋顶、门窗、预制装配式建筑。全书在主干知识体系上求精求实,突出重点、难点,适应少学时教学的要求,同时配套数字教学资源,以方便教学。

本书可作为高等学校土木工程、工程管理、给排水、建筑环境与能源工程等专业的教材,也可供从事建筑施工的技术人员自学参考。

图书在版编目(CIP)数据

房屋建筑学/王雪松,许景峰主编.--4 版.—重庆:重庆大学出版社,2021.9(2024.8 重印)
高等学校土木工程本科指导性专业规范配套系列教材
ISBN 978-7-5689-1087-3

Ⅰ.①房…　Ⅱ.①王…　②许…　Ⅲ.①房屋建筑学—高等学校—教材　Ⅳ.①TU22

中国版本图书馆 CIP 数据核字(2021)第 180516 号

高等学校土木工程本科指导性专业规范配套系列教材

房屋建筑学

(第4版)

主编　王雪松　许景峰

主审　李必瑜

策划编辑:林青山　王　婷

责任编辑:林青山　　版式设计:莫　西

责任校对:王　倩　　责任印制:赵　晟

*

重庆大学出版社出版发行

出版人:陈晓阳

社址:重庆市沙坪坝区大学城西路 21 号

邮编:401331

电话:(023)88617190　88617185(中小学)

传真:(023)88617186　88617166

网址:http://www.cqup.com.cn

邮箱:fxk@ cqup.com.cn(营销中心)

全国新华书店经销

重庆华林天美印务有限公司印刷

*

开本:889mm×1194mm　1/16　印张:15.75　字数:478 千

2013 年 5 月第 1 版　2021 年 9 月第 4 版　2024 年 8 月第 13 次印刷

印数:31 001—33 000

ISBN 978-7-5689-1087-3　定价:59.00 元

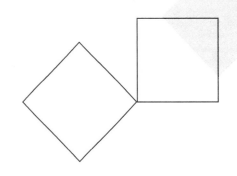

编委会名单

总 主 编： 何若全

副总主编： 杜彦良　　邹超英　　桂国庆　　刘汉龙

编　　委（以姓氏笔画为序）：

总　序

　　进入 21 世纪的第二个十年,土木工程专业教育的背景发生了很大的变化。《国家中长期教育改革和发展规划纲要(2010—2020 年)》正式启动,中国工程院和国家教育部倡导的"卓越工程师教育培养计划"开始实施,这些都为高等工程教育的改革指明了方向。截至 2010 年底,我国已有 300 多所大学开设土木工程专业,在校生达 30 多万人,这无疑是世界上该专业在校大学生最多的国家。如何培养面向产业、面向世界、面向未来的合格工程师,是土木工程界一直在思考的问题。

　　由住房和城乡建设部土建学科教学指导委员会下达的重点课题"高等学校土木工程本科指导性专业规范"的研制,是落实国家工程教育改革战略的一次尝试。"专业规范"为土木工程本科教育提供了一个重要的指导性文件。

　　由"高等学校土木工程本科指导性专业规范"研制项目负责人何若全教授担任总主编,重庆大学出版社出版的《高等学校土木工程本科指导性专业规范配套系列教材》力求体现"专业规范"的原则和主要精神,按照土木工程专业本科期间有关知识、能力、素质的要求设计了各教材的内容,同时对大学生增强工程意识、提高实践能力和培养创新精神做了许多有意义的尝试。这套教材的主要特色体现在以下方面:

　　(1)系列教材的内容覆盖了"专业规范"要求的所有核心知识点,并且教材之间尽量避免了知识的重复;

　　(2)系列教材更加贴近工程实际,满足培养应用型人才对知识和动手能力的要求,符合工程教育改革的方向;

　　(3)教材主编们大多具有较为丰富的工程实践能力,他们力图通过教材这个重要手段实现"基于问题、基于项目、基于案例"的研究型学习方式。

　　据悉,本系列教材编委会的部分成员参加了"专业规范"的研究工作,而大部分成员曾为"专业规范"的研制提供了丰富的背景资料。我相信,这套教材的出版将为"专业规范"的推广实施,为土木工程教育事业的健康发展起到积极的作用!

中国工程院院士　哈尔滨工业大学教授

沈世钊

前　言

（第4版）

《房屋建筑学》自第1版于2013年出版以来,已经经过两次修订。近几年,我国土木工程技术领域的发展虽然细微,但却又是迅速的,主要集中在生态环境保护、建造质量提升等方面。总体来说,工程建设领域更加关注"质"的提升。针对这些发展变化,需要及时修编本教材。

本次修编仍然强调知识体系的更新,体现学科交叉的成果。在总体架构和核心知识上求精、求实,突出重难点,并适应教学学时减少的实际需要。所以,在第4版教材修编中,仍然保留了原书的基本体例和主要特点。全书分为两篇:第1篇为建筑设计,讲解民用及工业建筑原理;第2篇为建筑构造,以大量性民用建筑构造为主。同时,根据土木工程技术的发展和相关工程技术规范的更新,对全书的相关部分进行了梳理和修正,保证教材的时效性。

参加第4版编写的主要人员有:

第1章　王雪松　王朝霞

第2章　王雪松　吴　凡

第3章　吴　静　王雪松

第4章　吴　静　杨　欣

第5章　许景峰　吴　静

第6章　王雪松　张栩峰

第7章　王雪松　田　彬

第8章　王雪松　王金霞

第9章　吴　静　许景峰

第10章　吴　静　许景峰

第11章　许景峰　吴　静

第12章　吴　静　许景峰

第13章　王雪松　孙　雁

本书由重庆大学建筑城规学院王雪松、许景峰主编,由李必瑜教授主审。

参加本书插图描绘工作的同志有:曹字博、何恭亮、章舒杜萌、郭倩、白天鹏、高玉环、胡翀、方阳、宋斯佳、汪梓烨。

编者

2021年8月

前　言

（第 1 版）

　　《房屋建筑学》是大土木学科的基础课程，本书的篇章结构遵循从整体到局部、从原理到构造的学习认知和设计实践过程，力求为土建类专业学生建构一个全面系统的建筑学知识框架与技能基础。

　　本书结合 2011 年颁布的《高等学校土木工程本科指导性专业规范》的要求，体现了以下特点：

　　1.知识结构更新：增加"建筑艺术"与"物理环境"的知识内容，体现新时代多学科交叉综合的要求，有利于学生综合创新能力的培养。

　　2.适应课时要求："专业规范"推荐本课程的学时为 40 学时，为适应少学时的要求，教材在主干知识体系上求精、求实，突出重、难点。

　　3.空间能力培养：教材采用大量工程案例和三维图示，培养空间认知能力，对建筑设计和工程技术都更加容易全面理解与掌握。

　　全书分为两篇：第一篇为建筑设计，讲解民用及工业建筑原理；第二篇为建筑构造，以民用建筑为主。本书内容丰富，各院校可根据情况选用。本书可作为土木工程、建筑工程管理、建筑环境与设备工程、给水排水工程等专业的教材和教学参考书，也可供从事建筑设计、建筑施工的技术人员和土建专业成人高等教育师生参考。

　　本书参加编写的人员有：

第 1 章　王雪松　曹宇博

第 2 章　王雪松　高　露

第 3 章　王雪松　何恭亮

第 4 章　王雪松　曹宇博

第 5 章　许景峰　吴　静

第 6 章　王雪松　高　露

第 7 章　王雪松　何恭亮

第 8 章　王雪松　宗德新

第 9 章　许景峰　刘英婴

第 10 章　许景峰　吴　静

第 11 章　许景峰　刘英婴

第 12 章　许景峰　宗德新

本书由重庆大学建筑城规学院王雪松、许景峰主编，由李必瑜教授主审。

参加本书插图描绘工作的人员有：曹宇博、何恭亮、章舒、杜萌、郭倩、白天鹏、高玉环、胡翀、方阳。

编　者

2013 年 3 月

目　录

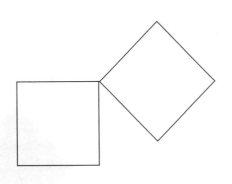

1

建筑设计概述

本章导读:
- **基本要求** 了解中西方建筑的发展历程和趋势;掌握建筑构成要素及各种分类标准;熟悉建筑设计的内容及程序;了解建筑设计的要求和依据。
- **重点** 建筑构成要素及分类,建筑模数。
- **难点** 建筑耐火等级分类。

　　建筑是建筑物与构筑物的总称。建筑物是为了满足社会需要,利用技术手段,在科学规律与美学法则的支配下,通过对空间的限定和组织而创造的生产、生活环境。构筑物是指人们一般不直接在内进行生产和生活的建筑。

1.1 建筑的发展历程和趋势

建筑的产生和发展(上)

建筑的产生和发展(下)

1.1.1 西方建筑的发展历程

　　"建筑是石头的史诗",这是对于西方古典建筑言简意赅的评价。古代欧洲以爱琴海为中心的克里特和迈西尼文化,创造了优美的柱式、雕塑、壁画,使石构建筑体系得以成熟和发展。迈西尼城堡的狮子门,距今3 300多年,是早期高超的石砌技术与艺术的代表。

　　古希腊繁荣的城邦文化,在建筑艺术上得到了充分的表达。以神庙、剧场、竞技场、浴场等建筑类型的发展为基础,以完整丰富的建筑群体和比例优美的柱式、山花、精美的雕饰,体现了古希腊文化的艺术成就。其中,雅典卫城(图1.1)是典型代表。

　　罗马政府统治希腊后,建立起庞大的古罗马帝国。古罗马建筑在技术与艺术上均取得了极高的成就,如罗马万神庙(图1.2)。万神庙穹顶的直径和高度均为43.3 m,是现代建筑结构出现以前世界上最大跨度的建筑空间。此外,该时期建筑理论也得以逐渐成熟和系统化,维特鲁威著名的《建筑十书》,奠定了欧洲建筑科学的基本体系。

1

图 1.1　雅典卫城

图 1.2　罗马万神庙

随着罗马帝国的分裂,在东罗马逐渐发展出拜占庭建筑,如君士坦丁堡的圣索菲亚教堂(图 1.3)。

在罗马帝国消亡之后,欧洲进入中世纪,形成了辉煌的哥特式建筑艺术,如巴黎圣母院(图 1.4)。哥特式建筑具有特殊的骨架券结构体系,尖拱、石窗棂、彩色玻璃窗、飞扶壁、钟塔等均为教堂带来一种向上的动势,营造了浓郁的宗教气氛。

图 1.3　圣索菲亚大教堂

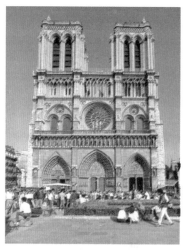

图 1.4　巴黎圣母院

13 世纪末,佛罗伦萨大教堂的建造标志着"文艺复兴运动"首先在意大利发轫,随后遍及欧洲。这时期的建筑在造型上排斥象征神权至上的建筑风格,提倡复兴古罗马时期的建筑形式,罗马圣彼得大教堂(图 1.5)是其代表性建筑。

16 世纪末,在意大利兴起了巴洛克艺术,以热情奔放、倾向于豪华与浮夸、追求动势与起伏为特征,如罗马圣卡罗教堂(图 1.6)。18 世纪初,洛可可艺术出现于法国,其风格极尽装饰之能事,追求细腻柔媚的情调,琐碎纤巧,色彩娇嫩,如巴黎苏比斯府邸的客厅(图 1.7)。

18 世纪中叶开始的工业革命极大地促进了建筑业的发展,为 19 世纪建筑的快速发展奠定了基础,自 19 世纪中叶以来,出现了不少新的建筑类型。1851 年英国伦敦博览会由帕克斯顿设

图 1.5　罗马圣彼得大教堂

图 1.6　罗马圣卡罗教堂　　　　图 1.7　巴黎苏比斯府邸的客厅

计的"水晶宫"(图 1.8),以不到 9 个月的时间展现了工业化装配体系的效率优势;1889 年巴黎世界博览会的埃菲尔铁塔(图 1.9)创造了当时世界最高建筑(328 m)的纪录,机械馆(图 1.10)创造了当时世界上最大跨度建筑(115 m)的纪录。

图 1.8　水晶宫

图 1.9　埃菲尔铁塔　　　　图 1.10　机械馆

19 世纪下半叶至 20 世纪初的西方建筑,是对新建筑的探求时期,早期有"工艺美术运动""新艺术运动""分离派"等,晚期有"芝加哥学派""德意志制造联盟"等。

现代主义建筑思潮成熟于 20 世纪 20 年代,在 50—60 年代风行全世界。现代主义建筑强调建筑的发展应与工业化社会相适应,重视建筑的使用功能和经济问题,积极采纳并反映新技术特征,提倡建筑风格的时代性。代表人物有格罗皮乌斯、柯布西耶、密斯和赖特等。其中,格罗皮乌斯创建包豪斯学校,对建筑教育和设计观念进行全面更新,堪称现代设计之源;柯布西耶的萨伏伊别墅体现了新建筑五点,即底层架空、屋顶花园、自由平面、横向长窗、自由立面(图 1.11);纽约的西格拉姆大厦(图 1.12),则是密斯追求"少就是多"理性风格的代表;著名的流水别墅(图 1.13)反映了赖特对有机的、诗意的建筑形式的追求。

图 1.11　萨伏伊别墅　　　　　　　　　　　　　图 1.12　西格拉姆大厦

图 1.13　流水别墅

20 世纪 60 年代后期,社会思潮非常活跃,建筑思潮由此进入多元化时代,建筑作品也打破了现代主义建筑一统天下的格局,呈现出丰富多元的态势。

1.1.2　中国建筑的发展历程

梁思成先生对中国古代建筑的总结是:中国的建筑是一种高度"有机"的结构。它完全是中国土生土长的东西:孕育并发祥于遥远的史前时期;"发育"于汉代(约在公元开始的时候);成熟并逞其豪劲于唐代(7 至 8 世纪),臻于完美醇和于宋代(11 至 12 世纪);然后于明代初叶(15 世纪)开始显出衰老羁直之相。

　　中国奴隶社会经历了夏至春秋的 1 600 多年(约前 2070 至前 476 年)。期间形成了较成熟的夯土技术,建造了规模相当大的宫室和陵墓,如河南安阳小屯村殷墟宫殿遗址(图 1.14)。

图 1.14　河南安阳小屯村殷墟宫殿遗址

　　战国时期确立了封建制度,城市规模扩大,高台建筑更为发达,出现了砖和彩画。秦灭六国后,建立了统一的中央集权的封建王朝,修建了规模空前的宫殿、陵墓、万里长城等。

　　汉代是中国古建筑作为一个独特体系的形成时期。大量使用成组的斗拱,木构楼阁逐步代替了高台建筑(图 1.15);砖石建筑也发展起来,如四川雅安高颐墓阙(图 1.16)。

图 1.15　高台建筑

图 1.16　四川雅安高颐墓阙　　　　图 1.17　河南登封崇岳寺砖塔

从 265 年建立到 589 年结束的 300 余年间,是中国历史上充满民族斗争和民族融合的时期。这段时期宗教建筑特别是佛教建筑大量兴建,出现了许多巨大的寺、塔、石窟和精美的雕塑与壁画。其中,北魏时所建造的河南登封崇岳寺砖塔(图 1.17)是我国现存最早的佛塔。

隋唐时期是中国古建筑发展成熟的时期,在继承汉代建筑成就的基础上,吸收、融合了外来建筑的影响,形成了完整的建筑体系,呈现出简洁雄浑、雍容大气的建筑风貌。隋代河北赵县安济桥(又称赵州桥)是世界上最早出现的空腹拱桥。唐代山西五台县佛光寺大殿(图 1.18)是目前国内保存完整的唐代木构建筑。

宋代的建筑规模一般比唐代小,建筑风格趋向于柔和绚丽,大量出现阁楼式建筑。山西太原晋祠圣母殿(图 1.19)是宋代建筑的典型式样。12 世纪初编写的《营造法式》制订以"材"为标准的模数制,标志着中国古代建筑已经发展到了较高阶段。

图 1.18　佛光寺大殿

图 1.19　太原晋祠圣母殿

元代民族众多,给建筑的技术与艺术增加了若干新因素。这时期宗教建筑发达,除佛、道教外,还建造了很多喇嘛教寺院和伊斯兰教清真寺。元大都的建设也奠定了明清北京城的基础。

明清两代是中国古建筑发展的最后一个高潮。明清故宫的总体规划体现封建宗法礼制和象征帝王权威,主要建筑对称地布置在中轴线上。清代《工部工程做法则例》统一了官式建筑构件的模数和用料标准,简化了构造方法。同时,皇家和私人园林有很大的发展,成为这一时期的珍贵文化遗产,如河北承德避暑山庄(图 1.20)、江苏无锡寄畅园(图 1.21)。

图 1.20　河北承德避暑山庄

图 1.21　江苏无锡寄畅园

中国从 1840—1949 年的 100 余年,是一个极为动荡的时代。正是这个阶段,我国近代建筑接受了新的建筑形式,也为现代建筑奠定了基础。建筑师吕彦直设计的南京中山陵(图 1.22)和广州中山纪念堂(图 1.23),运用了我国民族风格,并在继承中创新。

图 1.22　南京中山陵

图 1.23　广州中山纪念堂

1949 年中华人民共和国成立后,建设事业取得了很大成就。1959 年建成的人民大会堂(图 1.24)、民族文化宫(图 1.25)等十大工程,标志着我国大型公共建筑走向一个新的阶段。结合新中国的工业发展计划,工业建筑发展迅速。自 1980 年以来,我国城市建设飞跃发展,建筑行业逐步与国际接轨。

图 1.24　人民大会堂

图 1.25　民族文化宫

1.1.3　当代建筑的发展趋势

建筑界现代主义大一统的局面被后现代打破后,建筑思潮走向"多元化",各种流派的建筑思想互相碰撞,呈现"百花齐放,百家争鸣"之势。

现代主义建筑继续发展、变化和充实。在新技术、新功能、新观念的建筑环境背景下,新的现代主义风格作品不断涌现,如美国国家艺术馆东馆(图 1.26)。

地域性建筑得以发展,非西方文化建筑被普遍关注,体现出多元并存的态势。反映特定风俗习惯、气候特征等要素的地域性建筑备受青睐,如特吉巴欧文化中心(图 1.27)。

后现代建筑本身也是风格多样的,如斯图加特新州立美术馆(图 1.28)、美国 AT & T 大楼(图 1.29)、波特兰

图 1.26　美国国家艺术馆东馆

市政厅(图 1.30)等,其总的特征大致可归纳为 4 点:①坚决改变方匣子形象,与玻璃盒子告别;②立面丰富多变,具有象征性和隐喻性;③具有装饰效果;④结合城市文脉。

解构主义建筑风格由哲学上的解构主义演化而来,其形象特征可以归纳为:散乱、残缺、错位、偶合、扭曲及失稳等,如毕尔巴鄂古根海姆博物馆(图 1.31)。

图 1.27　特吉巴欧文化中心

图 1.28　斯图加特新州立美术馆

图 1.29　美国 AT & T 大楼

图 1.30　波特兰市政厅

"高技派"风格是在建筑形式上突出当代技术特色,具有象征性,代表人物有理查德·罗杰斯、伦佐·皮亚诺和诺曼·福斯特等人,最著名的作品是巴黎蓬皮杜文化中心(图 1.32)。

图 1.31　毕尔巴鄂古根海姆博物馆

图 1.32　巴黎蓬皮杜文化中心

《里约宣言》和《21 世纪议程》的发表,标志着可持续发展被确立为 21 世纪的首要议程,建筑业对应的策略是和谐共生、绿色生态等,因此有了绿色建筑、节能建筑、生态建筑等议题。

1.2 建筑的要素及分类

1.2.1 建筑的要素

构成建筑的基本要素是建筑功能、建筑技术和建筑形象。

①建筑功能。建筑功能就是建筑的使用要求,包括人们生产、生活、工作、学习、娱乐的各种实际需要。同时,建筑还应提供良好的室内环境。

②建筑技术。建筑技术是建造房屋的手段,包括建筑材料与制品技术、结构技术、施工技术和设备技术。

③建筑形象。建筑形象是建筑体形、立面形式、建筑色彩、材料质感、细部装修等的综合反映。

构成建筑的3个要素彼此之间是辩证统一的关系,不可分割。

1.2.2 建筑的分类

建筑物按其使用性质,通常可分为生产性建筑和非生产性建筑。生产性建筑包括工业建筑和农业建筑;非生产性建筑即民用建筑。民用建筑可按以下几种方式进行分类。

(1)按照使用功能分类

①居住建筑:如住宅、宿舍等。

②公共建筑:如行政办公建筑、文教建筑、托幼建筑、医疗建筑、商业建筑、观演建筑、体育建筑、展览建筑、旅馆建筑、交通建筑、通信建筑、园林建筑、纪念性建筑等。

(2)按照规模大小分类

①大量性建筑:指量大面广、与生活密切相关的建筑,如住宅、学校、商店、医院等。此类建筑无论在城市还是在乡村,都是不可缺少的,修建数量很大,故称大量性建筑。

②大型性建筑:指规模宏大的建筑,如大型体育中心、大型剧院、大型航空港、大型会展中心等。此类建筑规模巨大,投资很高,修建量比较有限,故称大型性建筑。

(3)按照建筑层数和高度分类

根据《建筑设计防火规范》(GB 50016—2014)的相关规定,高层建筑是指建筑高度大于27 m的住宅建筑和建筑高度大于24 m的非单层厂房、仓库和其他民用建筑。民用建筑根据其建筑高度和层数可分为单、多层民用建筑和高层民用建筑。高层民用建筑根据其建筑高度、使用功能和楼层的建筑面积可分为一类和二类(表1.1)。

表1.1 民用建筑的分类

名称	高层民用建筑		单、多层民用建筑
	一 类	二 类	
住宅建筑	建筑高度大于54 m的住宅建筑(包括设置商业服务网点的住宅建筑)	建筑高度大于27 m,但不大于54 m的住宅建筑(包括设置商业服务网点的住宅建筑)	建筑高度不大于27 m的住宅建筑(包括设置商业服务网点的住宅建筑)
公共建筑	1. 建筑高度大于50 m的公共建筑; 2. 建筑高度24 m以上部分任一楼层建筑面积大于1 000 m²的商店、展览、电信、邮政、财贸金融建筑和其他多种功能组合的建筑; 3. 医疗建筑、重要公共建筑; 4. 省级及以上的广播电视和防灾指挥调度建筑、网局级和省级电力调度建筑; 5. 藏书超过100万册的图书馆、书库	除一类高层公共建筑外的其他高层公共建筑	1. 建筑高度大于24 m的单层公共建筑; 2. 建筑高度不大于24 m的其他公共建筑

（4）按建筑耐火等级分类

在建筑设计中,应该对建筑的防火与安全给予足够的重视,特别是在材料选择和构造做法上,应根据其性质分别对待。现行《建筑设计防火规范》把建筑物的耐火等级划分成4级(表1.2)。一级的耐火性能最好,四级最差。

表 1.2　不同耐火等级建筑物构件的燃烧性能和耐火极限　　　　　　　单位:h

构件名称		耐火等级			
		一　级	二　级	三　级	四　级
墙	防火墙	不燃性 3.00	不燃性 3.00	不燃性 3.00	不燃性 3.00
	承重墙	不燃性 3.00	不燃性 2.50	不燃性 2.00	难燃性 0.50
	民用建筑非承重外墙	不燃性 1.00	不燃性 1.00	不燃性 0.50	可燃性
	楼梯间的墙、电梯井的墙、住宅单元之间的墙、住宅分户墙	不燃性 2.00	不燃性 2.00	不燃性 1.50	难燃性 0.50
	疏散走道两侧的隔墙	不燃性 1.00	不燃性 1.00	不燃性 0.50	难燃性 0.25
	房间隔墙(厂房和仓库非承重外墙)	不燃性 0.75	不燃性 0.50	难燃性 0.50	难燃性 0.25
柱		不燃性 3.00	不燃性 2.50	不燃性 2.00	难燃性 0.50
梁		不燃性 2.00	不燃性 1.50	不燃性 1.00	难燃性 0.50
民用建筑/厂房和仓库楼板		不燃性 1.50	不燃性 1.00	不燃性 0.50	可燃性/难燃性 0.50
屋顶承重构件		不燃性 1.50	不燃性 1.00	可燃性 0.50	可燃性
民用建筑/厂房和仓库疏散楼梯		不燃性 1.50	不燃性 1.00	不燃性 0.50/不燃性 0.75	可燃性
吊顶(包括吊顶搁栅)		不燃性 0.25	难燃性 0.25	难燃性 0.15	可燃性

建筑物的耐火等级是按照组成房屋构配件的耐火极限和燃烧性能这两个因素确定的。

①建筑构件的耐火极限。它是指在标准耐火试验条件下,建筑构配件或结构从受到火的作用时起,到失去稳定性、完整性或隔热性时止的这段时间,用 h 表示。

• 耐火稳定性:在标准耐火试验条件下,承重或非承重建筑构件在一定时间内抵抗坍塌的能力。

• 耐火完整性:在标准耐火试验条件下,建筑分隔构件当其一面受火时,能在一定时间内防止火焰和热气穿透或在背火面出现火焰的能力。

• 耐火隔热性:在标准耐火试验条件下,建筑分隔构件当其一面受火时,能在一定时间内其背火面温度不超过规定值的能力。

②构件的燃烧性能。构件的燃烧性能分为3类。

• 不燃烧体:即用不燃烧材料做成的建筑构件,如天然石材、人工石材、金属材料等。

• 难燃烧体:即用难燃烧的材料做成的建筑构件,或用燃烧材料做成而用不燃烧材料做保护层的建筑构件,如沥青混凝土构件、木板条抹灰的构件均属难燃烧体。

• 燃烧体:即用能燃烧的材料做成的建筑构件,如木材等。

（5）按建筑的设计使用年限分类

根据《民用建筑设计统一标准》(GB 50352)的规定,建筑的设计使用年限分为4类,应符合表1.3的规定。

表 1.3　设计使用年限分类

类　别	设计使用年限/年	示　例
1	5	临时性建筑
2	25	易于替换结构构件的建筑
3	50	普通建筑和构筑物
4	100	纪念性建筑和特别重要的建筑

1.2.3　建筑模数

建筑模数是选定的尺寸单位,作为尺度协调中的增值单位。建筑模数的制定是为了使建筑制品、建筑构配件实现工业化大规模生产,加强构配件的通用性和互换性,以加快设计速度,提高施工质量和效率,降低建筑造价。

1)基本模数

模数协调中的基本尺寸单位,符号为 M,基本模数的数值为 100 mm(1 M = 100 mm),整个建筑物和建筑物的一部分以及建筑部件的模数化尺寸,应是基本模数的倍数。

2)导出模数

导出模数分为扩大模数和分模数。扩大模数是指基本模数的整倍数,扩大模数的基数为 2M、3M、6M、9M、12M…;分模数是指基本模数的分数值,分模数的基数为 M/10、M/5、M/2。

3)模数数列

模数数列是以基本模数、扩大模数、分模数为基础扩展成的一系列尺寸。

模数数列应根据功能性和经济性原则确定。建筑物的开间或柱距,进深或跨度,梁、板、隔墙和门窗洞口宽度等分部件的截面尺寸宜采用水平基本模数和水平扩大模数数列,且水平扩大模数数列宜采用 $2nM$、$3nM$(n 为自然数)。

建筑物的高度、层高和门窗洞口高度等宜采用竖向基本模数和竖向扩大模数数列,且竖向扩大模数数列宜采用 nM。

构造节点和分部件的接口尺寸等宜采用分模数数列,且分模数数列宜采用 M/10、M/5、M/2。

1.3　建筑设计的内容和程序

1.3.1　建筑设计的内容

建筑工程设计一般包括建筑设计、结构设计、设备设计等几个方面的内容。几方面的工作是分工合作的一个整体,各专业设计的图纸、计算书、说明书及预算书汇总,形成一个建筑工程项目的完整文件,作为建筑工程施工的依据。

(1)建筑设计

建筑设计主要包括建筑物与周围环境协调,建筑物使用功能的合理安排,建筑内部空间和外部造型的艺术效果,以及各个细部的构造方式等内容。建筑设计在整个工程设计中起着先行和主导作用,由建筑师完成。

（2）结构设计

结构设计主要是根据建筑设计选择切实可行的结构方案，进行结构计算及构件设计、结构布置及构造设计等，由结构工程师完成。

（3）设备设计

设备设计主要包括给水排水、电气照明、通信、采暖、空调通风、动力等方面的设计，由相应的设备工程师完成。

1.3.2　建筑设计的程序

1) 设计前的准备工作

（1）落实设计任务

建设单位必须具有主管部门对建设项目的批准文件、城市建设管理部门同意设计的批文，方可向设计单位办理委托设计手续。

（2）熟悉设计任务书

设计任务书是由建设单位提供给设计单位进行设计的依据性文件，一般包括以下内容：

①建设项目总的用途、要求与规模。

②建设项目的组成，单项工程的面积，房间组成，面积分配及使用要求。

③建设项目的投资及单方造价，土建、设备及室外工程的投资分配。

④建设基地大小、形状、地形，原有建筑及道路现状，并附地形测量图。

⑤供电、供水、采暖、空调通风、电信、消防等设备方面的要求，并附有水源、电源的接用许可文件。

⑥设计期限及项目建设进度计划安排要求。

（3）调查研究、收集必要的设计原始数据

除设计任务书提供的资料外，还应当收集有关的原始数据和必要的设计资料，包括：

①建设地区的气象、水文地质资料。

②基地环境及城市规划要求。

③当地文化传统、生活习惯及风土人情。

④施工技术条件及建筑材料供应情况。

⑤与设计项目有关的定额指标及已建成的同类型建筑的资料等。

同时，还应进行现场踏勘，对照地形图了解现场的地形、地貌、地物及周围环境，考虑拟建房屋的位置和总平面布局的可能性。

2) 设计阶段的划分

民用建筑工程一般应分为方案设计、初步设计和施工图设计3个阶段。对于技术要求简单的民用建筑工程，经有关主管部门同意，并且合同中有不做初步设计的约定，可在方案设计审批后直接进入施工图设计。各阶段设计文件编制深度和内容应按以下基本原则进行：

方案设计文件应满足编制初步设计文件的需要，主要包括：①设计说明书，含各专业设计说明以及投资估算、建筑节能设计专项说明；②总平面图以及建筑设计图纸；③设计委托或设计合同中规定的透视图、鸟瞰图、模型等。

初步设计文件应满足编制施工图设计文件的需要，主要包括：①设计说明书，含设计总说明、各专业设计说明、建筑节能设计的专项说明；②有关专业的设计图纸；③主要设备或材料表；④工程概算书；⑤有关专业计算书。

施工图设计文件应满足设备材料采购、非标准设备制作和施工的需要，主要包括：①合同要求所涉及的所有专业的设计图纸(含图纸目录、说明,必要的设备、材料表,建筑节能设计的专项说明);②合同要求的工程预算书;③各专业计算书。

1.4　建筑设计的要求和依据

1.4.1　建筑设计的要求

(1)符合城市规划要求

建筑是城市的组成细胞,为了城市的健康持续发展,必须满足城市规划的要求。城市规划对建筑单体的要求主要体现为容积率、建筑高度、建筑密度、绿地率、停车位和配套设施等方面。对于特殊地段的建筑还应考虑城市风貌协调、城市天际轮廓线的要求等。

(2)满足建筑功能要求

满足建筑物的功能要求,为人们的生产和生活创造良好的环境,是建筑设计的首要任务。

(3)采用合理的技术措施

根据建筑功能的需要,合理选择建筑材料、结构及施工方案,使房屋坚固耐久、建造方便。

(4)具有良好的经济效果

建筑设计应重视经济规律,将使用要求、建筑标准、技术措施和相应的造价综合权衡。

(5)考虑建筑艺术要求

建筑是社会的物质和文化财富,在满足使用要求的同时,还必须考虑建筑艺术方面的要求。

1.4.2　建筑设计的依据

建筑设计在构思的过程中有很多外部限定,都是设计的依据,而这些依据大都会因不同的项目而变化。其中,普适性的设计依据主要指建筑的使用者和其所处的自然环境。

1)人体工程

(1)人体尺度

人体尺度是确定建筑内部各种空间尺度的主要依据之一。比如门洞、窗台及栏杆的高度,走道、楼梯、踏步的高宽,家具设备尺寸以及内部空间尺度等都与人体尺度直接相关。人体尺度和人体活动所需的空间尺度如图 1.33 和图 1.34 所示。

了解人体尺度对空间尺度的需求。

人体尺度

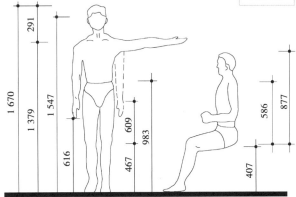

图 1.33　中等身材成年男子的人体基本尺度

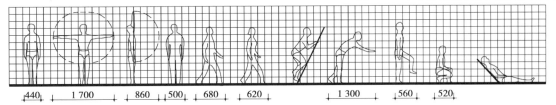

图 1.34　人体基本动作尺度

(2)家具设备尺寸

房间内家具设备的尺寸,以及使用它们所需的活动空间是确定房间内部使用面积的重要依据。图 1.35 为居住建筑常用家具尺寸示例。

图 1.35　常用家具基本尺寸

2) 自然条件

(1)气象条件

建设地区的温度、湿度、日照、雨雪、风向、风速等是建筑设计的重要依据,对建筑设计有较大的影响。图 1.36 为我国部分城市的风玫瑰图,图 1.37 为我国建筑热工设计一级区划图。

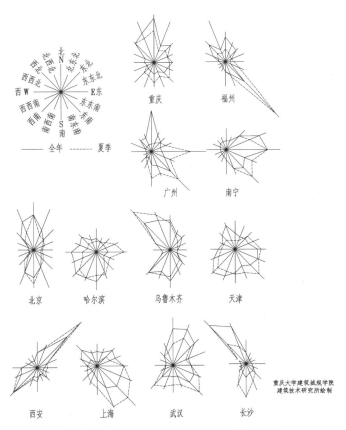

图 1.36 我国部分城市的风向频率玫瑰图

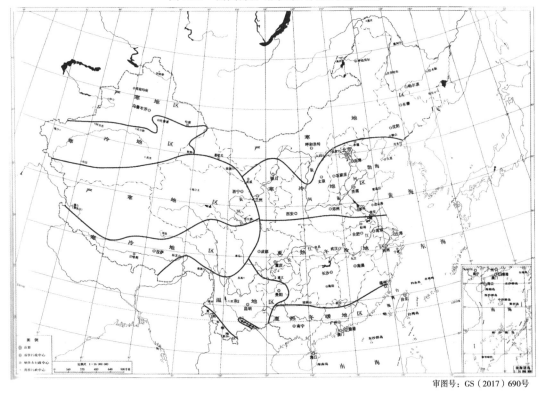

审图号：GS（2017）690号

图 1.37 全国建筑热工设计一级区划图

（2）地形、地质及地震烈度

基地地形平缓或起伏，基地的地质构成、土壤特性和承载力大小，对建筑物的平面组合、结构布置、建筑构造处理和建筑体形都有明显的影响。

地震烈度表示当发生地震时,地面及建筑物遭受破坏的程度,地震烈度越大,对房屋的影响越重。9度以上地区,地震破坏力很大,不宜修建。

（3）水文

水文条件是指地下水位的高低及地下水的性质,直接影响建筑物基础及地下室。一般应根据地下水位的高低及地下水性质确定相应的防水和防腐蚀措施。

1.5 注册建筑师及注册制度

1.5.1 注册建筑师

注册建筑师,是指经考试、特许、考核认定取得中华人民共和国注册建筑师执业资格证书,或者经资格互认方式取得建筑师互认资格证书,并进行注册,取得中华人民共和国注册建筑师注册证书和中华人民共和国注册建筑师执业印章,从事建筑设计及相关业务活动的专业技术人员。

注册建筑师分为一级注册建筑师和二级注册建筑师。一级注册建筑师的执业范围不受工程项目规模和工程复杂程度的限制;二级注册建筑师的执业范围只限于表1.4中所规定的小型项目。

表 1.4　建筑行业（建筑工程）建设项目设计规模划分表

序号	建设项目	工程等级特征	大　型	中　型	小　型
1	一般公共建筑	单体建筑面积	20 000 m² 以上	5 000~20 000 m²	≤5 000 m²
		建筑高度	≥50 m	24~50 m	≤24 m
		复杂程度	1.大型公共建筑工程	1.中型公共建筑工程	1.功能单一、技术要求简单的小型公共建筑工程
			2.技术要求复杂或具有经济、文化、历史等意义的省（市）级中小型公共建筑工程	2.技术要求复杂或有地区性意义的小型公共建筑工程	2.高度<21 m 的一般公共建筑工程
			3.高度>50 m 的公共建筑工程	3.高度24~50 m 的一般公共建筑工程	3.小型仓储建筑工程
			4.相当于四、五星级饭店标准的室内装修、特殊声学装修工程	4.仿古建筑、一般标准的古建筑、保护性建筑以及地下建筑工程	4.简单的设备用房及其他配套用房工程
			5.高标准的古建筑、保护性建筑与地下建筑工程	5.大、中、小型仓储建筑工程	5.简单的建筑环境设计及室外工程
			6.高标准的建筑环境设计和室外工程	6.一般标准的建筑环境设计和室外工程	6.相当于一星级饭店及以下标准的室内装修工程
			7.技术要求复杂的工业厂房	7.跨度小于 30 m、吊车吨位小于 30 t 的单层厂房或仓库;跨度小于 12 m、6 层以下的多层厂房或仓库	7.跨度小于 24 m、吊车吨位小于 10 t 的单层厂房或仓库;跨度小于 6 m、楼盖无动荷载的 3 层以下的多层厂房或仓库
				8.相当于二、三星级饭店标准的室内装修工程	

序号	建设项目	工程等级特征	大　型	中　型	小　型
2	住宅宿舍	层数	>20 层	12~20 层	≤12 层(其中砌块建筑不得超过抗震规范层数限值要求)
		复杂程度	20 层以上居住建筑和 20 层及以下高标准居住建筑工程	20 层及以下一般标准的居住建筑工程	
3	住宅小区工厂生活区	总建筑面积	>30 万 m² 规划设计	≤30 万 m² 规划设计	单体建筑按上述住宅或公共建筑标准执行
4	地下工程	地下空间(总建筑面积)	>1 万 m²	≤1 万 m²	
		附建式人防(防护等级)	四级及以上	五级及以下	人防疏散干道、支干道及人防连接通道等人防配套工程

建筑学专业或相关专业毕业,并从事建筑设计或者相关业务一定年限以上的人员可参加注册建筑师考试。一、二级注册建筑师考试科目有较大区别,详见表1.5。

表 1.5　注册建筑师考试科目

等　级	考试科目	有效期
一级注册建筑师	1.设计前期与场地设计(知识); 2.建筑设计(知识); 3.建筑结构; 4.建筑物理与建筑设备; 5.建筑材料与构造; 6.建筑经济、施工及设计业务管理; 7.建筑方案设计(作图); 8.建筑技术设计(作图); 9.场地设计(作图)	科目考试合格有效期为 8 年
二级注册建筑师	1.场地与建筑设计(作图); 2.建筑构造与详图(作图); 3.建筑结构与设备; 4.法律、法规、经济与施工	科目考试合格有效期为 4 年

1.5.2　注册制度

注册建筑师实行注册执业管理制度。取得执业资格证书或者互认资格证书的人员,必须经过注册方可以注册建筑师的名义执业。

取得一级注册建筑师资格证书并受聘于一个相关单位的人员,应当通过聘用单位向单位工商注册所在地的省、自治区、直辖市注册建筑师管理委员会提出申请;省、自治区、直辖市注册建筑师管理委员会受理后提出初审意见,并将初审意见和申请材料报全国注册建筑师管理委员会审批;符合条件的,由全国注册建筑师管理委员会颁发一级注册建筑师注册证书和执业印章。

二级注册建筑师的注册办法由省、自治区、直辖市注册建筑师管理委员会依法制定。

（1）初始注册

申请注册建筑师初始注册，应当具备以下条件：

①依法取得执业资格证书或者互认资格证书；

②只受聘于中华人民共和国境内的一个建设工程勘察、设计、施工、监理、招标代理、造价咨询、施工图审查、城乡规划编制等单位；

③近三年内在中华人民共和国境内从事建筑设计及相关业务一年以上；

④达到继续教育要求；

⑤不存在《中华人民共和国注册建筑师条例实施细则》中不予注册的情形。

（2）延续注册

注册建筑师每一注册有效期为2年。注册建筑师注册有效期满需继续执业的，应在注册有效期届满30日前，按照《中华人民共和国注册建筑师条例实施细则》规定的程序申请延续注册。延续注册有效期为2年。

延续注册需要提交下列材料：

①延续注册申请表；

②与聘用单位签订的聘用劳动合同复印件；

③注册期内达到继续教育要求的证明材料。

（3）变更注册

注册建筑师变更执业单位，应当与原聘用单位解除劳动关系，并按照《中华人民共和国注册建筑师条例实施细则》规定的程序办理变更注册手续。变更注册后，仍延续原注册有效期。

原注册有效期届满在半年以内的，可以同时提出延续注册申请。准予延续的，注册有效期重新计算。

变更注册需要提交下列材料：

①变更注册申请表；

②新聘用单位资质证书副本的复印件；

③与新聘用单位签订的聘用劳动合同复印件；

④工作调动证明或者与原聘用单位解除聘用劳动合同的证明文件、劳动仲裁机构出具的解除劳动关系的仲裁文件、退休人员的退休证明复印件；

⑤在办理变更注册时提出延续注册申请的，还应当提交在本注册有效期内达到继续教育要求的证明材料。

复习思考题

（1）建筑的含义是什么？构成建筑的基本要素有哪几个方面？

（2）简述西方建筑的发展历程。

（3）简述中国建筑的发展历程。

（4）浅议当代建筑的发展趋势。

（5）高层民用建筑的分类及标准是什么？

（6）建筑的耐火等级是如何确定的？

（7）什么是建筑模数？我国规定的基本模数是多少？导出模数有哪些分类？

（8）建筑设计包含哪几个方面的内容？民用建筑设计一般划分为哪几个设计阶段？

（9）简述建筑设计所依据的主要内容。

（10）什么是注册建筑师？注册建筑师分为哪几个等级，各自的执业范围有何不同？

（11）一、二级注册建筑师的考试科目分别有哪些？考试合格有效期又分别是多长？

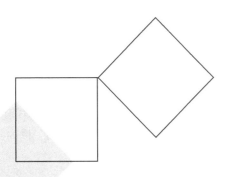

2 单一空间设计

本章导读:
- **基本要求**　了解空间的多重属性;掌握主要功能空间、辅助功能空间平面设计的主要内容和设计要点;熟悉交通联系空间平面设计的主要内容;理解剖面形状生成的影响因素;掌握剖面高度的定义及确定要素。
- **重点**　主要功能空间和辅助功能空间的设计要点,剖面高度的定义及确定要素。
- **难点**　辅助功能空间设计。

2.1　空间属性

　　建筑物是由诸多房间组成,每个房间就是一个单一空间。空间是建筑的基本要素,对于空间的理解应从功能要求、结构支撑、环境控制和心理感受 4 个方面展开。

2.1.1　功能要求

　　建筑空间的基本功能就是挡风遮雨,从远古的"穴居"和"巢居"(图 2.1)开始,遮蔽所就是建筑最基本的功能。随着人类社会的发展,建筑的功能类型在不断细化,房间的功能要求越来越复杂。但除各类

(a)山顶洞穴居　　　　　　　　　　(b)西双版纳树屋

图 2.1　"穴居"和"巢居"

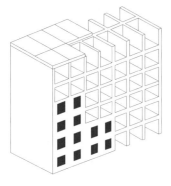

图 2.2　墙支撑结构

功能性的特殊要求外,建筑空间的功能要求分为安全、舒适和便利等方面。安全是指建筑空间抵御自然和人为灾害的能力;舒适是指建筑空间内的温度、湿度和风速等人体感受;便利是指建筑空间给予生产、生活和工作的条件。

2.1.2　结构支撑

结构支撑是围合形成建筑空间的首要条件,也是建筑安全的重要保障。人类从直接使用自然空间到模仿自然空间,发展出了一系列结构体系来满足各种建筑空间的需要。从单一空间来看,其支撑结构主要分为两类:墙支撑和骨架支撑。墙支撑的类型主要有砌体结构和剪力墙结构(图 2.2),骨架支撑主要有框架结构和各种空间网格结构(图 2.3)。

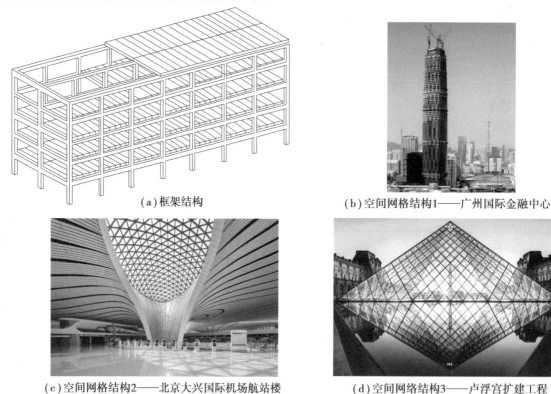

（a）框架结构

（b）空间网格结构1——广州国际金融中心

（c）空间网格结构2——北京大兴国际机场航站楼

（d）空间网络结构3——卢浮宫扩建工程

图 2.3　骨架支撑结构

2.1.3　环境控制

环境控制是采用人工的或者自然的方式调控建筑空间内的舒适条件,使其温度、湿度和风速满足人体舒适条件。人类对建筑空间的环境控制经历了如下的发展轨迹:简单的挡风遮雨—精确的环境控制—巧妙地利用环境。近代以前的建筑主要采用简单的挡风遮雨,以被动方式(图 2.1)来适应环境。近代后,由于采暖空调等主动技术的出现,以及当代智能控制技术的发展,人类可以更加精确地控制环境。但自 21 世纪以来,从可持续发展的角度来看,过分依赖采暖空调技术来控制环境会消耗过多的能源,所以巧妙利用环境,结合被动与主动的方式获得较好的环境舒适条件成为发展的趋势。

2.1.4　心理感受

建筑空间给人的心理感受会因人而异,但在普遍接受的程度上仍然具有共性。建筑空间对心理产生影响主要有物质因素和精神因素两个方面。物质因素主要包括空间形态的比例、尺度以及空间界面的开阖程度,还涉及空间的色彩和光线等更加细腻的层面;精神要素主要体现为文化因素,包括空间的风格和样式等。

2.2　平面设计

一栋建筑往往由很多单一空间组成。尽管建筑的类型很多,但总体来说,建筑的单一空间可以分为主要功能空间、辅助功能空间和交通联系空间 3 类。

①主要功能空间:是建筑物的主体,如住宅中的起居室、卧室,教学楼中的教室、办公室,商业建筑中的营业厅,影剧院的观众厅等都是构成各类型建筑的基本空间。

②辅助功能空间:是为保证建筑物主要使用要求而设置的辅助服务性空间,如公共建筑中的卫生间、储藏室,住宅建筑中的厨房、厕所,以及需要的各种设备用房。

③交通联系空间:是建筑物中各空间之间、楼层之间和室内外之间相互联系的部分,如各类型建筑中的门厅、过厅、廊道、楼梯、电梯、自动扶梯等。

2.2.1　主要功能空间

主要功能空间的平面设计包括选择和确定房间面积、形状及尺寸,合理设置门窗等。

1)房间面积

影响房间面积大小的因素概括起来有以下几点:

(1)活动特点

如体育建筑的比赛场地,运动员的活动空间较一般建筑就大很多,所以面积就大,而体育建筑中的观众坐席因观众的活动主要是观看,所以人均建筑面积就小。

(2)容纳人数

如学校中合班教室容纳的人数比普通教室多,所以合班教室面积大。又如住宅的人均面积虽然远大于观演建筑的人均面积,但观演建筑容纳的人数多,所以住宅面积仍然远小于体育建筑。

(3)家具、设备

家具、设备的数量以及布置方式,还有人们使用它们所需的面积都直接影响房间面积的大小。例如,有桌会议室就比无桌会议室的人均面积大。

在实际工作中,房间面积的确定主要是依据国家及地方各部门制定的面积定额指标。根据房间的容纳人数及面积定额就可以得到房间的面积。表 2.1 是部分民用建筑房间使用面积定额参考指标。

表 2.1　部分民用建筑房间使用面积定额参考指标

房间名称	面积定额(m²/人)	房间名称	面积定额(m²/人)
普通教室(小学)	1.44	普通教室(中学)	1.50
普通办公室	4	设计绘图室	6
会议室(无桌)	0.8	会议室(有桌)	1.8

2)房间形状

常见的房间形状有矩形、方形、多边形、圆形等。最为常用的房间形状是矩形,其主要原因是:①体形简单,墙体平直,便于家具布置和充分利用面积;②结构布置简单,便于施工;③矩形平面便于统一开间、进深,有利于平面及空间的组合。矩形房间的长宽比例也是确定形状的依据,通常长宽比宜控制在 3∶2 ~ 2∶1。

了解平面设计的主要内容。

熟悉主要使用房间的设计内容。

平面设计的内容

主要使用房间的设计(一)

主要使用房间的设计(二)

当然,矩形平面也不是唯一的形式。对于有视线和音质等要求的空间,则应采用相应的空间形状。有视线要求的空间,主要有体育馆的比赛大厅、教学楼的阶梯教室、影剧院的观众厅等。这类空间的平面形状、大小应满足相应的视距、视角要求。以影剧院的观众厅为例,为获得良好的坐席区,随着观众席规模的增大,平面形状由矩形逐渐演变为扇形、六角形等,如图2.4所示。

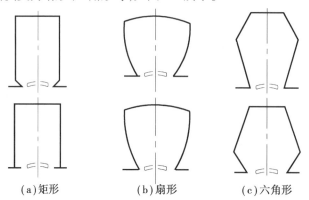

(a)矩形   (b)扇形   (c)六角形

图2.4　观演建筑的平面形式

3)房间尺寸

在初步确定了房间面积和形状之后,紧接着就需要确定房间尺寸。房间平面尺寸一般应从以下几方面进行综合考虑:

(1)满足家具设备布置及人的活动要求

如卧室的平面尺寸应考虑床的大小、家具间的相互关系,图2.5为不同大小的卧室尺寸。医院病房要满足病床的布置及医护活动的要求,图2.6为3人间和6人间病房的尺寸。

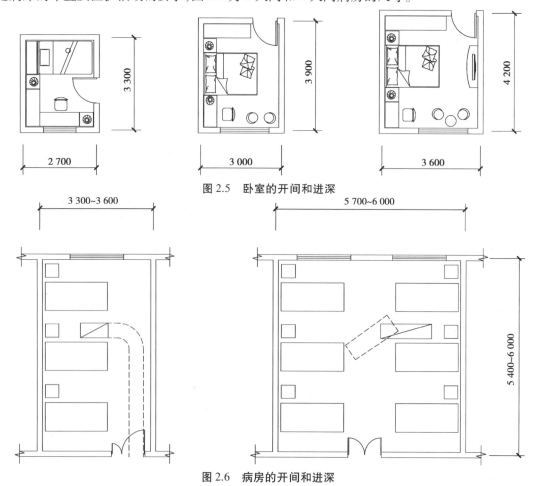

图2.5　卧室的开间和进深

图2.6　病房的开间和进深

（2）满足视听要求

有的房间，如教室、观众厅等的平面尺寸还应保证良好的视听条件，根据视角、视距的要求，合理排布座位以确定房间尺寸。图2.7为教室布置的相关尺寸要求，中小学教室平面尺寸常取6.9 m×9.9 m、7.2 m×9.6 m、7.5 m×9.3 m等。

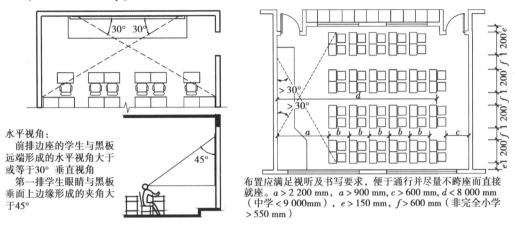

水平视角：
前排边座的学生与黑板远端形成的水平视角大于或等于30°　垂直视角
第一排学生眼睛与黑板垂面上边缘形成的夹角大于45°

布置应满足视听及书写要求，便于通行并尽量不跨座而直接就座。a>2 200 mm，a>900 mm，c>600 mm，d<8 000 mm（中学<9 000mm），e>150 mm，f>600 mm（非完全小学>550 mm）

图2.7　教室布置及有关尺寸

（3）其他因素

房间尺寸的确定和房间的天然采光、结构经济性等因素也有关系。如果房间进深过大，则侧窗采光深度不足，且采光的均匀度差，需要采用人工照明补足。一般来说，墙承重结构和框架结构的合理跨度分别为5 m、9 m以内。这些都与房间尺寸的最后确定相关。

4)门窗设置

门的作用主要是交通联系，有时也兼采光和通风。窗的主要功能是采光、通风。门、窗设置是一个综合性问题，它的大小、数量、位置及开启方式与房间面积的有效利用和房间的环境舒适直接相关。

（1）门的宽度及数量

门的宽度与人流股数和疏散要求有关。一般单股人流通行最小宽度取550 mm；门的宽度越宽，疏散能力越强。民用建筑常用门的宽度从700～3 000 mm都有应用。其中住宅入户门宽度为1 000 mm、1 200 mm，卧室门宽度为900 mm，厨房门宽度为800 mm，卫生间门宽度为700 mm。

门的数量应依据使用和疏散要求确定。当房间面积较大，使用人数较多时，应多设门作为出入口。作为疏散逃生的通道，门的数量还应按照相应的建筑设计防火规范确定。

（2）窗的面积

为了获取良好的天然采光，保证房间有足够的照度，窗口面积大小主要根据房间的使用要求、房间面积和建筑节能等因素综合考虑。不同使用要求的房间对采光要求不同，设计时可根据窗地面积比（见第5章表5.6）进行窗口面积的估算。采光要求不是确定窗口面积的唯一因素，还应综合考虑朝向、节能、通风、立面、经济等因素。

（3）门窗位置

门窗位置直接影响家具布置、人流交通、采光、通风等。门窗位置应考虑以下要点：

①门窗位置应尽量使墙面完整，便于家具设备布置。如图2.8所示，宿舍和卧室的门窗设置保持了墙面的完整，有利于家具布置。

②门窗位置应有利于采光通风。窗口在房间中的位置决定了光线的方向及室内采光的均匀性。图2.9为普通教室侧窗的3种平面布置。其中图(a)、(b)3个窗相对集中，窗间设小柱或小段实墙，光线集中在课桌区内，暗角较小，对采光有利；图(c)窗均匀布置在每个相同开间的中部，窗间墙较宽，在墙后形成较大阴影区，影响该处桌面亮度。图2.10为房间侧窗的两种剖面布置方式，由图可知侧向采光的有效进深为窗上口距地高度的2倍，所以在条件许可的前提下，提高房间高度有利于采光。双侧采光(b)优

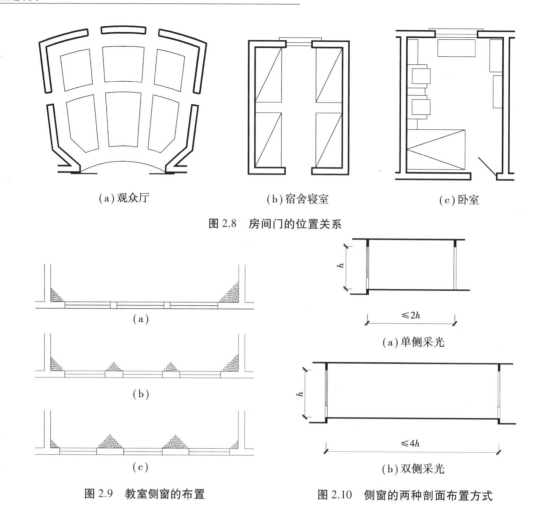

(a)观众厅　　　　　　　　(b)宿舍寝室　　　　　　　　(c)卧室

图 2.8　房间门的位置关系

(a)

(b)

(c)

图 2.9　教室侧窗的布置

(a)单侧采光

(b)双侧采光

图 2.10　侧窗的两种剖面布置方式

于单侧采光(a)。

　　房间的自然通风也和门窗位置密切相关。门窗的位置决定了气流的走向,影响室内通风的效果。门窗位置应尽量加大通风范围,形成穿堂风。图 2.11 为门窗位置对气流的影响。

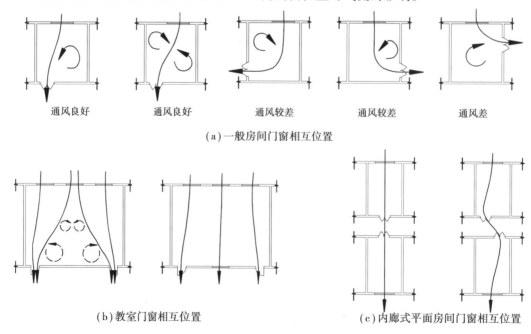

通风良好　　　　通风良好　　　　通风较差　　　　通风较差　　　　通风差

(a)一般房间门窗相互位置

(b)教室门窗相互位置　　　　　　　(c)内廊式平面房间门窗相互位置

图 2.11　门窗平面位置对气流组织的影响

③门的位置应方便交通,利于疏散。在使用人数较多的公共建筑中,为便于人流交通和安全疏散,门的位置必须与室内走道紧密配合,使通行线路快捷。

（4）门窗的开启方向

大多数房间的门采用内开方式,这样可防止门开启时影响室外的人行交通。对于面积较大、容纳人数较多的房间,考虑安全疏散,这些房间的门应外开。为避免窗扇开启时占用室内空间,大多数的窗常采用外开方式。

有的房间由于平面组合的需要,几个门的位置比较集中,且可能同时开启,这时要协调几个门的开启方向,防止门相互碰撞和妨碍通行,如图 2.12 所示。

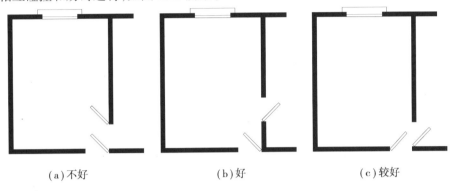

(a)不好　　　　　　　　(b)好　　　　　　　　(c)较好

图 2.12　门的相互位置关系

2.2.2　辅助功能空间

辅助功能空间中大都布置有较多的管道、设备,因此,房间的大小及布置均受到设备尺寸的影响,如厕所、浴室、厨房、通风机房、水泵房、配电房、锅炉房等。不同类型的建筑,辅助用房的内容、大小、形式均有所不同,而其中厕所、厨房是最为常见的。

1）厨房设计

厨房分为专用厨房和公共厨房。住宅、公寓内的厨房是专用厨房,食堂、饭店的厨房是公共厨房。两类厨房的设计原理基本相同,但公共厨房规模大,分区和流线更为复杂,往往是多个空间的组合,因此,这里主要讲专用厨房。

厨房应有良好的采光和通风条件;高效利用空间;墙地面考虑防水并便于清洁;室内布置应符合操作流程。厨房的主要设备有案台、炉灶、洗涤池、冰箱及排烟装置等,其中炉灶、洗涤池、冰箱构成了厨房操作流程的核心,厨房案台长度不应小于 2.1 m。厨房的布置形式有单排、双排、L 形、U 形等几种,单排布置的最小开间为 1.8 m,双排布置的最小开间为 2.4 m,U 形布置主要用于方形平面。图 2.13 为厨房布置的几种形式。

2）厕所设计

厕所按其使用特点分为专用厕所和公用厕所。住宅、公寓、客房等房间内的厕所是专用厕所,学校、商场、办公楼等公共建筑内的厕所是公共厕所。

厕所卫生设备主要有大便器、小便器、洗手盆、污水池等。大便器有蹲式和坐式两种。小便器有小便斗和小便槽两种。图 2.14 为厕所设备及组合所需的尺寸。

公共厕所应设置前室,有利于隐蔽,前室内一般设有洗手盆及污水池,为保证必要的使用空间,前室的深度应不小于 1.5～2.0 m。专用厕所使用的人数较少,面积有限,因此往往是盥洗、浴室、厕所 3 个部分组成一个卫生间。图 2.15 为住宅卫生间的平面布置实例,图 2.16 为公共卫生间布置实例。

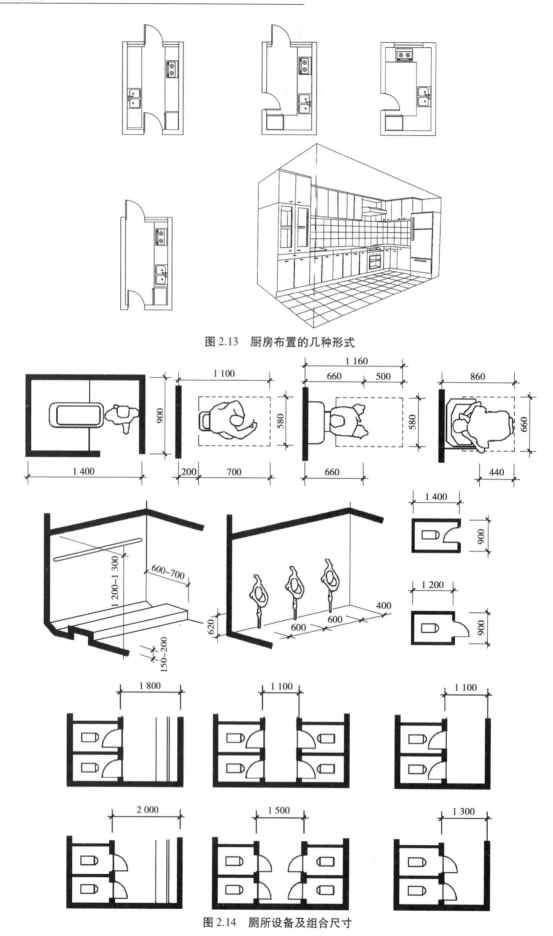

图 2.13　厨房布置的几种形式

图 2.14　厕所设备及组合尺寸

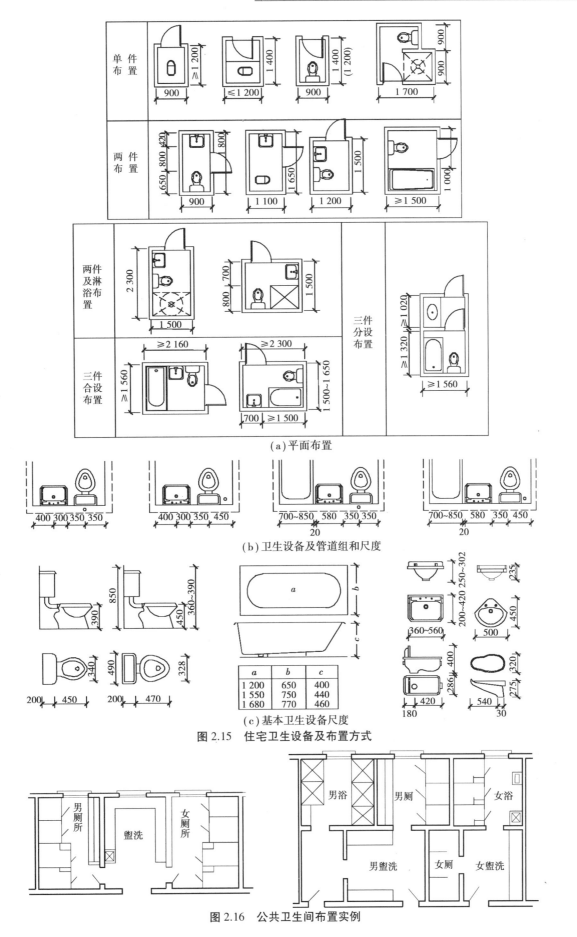

（a）平面布置

（b）卫生设备及管道组和尺度

（c）基本卫生设备尺度

图 2.15 住宅卫生设备及布置方式

图 2.16 公共卫生间布置实例

2.2.3　交通联系空间

了解熟悉
交通联系
部分的设
计内容。

　　交通联系空间包括水平交通空间、垂直交通空间、交通枢纽空间等，其设计的合理性在很大程度上影响着建筑物的使用方便与经济性。交通联系空间的设计要求有足够的通行宽度，联系便捷、互不干扰、通风采光良好等。此外，在满足使用需要的前提下，要尽量减少交通面积，以提高平面的利用率。

1）门厅

　　门厅作为交通枢纽，其主要作用是接纳、分配人流，完成各种交通关系的衔接。同时，门厅可能还兼有其他功能，如医院门厅常设挂号、收费、取药的功能，旅馆门厅兼有登记、接待、会客、休息、售卖等功能。门厅的大小应根据各类建筑的使用性质、规模及质量标准等因素来确定。

　　门厅的布局分为对称式（图2.17）与非对称式（图2.18）两种。对称式布局常将垂直交通布置在主轴线上或对称布置在主轴线两侧，具有良好的秩序感；非对称式布局没有明显的轴线，布置灵活，垂直交通可根据人流交通布置在大厅中相应位置，空间富有变化。

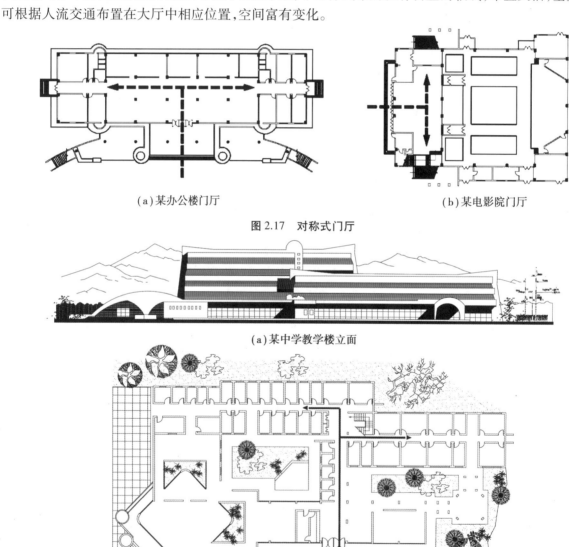

（a）某办公楼门厅　　　　　　　　　　　　　　（b）某电影院门厅

图2.17　对称式门厅

（a）某中学教学楼立面

（b）某中学教学楼平面

图2.18　非对称式门厅

门厅设计时应注意:①门厅应处于建筑体形中明显而突出的位置,一般应面向主干道,使人流出入方便;②门厅内部设计要有明确的导向性,同时交通流线组织应简明醒目;③门厅是建筑空间及造型设计的重点处理部位;④门厅对外出口的宽度需满足建筑设计防火规范的要求,外门的开启方向一般宜向外或采用地弹簧门。

2) 走道

走道又称为过道,走道用作建筑平层内各空间的联系,有时也兼有其他功能。按走道的使用性质不同,可分为以下 3 种情况:①完全为交通需要而设置的走道;②主要为交通联系,同时也兼有其他功能的走道;③多种功能综合使用的走道,如展览馆的走道。

走道的宽度和长度主要根据人流通行、使用性质、安全疏散、空间感受来综合考虑。

一般民用建筑常用走道宽度如下:当走道两侧布置空间时,学校为 2.10~3.00 m,门诊部为 2.40~3.00 m,办公楼为 2.10~2.40 m,旅馆为 1.80~2.70 m;当走道一侧布置空间时,其走道的宽度应相应减小。

走道的长度按照《建筑设计防火规范》的要求,最远一点房间出入口到楼梯间安全出入口的距离必须控制在一定的范围内,见表 2.2。

表 2.2　直通疏散走道的房间疏散门至最近安全出口的最大距离　　　单位:m

名　称			位于两个安全出口之间的疏散门			位于袋形走道两侧或尽端的疏散门		
			一、二级	三级	四级	一、二级	三级	四级
托儿所、幼儿园、老年人建筑			25	20	15	20	15	10
歌舞娱乐放映游艺场所			25	20	15	9	—	—
医院建筑	单、多层		35	30	25	20	15	10
	高层	病房部分	24	—	—	12	—	—
		其他部分	30	—	—	15	—	—
教学建筑	单、多层		35	30	25	22	20	10
	高层		30	—	—	15	—	—
高层旅馆、展览建筑			30	—	—	15	—	—
其他建筑	单、多层		40	35	25	22	20	15
	高层		40	—	—	20	—	—

3) 楼梯

楼梯用作建筑各层间的垂直交通联系,也是疏散逃生的重要通道,按其使用性质分为主要楼梯、服务楼梯、消防楼梯等。主要楼梯应设置在门厅附近,服务楼梯根据具体使用需要设置,消防楼梯应满足安全疏散的要求。在满足条件的情况下,主要楼梯、服务楼梯常兼作消防楼梯。

楼梯的宽度和数量需根据使用性质、使用人数和防火规范来确定。通常,楼梯梯段的最小净宽应满足两股人流疏散要求,但住宅内部楼梯可减小到 750~900 mm。所有楼梯的梯段宽度应按照《建筑设计防火规范》的规定进行计算和校核,表 2.3 为高层建筑中疏散楼梯梯段的最小净宽要求。

表 2.3　疏散楼梯梯段的最小净宽度

建筑类型		疏散楼梯梯段的最小净宽度(m)
一般公共建筑		1.10
高层公共建筑	医疗建筑	1.30
	其他	1.20
住宅建筑		1.10

楼梯的数量应根据使用人数及防火规范要求来确定,必须满足关于疏散距离的要求(表2.2)。通常情况下,一幢公共建筑应设两个楼梯。对于使用人数少且除幼儿园、托儿所、医院以外的二、三层建筑,当其符合表2.4的要求时,也可以只设一个疏散楼梯。

表 2.4　设置一个疏散楼梯的条件

耐火等级	最多层数	每层最大建筑面积(m²)	人　数
一、二级	三层	200	第二层和第三层人数之和不超过 50 人
三级	三层	200	第二层和第三层人数之和不超过 25 人
四级	二层	200	第二层人数不超过 15 人

4)电梯

建筑在高度方向上的发展,使电梯成为不可缺少的垂直交通设施。电梯按其使用性质分为乘客电梯、载货电梯、消防电梯、客货两用电梯、杂物梯5类。

电梯通常与楼梯组合形成电梯厅。电梯厅作为垂直交通枢纽,应布置在人流集中的地方,位置要明显,应有足够的等候面积,以免造成拥挤和堵塞。电梯厅的深度应满足表2.5的规定,且不能小于1.5 m。

表 2.5　候梯厅深度

电梯类别	布置方式	候梯厅深度
住宅电梯	单台	$\geqslant B$
	多台单侧排列	$\geqslant B^*$
	多台双侧排列	$\geqslant$ 相对电梯 B^* 之和并 $\leqslant$ 3.50 m
公共建筑电梯	单台	$\geqslant 1.5B$
	多台单侧排列	$\geqslant 1.5B^*$,当电梯群为 4 台时应 $\geqslant$ 2.40 m
	多台双侧排列	$\geqslant$ 相对电梯 B^* 之和并 < 4.5 m
病床电梯	单台	$\geqslant 1.5B$
	多台单侧排列	$\geqslant 1.5B^*$
	多台双侧排列	$\geqslant$ 相对电梯 B^* 之和

注:B 为轿厢深度,B^* 为电梯群中最大轿厢深度。

电梯厅的布置形式一般有单面式和对面式,图2.19为常见的电梯厅布置方式。

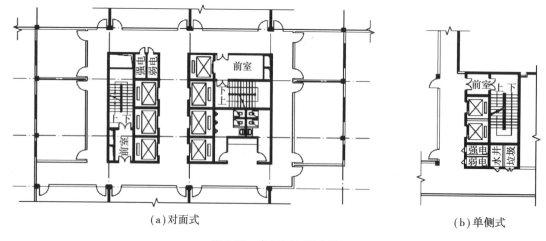

(a)对面式　　　　　　　　　　　(b)单侧式

图 2.19　电梯厅布置方法

2.3 剖面设计

剖面设计和平面设计是从两个不同的维度来反映单一空间的关系。平面设计着重解决空间水平方向上的问题,剖面设计主要研究空间的竖向处理。

单一空间的剖面设计主要包括以下内容:

①确定房间的剖面形状、尺寸及比例关系。

②确定房屋的层数和各部分的标高,如层高、净高、窗台高度、室内外地面标高。

③解决天然采光、自然通风等问题。

除此之外,在一个完整的建筑设计中,剖面设计还包括主体结构与围护体系方案。

2.3.1 剖面形状

房间的剖面形状　地面升起坡度

剖面形状分为矩形和非矩形两大类。大多数民用建筑均采用矩形,这是因为矩形剖面简单、规整,便于竖向空间的组合,容易获得简洁而完整的体形,同时结构简单、施工方便。非矩形剖面常用于特殊要求的房间,主要体现为视线、声学方面,采光、通风方面,结构技术方面的特殊要求。

1)视线、声学要求

在民用建筑中,绝大多数的房间,如客厅、起居室、普通教室、办公室、客房、商店等,它们的剖面形状多采用矩形。对于某些特殊功能要求(如视线、声学等)的房间,则应根据使用要求选择适合的剖面形状。

(1)视线要求

有视线要求的房间主要是指影剧院的观众厅、体育馆的比赛大厅、教学楼中阶梯教室等。这类房间除平面形状、大小满足一定的视距、视角要求外,地面应有一定的坡度,以保证良好的视觉要求,即舒适、无遮挡地看清对象。

地面的升起坡度与设计视点的选择、座位排列方式(即前排与后排对位或错位排列)、排距、视线升高值 C(即后排与前排的视线升高差)等因素有关。

设计视点是指按设计要求所能看到的极限位置,以此作为视线设计的主要依据。各类建筑由于功能不同,观看对象性质不同,设计视点的选择也不一致,如电影院定在银幕底边,体育馆定在比赛场地边线或边线上空 300~500 mm 处等。设计视点的选择直接影响地面升起的坡度和经济性,设计视点越低,房间地面升起坡度越大;设计视点越高,地面升起坡度就平缓。图 2.20 表示电影院和体育馆设计视点与地面坡度的关系。

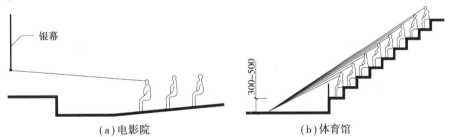

(a)电影院　　　　　(b)体育馆

图 2.20　设计视点与地面坡度的关系

视线升高值 C 的确定与人眼到头顶的高度和视觉标准有关,一般定为 120 mm。当错位排列(即后排人的视线擦过前面隔一排人的头顶而过)时,C 值取 60 mm;当对位排列(即后排人的视线擦过前排人的头顶而过)时,C 值取 120 mm,如图 2.21 所示。

(2)声学要求

对于剧院、电影院、会堂等建筑,大厅的音质要求对房间的剖面形状影响很大,应通过合理的剖面设

了解影响房间剖面形状的主要因素。

熟悉地面升起坡度的影响因素。

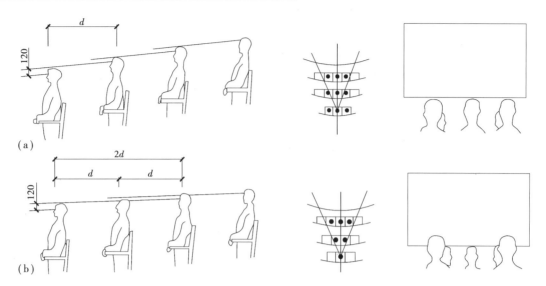

图 2.21　视觉标准与地面升起的关系

计防止出现声空白区、回声和声聚焦等现象。

在剖面设计中要注意顶棚、墙面和地面的处理。为了有效地利用声能,加强各处直达声,应使大厅地面逐渐升高,这与视线上的要求是一致的,通常按照视线要求设计的地面一般都能满足声学要求。

除此以外,顶棚的高度和形状是另一个重要因素。它的形状应保证坐席区声压足够,并能获得均匀的反射声。一般来说,凹面易产生聚焦,声场分布不均匀,应避免;而凸面或折线面不会产生聚焦,声场分布较为均匀,多采用。

图 2.22 为观众厅的几种剖面形状示意。其中图(a)平顶棚仅适用于容量小的观众厅;图(b)降低台口顶棚,并使其向舞台面倾斜,声场分布较均匀;图(c)采用折线形顶棚,反射声能均匀分布到大厅各座位。

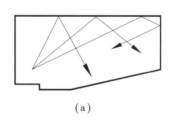
(a)

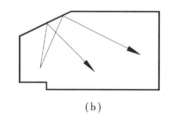
(b)

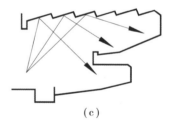
(c)

图 2.22　观众厅的几种剖面形状示意图

2)采光、通风要求

一般进深不大的房间,采用侧窗采光和通风已足够满足室内卫生的要求。当房间进深较大,侧窗不能满足要求时,常设置各种形式的天窗。有的房间虽然进深不大,但具有特殊要求,如展览馆中的陈列室,为使室内照度均匀、稳定、柔和,并减轻和消除眩光的影响,避免直射阳光损害陈列品,也常设置各种形式的采光窗。不同的天窗设置形成了各种不同的剖面形状。图2.23为不同采光方式对剖面形状的影响。

对于厨房等在操作过程中散发出大量蒸汽、油烟的房间,可在顶部设置排气窗以加速排除有害气体(图 2.24)。

3)结构技术的影响

房间的剖面形状还应考虑结构技术的影响,矩形剖面形状规整、简洁,有利于普通墙承重或梁板式结构布置,同时施工也较简单。但体育类、博览类建筑因大空间的需要,所采用的结构型式对房间的剖面形状有较大的影响。图 2.25 为各类常见大跨度结构型式的丰富剖面形态。

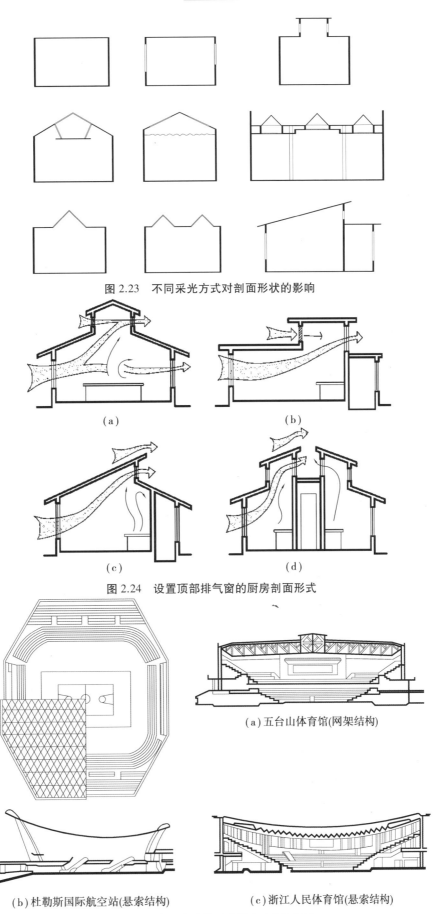

图 2.23　不同采光方式对剖面形状的影响

（a）　　　　　　　　　　　　　（b）

（c）　　　　　　　　　　　　　（d）

图 2.24　设置顶部排气窗的厨房剖面形式

（a）五台山体育馆(网架结构)

（b）杜勒斯国际航空站(悬索结构)　　　　（c）浙江人民体育馆(悬索结构)

图 2.25　大跨度结构形式的丰富剖面形态

2.3.2 剖面高度

房间剖面高度的确定要考虑人和家具设备的使用、采光通风的要求、结构技术的影响以及建筑经济性和室内空间效果的需要。剖面高度设计主要包括层高与净高的确定，以及窗台高度和室内外高差的选择。

1)层高与净高

房间的剖面高度主要包括房间的层高和净高。层高是指该层楼地面到上一层楼面之间的距离。净高是指楼地面完成面至吊顶或楼板或梁底面之间的垂直距离(图2.26)。房间高度恰当与否，直接影响房间的使用、经济性及室内空间效果。在通常情况下，房间高度的确定主要考虑以下几个方面：

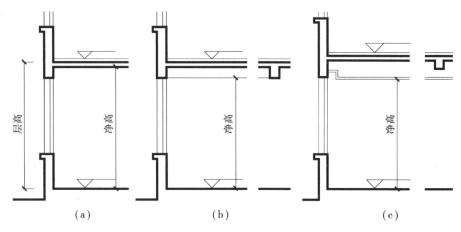

图2.26 净高与层高

（1）人体活动及家具设备的要求

房间净高与人体活动尺度关系密切。一般情况下，室内最小净高应使人举手不接触到顶棚为宜。因此，房间净高应不低于2.20 m（图2.27）。

不同类型的房间，由于使用人数、房间面积大小不同，对房间净高的要求也不相同。一般来说，使用人数多、面积大的房间，净高就大。如普通住宅卧室净高常取2.4～2.8 m，办公室净高常取2.5～3.3 m，教室净高常取3.00～3.50 m。

除此以外，房间的家具设备以及人们使用家具设备所需的必要空间，也直接影响房间的净高和层高。如图2.28所示，图（a）为设有双层床的学生宿舍，考虑床的尺寸及必要的使用空间，净高不应小于3.4 m；图（b）为医院手术室，净高应考虑手术台、无影灯以及手术操作所必要的空间；图（c）为跳水馆比赛大厅，房间净高应考虑跳水台的高度、跳水台至顶棚的最小高度。

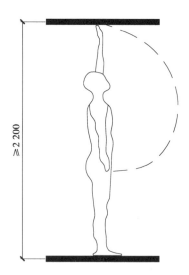

图2.27 房间最小净高

（2）采光、通风要求

房间的高度应有利于天然采光和自然通风，以保证房间必要的学习、生活及卫生条件。

室内光线的质量，除了与窗的平面设置有关外，还与窗在剖面中的位置有关。房间的采光进深主要与窗上口的高度有关，高度越高，采光进深越大；双侧采光比单侧采光能够获得更大的采光进深和更均匀的照度，如图2.29所示。

潮湿和炎热地区的建筑，经常利用空气的气压差来组织室内通风，如在墙上开设高窗，或在门上设置亮子来改善通风条件，在这种情况下，房间净高就相应要高一些。

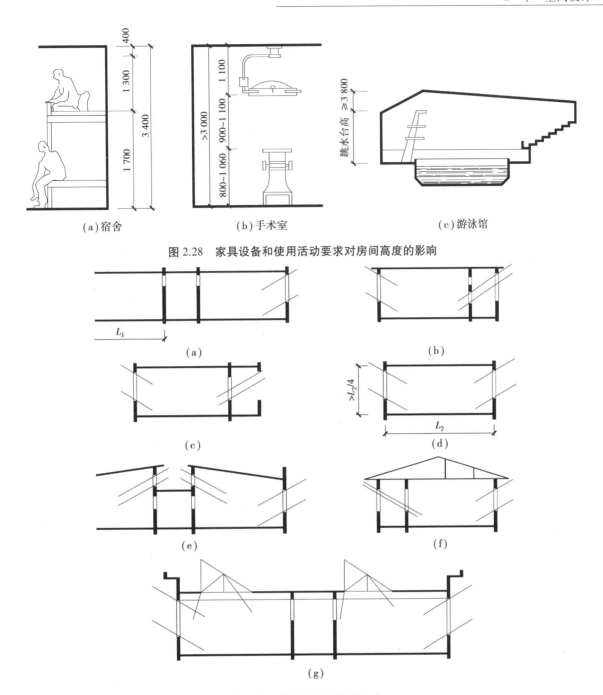

（a）宿舍　　　　　　（b）手术室　　　　　　（c）游泳馆

图 2.28　家具设备和使用活动要求对房间高度的影响

图 2.29　学校教室的采光方式

（3）结构的影响

结构高度对房间的净高有较大影响。在满足房间净高要求的前提下，应尽量减小结构高度，从而获得更好的经济性。

图 2.30 列举了梁板结构对房间高度的影响。其中图（a）适用于开间较小的房间，将预制板直接搁置在墙上，节省了梁所占的高度；图（b）适用的房间面积较大，增加了大梁，将板搁置在墙和梁上；图（c）为框架结构中的梁板应用，梁的高度对净高的影响较大。

对于体育馆、博览馆、交通场所等大跨度建筑，需要覆盖几十甚至上百米跨度的空间，结构所需的高度更大，对净高的影响巨大，需要在设计前期充分考虑。

（4）建筑经济效果

层高是影响建筑造价的一个重要因素。因此，在满足要求的前提下，降低层高可相应减小房屋间距，节约用地，减轻房屋自重，改善受力，节约材料，利于节能。

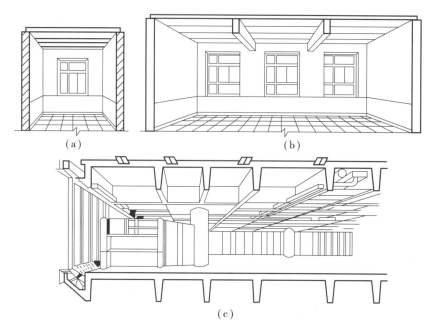

（a）　　　　　　　　　　（b）

（c）

图 2.30　梁板结构高度对房间高度的影响

（5）室内空间比例

房间高度的确定还应考虑室内空间比例。不同的比例产生不同的心理感受,高而窄的比例易使人产生激昂、向上的情绪,且具有严肃感,但过高就会觉得不亲切;宽而矮的空间使人感觉宁静、开阔、亲切,但过低又会使人产生压抑、沉闷感。

住宅建筑要求空间具有小巧、亲切、安静的气氛[图 2.31(a)];纪念性建筑则要求高大的空间,以制造严肃、庄重的气氛[图 2.31(b)];大型公共建筑的休息厅、门厅要求具有开阔、博大的气氛[图 2.31(c)]。

（a）日本和室

（b）哥特式教堂

（c）某酒店大堂

图 2.31　不同类型建筑室内空间

2)窗台高度

窗台高度与使用功能、人体尺度、家具尺寸及使用安全有关。大多数民用建筑的窗台高度应保证书桌等工作面上有充足的光线,一般常取900~1 000 mm[图2.32(a)]。对于有特殊要求的房间,如展览馆、陈列室,为消除和减少眩光,一般将窗下口提高到离地2.5 m以上[图2.32(b)]。厕所、浴室窗台可提高到1 500~1 800 mm[图2.32(c)]。托儿所、幼儿园活动室的窗台高度应考虑儿童的身高及较小的家具设备,窗台高度降低至600 mm[图2.32(d)]。

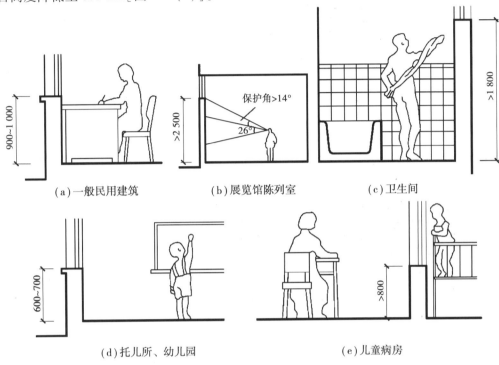

(a)一般民用建筑 (b)展览馆陈列室 (c)卫生间

(d)托儿所、幼儿园 (e)儿童病房

图2.32 窗台高度

此外,一些公共建筑的房间,为使室内阳光充足和便于观赏室外景色,常将窗台做得很低,甚至采用落地窗。但必须注意,当临空的窗台高度小于800 mm或900 mm时,必须设置安全防护措施,如护窗栏杆等。

3)室内外高差

为了防止室外雨水流入室内,并防止墙身受潮,或者因为建筑形象的要求,一般民用建筑常把室内地坪提高,使建筑物室内外地面形成一定高差(图2.33),该高差主要由下列因素确定。

①内外联系:对于住宅、商店、医院等建筑,室内外高差一般不大于600 mm;对于厂房、仓库等建筑,为便于运输,室内外高差以不超过300 mm为宜。

②防排水要求:为了防止室外雨水流入室内,并防止墙身受潮,底层室内地面应高于室外地面,一般为300 mm左右,对于地势低洼和雨量较大的地区还需酌情增加。

③地形及环境条件:位于山地地区的建筑物,应结合地形变化和室外道路标高等因素,综合确定底层地面标高,使其既方便联系,又有利于室外排水和减少土石方工程量。

④建筑物性格特征:一般民用建筑如住宅、学校等,应具有亲切的尺度感,室内外高差不宜过大;纪念性建筑常借助于较大的高差形成台基,以增强严肃、庄重、雄伟的气氛。

在建筑设计中,一般以底层室内地面标高为±0.000。

图 2.33　室内外高差

复习思考题

（1）什么是单一空间？对于空间属性的理解应从哪几个方面展开？

（2）简述单一空间的分类及其特征。

（3）确定房间面积大小时应考虑哪些因素？为什么矩形平面被广泛采用？

（4）确定房间尺寸应考虑哪些因素？房间门窗设置的内容及其要求是什么？

（5）住宅厨房和厕所的主要配置有哪些？

（6）走道按使用性质分为哪几种？

（7）楼、电梯的主要功能及分类分别是什么？

（8）单一空间剖面设计的主要内容包括哪些方面？

（9）为什么矩形剖面被广泛采用？

（10）试举例说明视线及声学要求对剖面形状的影响。

（11）试绘简图说明什么是房屋的层高和净高。

（12）建筑室内外高差是由哪些因素确定的？

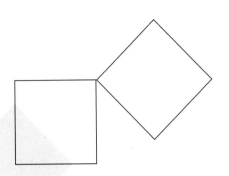

3 空间组合设计

由单一空间构成的建筑物寥寥无几，绝大多数的建筑物都是由许多空间组合而成。将众多的单一空间合理组织，满足人们的使用要求，是空间组合设计的基本任务。空间组合设计考虑的主要要素有功能、结构、设备、造型、规划等方面，此外，还应考虑基地环境和经济的要素。为了便于理解，空间组合设计可以被解析为平面组合设计和剖面组合设计。

3.1 组合要素

影响平面 房屋的层数
组合的因素

3.1.1 功能要素

功能要素是影响空间组合的核心，一栋建筑物使用的便利性不仅体现在单一空间的设计上，而且更大程度上取决于多空间功能分区和流线组织的合理性。

（1）合理的功能分区

合理的功能分区是将建筑物各个组成部分按不同的功能特点进行分类、分组，使之分区明确、联系方便。在分析功能关系时，常借助于功能分析图，可将使用性质相同或相近、联系紧密的房间邻近布置组合，并将有干扰的房间适当分隔。在设计实践中，通常从以下几个方面进行分析：

①主次关系：应根据房间使用性质、重要性的差异，将主要使用房间布置在朝向较好、通行方便的位置，并使其具有良好的采光、通风条件；而将次要房间布置在朝向、采光通风、交通条件相对较差的位置。图3.1 示意了住宅设计中的主次关系考虑。

了解影响房屋组合设计的主要因素。

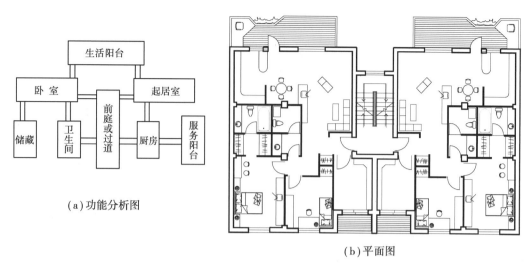

（a）功能分析图　　　　　　　　　　（b）平面图

图 3.1　居住建筑房间的主次关系

②内外关系：各类建筑的房间组成中，有些对外联系密切，直接为公众服务；有些对内关系密切，主要供内部人员使用。所以，应将内外关系的房间分别集中设置，合理分区。图 3.2 示意了食堂设计中的内外关系考虑。

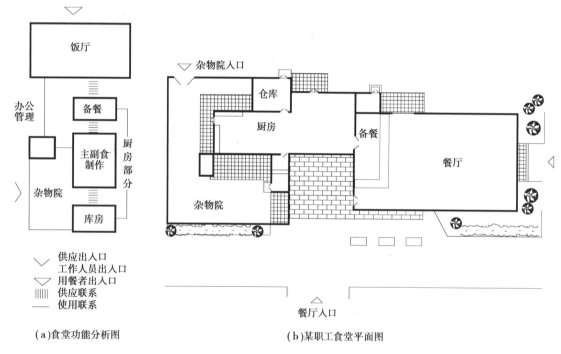

（a）食堂功能分析图　　　　　　　（b）某职工食堂平面图

图 3.2　食堂房间的内外关系

③联系与分隔：在房间的使用特性上还有诸如"动"与"静""洁"与"污"等方面的特性区别，在功能分区中应合理把握，应使其既有分隔又有联系。图 3.3 示意了中小学设计中联系与分隔的考虑。

（2）明确的流线组织

民用建筑的流线，总体可分为人流及物流两大类。明确的流线组织就是既要保证各种流线简捷、通畅，减少迂回、逆行，又要尽量避免相互交叉和干扰。

例如，火车站站房设计中主要流线有旅客进、出站流线，行包流线，内部流线等。旅客的主要人流路线按先后顺序为到站—问讯—售票—候车—检票—上车，出站时经由站台验票出站。图 3.4 示意了小型火车站站房的平面布置。在大型火车站站房设计中，流量更大，流线更为复杂，为保证流线的通畅并避免流线的交叉，还需要在剖面上合理组织流线，根据实际需要采取天桥、地道等立体交通措施。

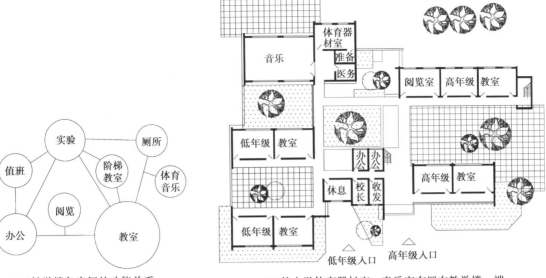

(a)教学楼各房间的功能关系

(b)某小学体育器材室、音乐室布置在教学楼一端

图 3.3　教学楼房间的联系与分隔

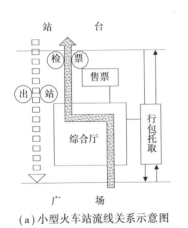

(a)小型火车站流线关系示意图

(b)400人火车站设计方案平面图

图 3.4　小型火车站流线关系及平面图

3.1.2　结构要素

建筑结构为建筑空间提供支撑,保证安全,因此,结构要素也在一定程度上影响着空间组合。为了适应多样的使用功能,结构也发展出不同的体系,以适应不同的平面组合和剖面组合的需要。

目前,常用的结构体系有墙体承重体系、骨架承重体系、空间结构体系,如表 3.1 和图 2.2、图 2.3 所示。其中,墙体承重体系受楼板跨度的限制,室内空间小,通常用于开间较小的建筑,如住宅、公寓等;骨架承重体系由梁、柱承重,墙体不承重,可形成开敞大空间,平面划分灵活,如教学楼、图书馆等;空间结构体系主要适用于大跨度公共建筑中,采用空间协同受力,具有更好的结构经济性和建筑表现力。

表 3.1　结构体系分类

结构体系	结构类型
墙体承重体系	砌体结构、剪力墙结构等
骨架承重体系	木构架结构、钢及钢混凝土框架结构等
空间结构体系	网架结构、折板结构、薄壳结构、悬索结构、膜结构等

结构要素还影响着剖面空间组合,主要体现为不同的结构类型的抗推能力及其适应的高度范围不同。一般来说,结构类型的抗推能力越强,适应的高度就越高。常用的高层建筑结构类型主要有筒体结构、剪力墙结构和框架结构,如图3.5所示。其中,筒体结构具有更好的抗推能力,剪力墙结构次之,框架结构最弱。

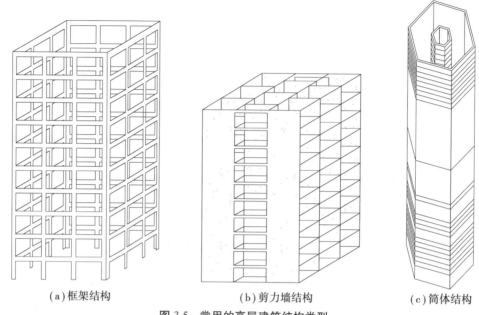

（a）框架结构　　　　　　　（b）剪力墙结构　　　　　　　（c）筒体结构

图3.5　常用的高层建筑结构类型

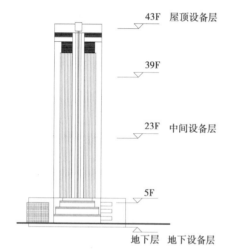

图3.6　某高层建筑的设备层布置图示

3.1.3　设备要素

民用建筑中的设备主要包括给排水、暖通空调、电气照明和通信等。设备要素包括设备用房、设备管线的设置,以及满足它们的特殊要求。在进行空间组合时,平面上要尽量布置在负荷中心,节约管线;剖面上,应尽量将设备管线集中布置、上下对齐。

图3.6为某高层建筑的设备层布置图示,有地下设备层、屋顶设备层和中间设备层。通常,地下设备层布置柴油发电机房、高低压配电室、泵房、水池和空调机房等;屋顶设备层会有电梯机房、高位水箱、冷却塔等;对于一些超高层建筑,还需设置中间设备层,进行水、暖、电的转换。

图3.7为旅馆卫生间的设备集中布置,利用两个卫生间中间的竖井作为管道垂直方向布置的空间,管道井上下叠合,管线布置集中。

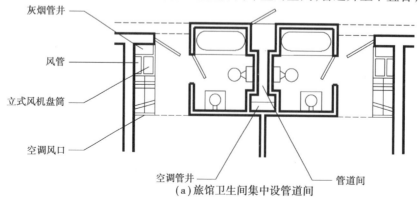

（a）旅馆卫生间集中设管道间

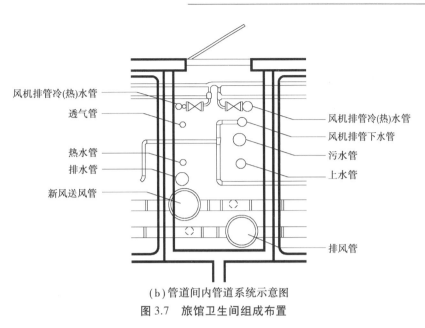

（b）管道间内管道系统示意图

图 3.7　旅馆卫生间组成布置

3.1.4　规划要素

为了保证城市的整体协调发展，建筑空间组合设计必须满足城市规划的要求。规划要素主要包括用地性质、用地范围、用地强度、城市风貌等。

（1）用地性质

城市规划对规划区域中的用地性质有明确规定，规定了它的适用范围及建筑类型。城市建设用地共分为 8 大类，分别是居住用地 R、公共管理与公共服务设施用地 A、商业服务业设施用地 B、工业用地 M、物流仓储用地 W、道路与交通设施用地 S、公用设施用地 U、绿地与广场用地 G。

（2）用地范围

城市规划对用地范围的控制多是由建筑红线与道路红线共同完成的。此外，限定河流、湖泊等用地的蓝线以及限定城市公共绿化用地的绿线，也可限定用地的边界。

（3）用地强度

城市规划对用地强度的控制是通过容积率、建筑密度、绿地率等指标来实现的。

$$容积率 = \frac{基地内所有建筑物的建筑面积之和}{基地总用地面积}$$

$$建筑密度 = \frac{基地内所有建筑物的基底面积之和}{基地总用地面积}$$

$$绿地率 = \frac{基地内绿化用地总面积}{基地总用地面积}$$

（4）城市风貌

当用地位于城市的一些特殊地段，如传统风貌保护区、城市中央商务区或城市滨江景观带等，应满足城市风貌的总体控制，重点考虑协调一致。

此外，城市规划还对建筑高度、出入口等有要求，对空间组合也有影响。

3.1.5　造型要素

建筑造型是空间组合的重要影响因素。一般来说，造型和功能密切相关，是内部空间的直接反映。但是，在满足功能的前提下，建筑造型仍然具有能动性，会反过来影响空间的组合，创造出更具感染力和表现力的空间。本书将在第 4 章对建筑造型作详细讲授。

3.2　平面组合

平面组合设计的主要依据是建筑的使用功能及交通流线,同时还必须考虑基地条件,从总图协调出发进行平面组合设计。

3.2.1　组合形式

为了适应各种类型的建筑,平面组合也发展出各种形式,大致可以分为走道式组合、套间式组合、大厅式组合和单元式组合 4 种。

1)走道式组合

了解走道式平面组合。

走道式组合(图 3.8)的特征是房间沿走道一侧或两侧并列布置,房间门直接开向走道,房间之间通过走道来联系。其优点是使用空间与交通联系空间分工明确,房间独立性强,各房间便于获得天然采光和自然通风。这种形式应用广泛,特别适用于重复空间组合,如学校、宿舍、医院、旅馆等。根据房间与走廊布置关系不同,此组合又细分为内廊式、外廊式、单廊式、双廊式等。

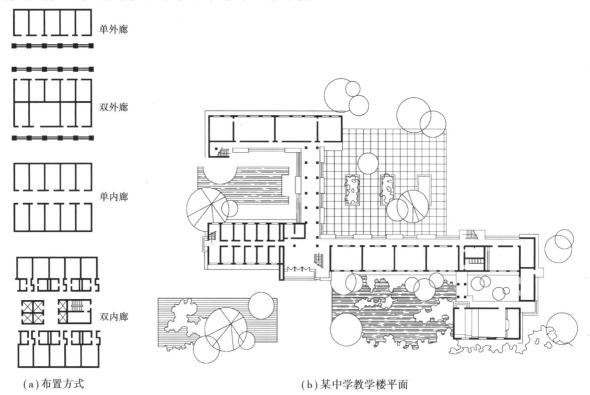

（a）布置方式　　　　　　　　　　　　　（b）某中学教学楼平面

图 3.8　走道式组合实例

2)套间式组合

了解套间式组合。

套间式组合(图 3.9)的特征是房间与房间之间相互穿套,无需通过走道联系。其特点是平面布置紧凑,利用率高,联系便捷;缺点是各房间使用的灵活性、独立性受到限制,相互干扰较大。这种形式通常适用于使用连续性较强的房间,如展览馆、火车站、浴室等。

套间式组合按其空间序列的不同又可分为串联式和放射式两种。

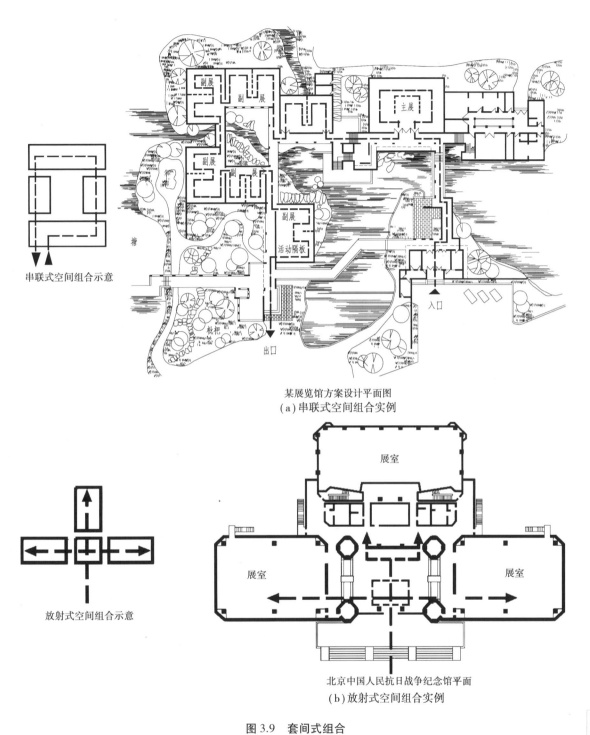

串联式空间组合示意

某展览馆方案设计平面图
（a）串联式空间组合实例

放射式空间组合示意

北京中国人民抗日战争纪念馆平面
（b）放射式空间组合实例

图3.9 套间式组合

大厅式
平面组合

3）大厅式组合

大厅式组合（图3.10）的特征是以主体空间大厅为中心,环绕大厅布置其他辅助房间。其特点是主体空间体量突出、主次分明,辅助房间与大厅联系紧密、使用方便。这种形式主要适用于体育类和会展类建筑。

了解大厅式组合。

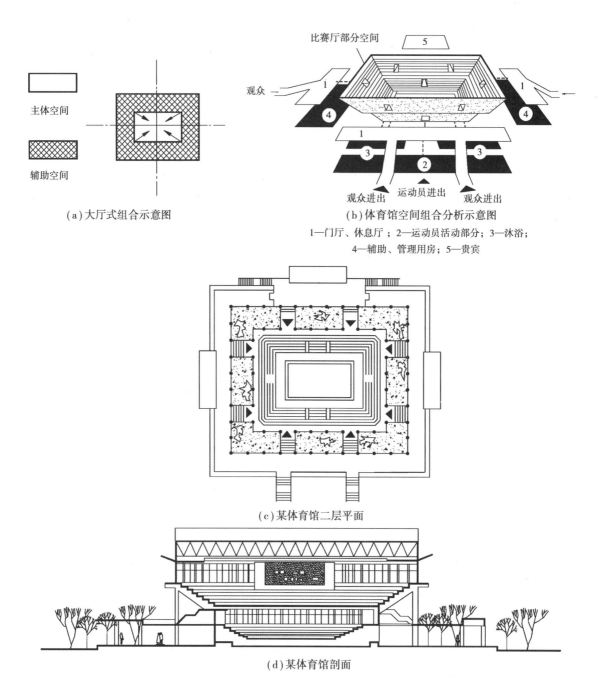

（a）大厅式组合示意图

（b）体育馆空间组合分析示意图
1—门厅、休息厅；2—运动员活动部分；3—沐浴；
4—辅助、管理用房；5—贵宾

（c）某体育馆二层平面

（d）某体育馆剖面

图3.10　大厅式组合形式

4）单元式组合

了解单元式组合。

　　将关系密切的相关房间组合在一起，并成为一个相对独立的整体，称为单元。将一种或多种单元按地形和环境情况在水平或垂直方向重复组合起来成为一幢建筑，这种组合方式称为单元式组合（图3.11）。

　　单元式组合的优点是功能分区明确，平面布局紧凑，单元与单元之间相对独立，互不干扰。此外，单元组合布局灵活，并能适应不同的地形，因此广泛应用于民用建筑，如住宅、幼儿园、学校等。

　　大多数民用建筑，往往采用了多种平面组合形式。这是由于建筑功能关系复杂，必须采用多种组合形式才能较好地满足使用要求。因此，在设计实践中，应综合考虑多种空间组合要素，灵活变通地进行平面组合。

单元式
平面组合

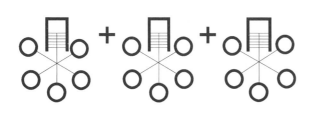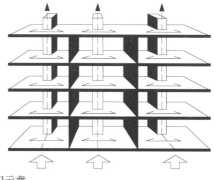

（a）单元组合及交通组织示意

（b）单元式组合实景图

图3.11 单元式住宅组合形式

3.2.2 总图协调

一幢建筑物或一组建筑群不是孤立存在的，必然是处于一个特定的环境中，它在基地上的位置、朝向、体形的大小和形状、出入口的布置及建筑造型等都必然受到总体规划和基地条件的制约，再加上地形地貌、日照、采光、通风及周边建筑环境等方面的影响，为使建筑物既满足使用需要，又能与基地环境协调一致，必须做好建筑的总图协调。

1）场地分析

建筑场地的分析包括自然环境要素和人工环境要素的分析。自然环境要素包括地形、朝向、通风、景观；人工环境要素包括地块区位、配套设施、交通条件、城市风貌、建筑间距、容积率、建筑密度、绿地率等。

在自然环境要素的分析中，对于地形的利用应该尽量减少土方量，做到土方平衡，特别是在山地条件下，地形的合理利用不仅能降低造价，还能创造更加丰富有趣的空间环境。对于朝向的分析，主要考虑避免夏季过热并保证冬季的日照，对于幼儿园、小学、疗养院及医院病房等必须满足相应日照要求；此外，朝向的选择还和景观有较大关系，应分清主次、平衡需要。对于通风的分析就是趋利避害，结合当地的主导风向,在夏季加强自然通风,冬季减少冷风的侵害;此外,江河风、山谷风等局地小风环境也可加以利用。对于景观的分析应结合建筑的使用要求,充分采用借景、对景、造景的手法创造舒适惬意的空间环境。

在人工环境要素的分析中,根据地块区位、配套设施和交通条件可以大致确定项目的类型并完成产品的细分。对于规划控制指标必须满足,在此条件下可以初步确定建筑的体量、造型和风貌。

总体而言,通过场地分析可以大致得出项目的产品定位、体量大小、朝向方位、造型风貌等,而这些要素的分析对平面组合有较大的影响。

2)功能协调

场地分析所得出的初步结论在很多方面影响到平面组合,其中最重要的是总图功能分区与建筑功能分区的协调。总图功能分区主要考虑建筑与周边环境及建筑群组之间的关系,建筑功能分区集中于各功能房间的合理组合与分隔。二者的关系应该是局部服从大局,但又要相互协调。

总图功能分区是将各部分建筑按不同的功能要求进行分类,将性质相同、功能相近、联系密切、对环境要求一致的部分划分在一起,组成不同的功能区,各区相对独立并成为一个有机的整体。进行总图功能分区,一般应考虑以下几点要求:

①各区之间相互联系的要求。如校园中,根据教室、实验室、办公室、操场之间联系程度的紧密与松散,采取合理的分区与交通联系方式。

②各区相对独立与分隔的要求。如校园中,教师用房(办公、备课)既要考虑与教室有较方便的联系又要求有相对的独立性,避免干扰,并适当分隔。

③建筑与室外场地的关系。如校园中,教学楼、风雨操场等与运动场地之间的相对位置关系。

图3.12展示了某小学总图布局的多种方式。该地块位于宁静幽雅的梯形地段上,周围是住宅区,交通方便。学校由普通教室、多功能教室、办公室、图书室、操场等组成。

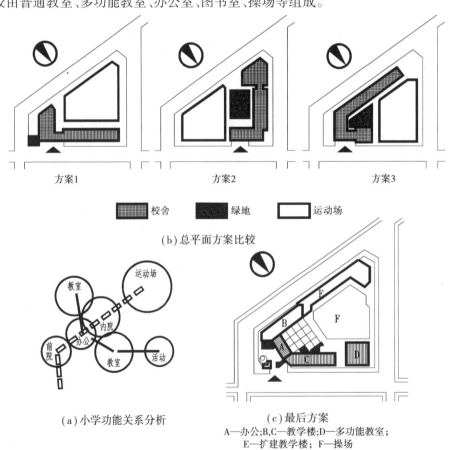

图 3.12 某小学总平面设计

从图 3.12(a)中可知,小学需要安静的学习环境,但小学本身也是一个噪声源,应尽量避免与周围环境相互之间的干扰。因此,平面组合应注意:①教室与办公室之间,教室、办公室与多功能教室(供体育与文娱集会等用)之间,操场与教学楼之间的联系与分隔;②教学楼与操场都应具有良好的采光、通风和朝向;③学校与周围环境的和谐,并保证环境的安静;④方便的内外交通联系。

通过对图 3.12(b)中 3 个方案的分析比较,可以得出以下结论:①方案 1、2 平面布置紧凑,但运动场面对教室干扰较大,教学楼朝向较差,与环境结合不紧密;②方案 3 教学楼朝向较好,与环境结合也较前两个好,但运动场对教学干扰大,同时由于运动场受教室遮挡,日照受影响。

总结以上各方案优缺点,进一步组合为图 3.12(c)所示最后方案。该方案的优点是:①教学楼各区之间既方便联系,又适当分隔,教学楼与操场之间干扰小;②大部分教室都有好的朝向,操场日照不受影响;③建筑采用对内封闭的周边式布置,保证了学校与周围环境的协调、美观与安静。

3.3 剖面组合

剖面组合主要解决的问题是各单一空间在竖向上的组合层数、组合形式,以及对空间的合理利用。

3.3.1 房屋层数

影响房屋层数的因素很多,概括起来主要有规划要求、使用要求、建筑结构等方面。

在城市规划中,对用地的开发强度是有控制的,依据给定的容积率、建筑密度等指标,能够大致确定房屋的层数。对于一些特殊地段,规划条件中会对建筑高度作明确的规定,也影响到房屋的层数确定。

总体来说,低层和多层建筑会具有更舒适的工作、生活环境,并减少对电梯的依赖,降低火灾逃生的难度。但由于我国城市用地紧张,土地利用强度较高,房屋的层数常常向高层发展。

对于一些特殊建筑,房屋的层数必须控制,如托幼建筑的层数不宜超过 3 层,小学不宜超过 4 层,中学不宜超过 5 层。又如体育馆、展览馆一类的建筑,考虑到空间的需要和人员的疏散,也宜采用低层。

建筑结构是决定房屋层数的基本因素,不同的结构类型适用的高度不同,如砖混结构建筑的经济层数为 1~6 层,框架结构建筑的高度一般控制在 50 m 以内。对于高层建筑,不同结构类型的适用层数及高度见表 3.2。空间结构体系则适用于低层大跨度建筑,如体育馆、展览馆等。

表 3.2 各种高层结构类型的适用层数

类 型	框架	框架剪力墙	剪力墙	框筒	筒体	筒中筒	束筒	带刚臂框筒	巨形支撑
适用层数和高度	12 层 50 m	24 层 80 m	40 层 120 m	30 层 100 m	100 层 400 m	110 层 450 m	110 层 450 m	120 层 500 m	150 层 800 m

3.3.2 组合形式

在进行剖面组合时,应根据使用性质和特点将各房间进行合理的垂直分区,做到分区明确、使用方便、流线清晰,能够合理利用空间,并有利于结构合理,设备管线集中。对于不同空间类型的建筑也应采取不同的组合方式。

1)重复小空间的组合

这类空间的特点是:大小、高度相等或相近,房间的数量较多,且功能相对独立。组合中常将此类空间在剖面上进行叠加,以楼梯、电梯进行垂直联系。由于空间的大小、高低相等,有利于统一层高和简化结构,常用于公寓式住宅、酒店客房和学生宿舍等建筑。

此外,在一些建筑中,有两种及两种以上类型的重复小空间组合,各类型的房间大小、高度不同,如学校中的教室和办公室。为了节约空间、降低造价,可将它们分别集中布置,采取不同的层高,以楼梯或踏步来解决空间联系,如图 3.13 所示。

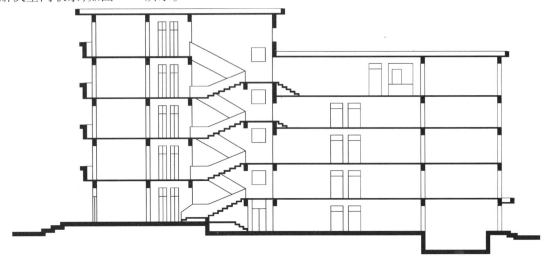

图 3.13　教学楼不同层高的剖面处理

2)大小、高低相差悬殊的空间组合

（1）以大空间为主体穿插布置小空间

展览馆、体育馆一类的建筑,虽然有多个空间,但其中有一个空间是建筑主要功能所在,其面积和高度都比其他房间大得多。空间组合常以大空间(展览大厅和比赛大厅)为中心,在其周围布置辅助小空间,或将辅助小空间布置在大厅看台下面,充分利用看台下空间。这种组合方式应处理好辅助空间的采光、通风以及人流交通问题。

图 3.14 为天津市体育馆,以比赛大厅为中心将运动员休息室、更衣室、贵宾室、观众休息廊以及设备用房等布置在看台下。

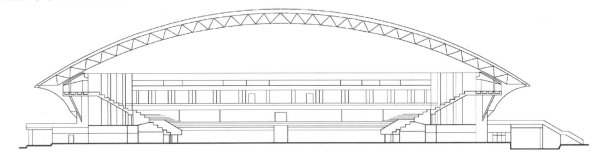

图 3.14　天津市体育馆剖面

（2）以小空间为主灵活布置大空间

某些类型的建筑,虽然构成建筑物的绝大部分房间为小空间,但由于功能要求仍需要设置部分大空间,如教学楼中的阶梯教室、办公楼中的大会议室、宾馆中的宴会厅等。

这类建筑在空间组合中常以小空间为主体,将大空间附建于主体建筑旁,从而不受层高与结构的限制;或将大小空间上下叠合起来,将大空间布置在顶层或底部,如图 3.15 所示。

（3）综合性空间组合

有的建筑为了满足多种功能的要求,常由若干大小、高低不同的空间组合起来形成多种空间的组合形式。如文化宫建筑中有较大空间的电影厅、餐厅、健身房等,又有阅览室、门厅、办公室等空间要求不同的房间。又如图书馆建筑中的阅览室、书库、办公室等房间在空间要求上也不一致。阅览室要求较好的天然采光和自然通风,层高一般为 4~5 m,而书库是为了保证最大限度地藏书及取用方便,层高一般为

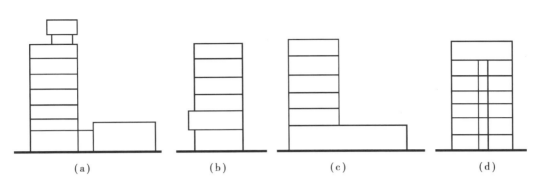

图 3.15　大小、高低不同的空间组合

2.2～2.5 m。对于这一类复杂空间的组合不能仅局限于一种方式,必须根据使用要求,采用与之相适应的多种组合方式。

　　湖南大学图书馆(图 3.16)采用集中式布置,阅览室与书库组合在一起,高度比为 2：1,有利于空间的联系和结构的简化。

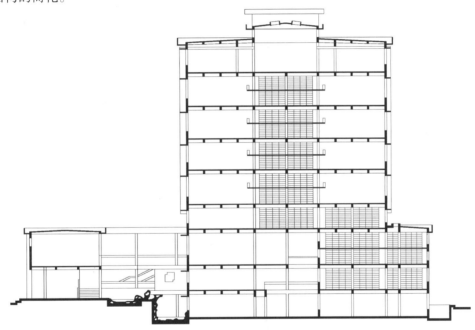

图 3.16　湖南大学图书馆剖面

3.3.3　空间利用

　　充分利用空间不仅可以增加使用面积、节约投资,而且还可以改善室内空间比例、丰富室内空间的艺术效果。利用室内空间的处理手法有很多,归纳起来有以下几种:

1) 夹层空间的利用

　　公共建筑中的营业厅、体育馆、影剧院、候机楼等,由于功能要求,其主体空间与辅助空间在面积和层高要求上常常不一致,因此常采取在大空间周围布置夹层的方式,从而达到利用空间及丰富室内空间的效果(图3.17)。

图 3.17　大空间夹层布置实例(某酒店的大堂)

2）房间上部空间的利用

  房间上部空间主要指除了人们日常活动和家具布置以外的空间。如住宅中常利用房间上部空间设置搁板、吊柜作为储藏之用(图3.18)。

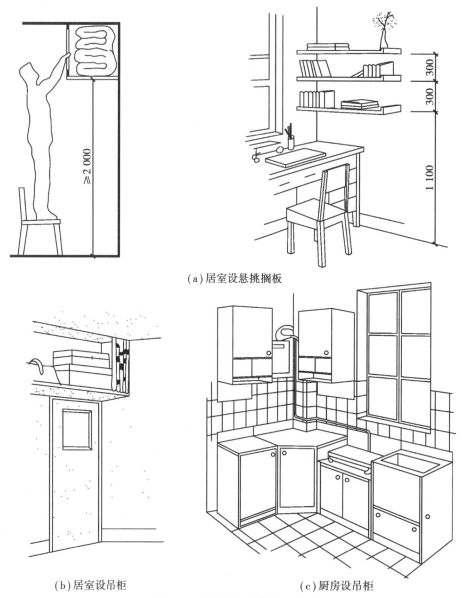

(a)居室设悬挑搁板

(b)居室设吊柜   (c)厨房设吊柜

图3.18　房间上空设搁板、吊柜

3）结构空间的利用

  在建筑物中,结构构件往往会占去许多室内空间。如果能够结合结构的形式及特点,对结构空隙加以利用,就能争取更多的室内空间。如当墙体厚度较大时,可以在墙体中设置壁龛、窗台柜、暖气槽等(图3.19)。

4）楼梯及走道空间的利用

  楼梯间底层中间平台下,至少有半层的高度,如果采用局部降低平台下底面标高或者增加第一梯段长度的方法,就可以加大平台下的净高,用以布置储藏间等辅助用房。

  与其他房间相比,走道的高宽比大,可以利用走道上部的多余空间布置设备管线及照明线路,住宅的户内走道上空还可布置储藏空间。这样处理不仅充分利用了空间,而且使走道的空间比例和尺度更加协调(图3.20)。

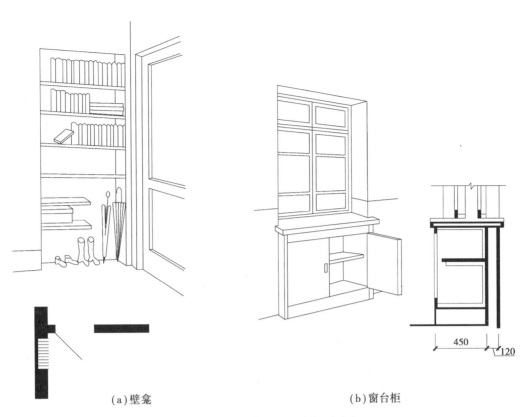

（a）壁龛　　　　　　　　　　　　　（b）窗台柜

图 3.19　利用墙体空间设壁龛、窗台柜

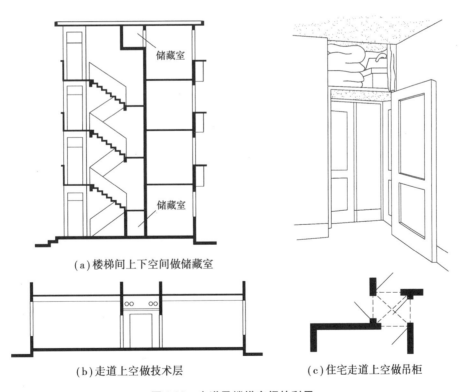

（a）楼梯间上下空间做储藏室

（b）走道上空做技术层　　　　　（c）住宅走道上空做吊柜

图 3.20　走道及楼梯空间的利用

简答题

(1)空间组合设计应考虑哪些要素？包含哪两个方面的内容？

(2)简述空间组合设计中功能要素所包含的主要内容。

(3)平面组合形式有哪几种？

(4)简述各种平面组合形式的特点。

(5)平面组合中总图协调包含哪些内容？

(6)房屋层数的确定主要应考虑哪些方面？

(7)剖面组合形式有哪几种？

(8)简述各种剖面组合形式的特点。

(9)建筑剖面空间的利用分为哪几种基本类型？

综合训练题

(1)设计题目:现有面宽18 m,进深15 m的净用地地块(见下图)请在此地块上设计一梯两户6层单元式住宅,套型建筑面积为110 m^2 左右,套型要求为三室两厅两卫一厨住宅,所有房间均能自然采光通风,客厅面宽不小于4 m,主卧面宽不小于3.6 m,采用砖混结构。

请绘制单元式住宅平面图,标注相应尺寸和房间名称,并布置家具。

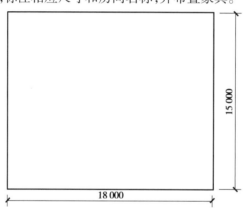

15 000

18 000

(2)基础知识:

①房间的形状、面积、尺寸;

②厨房、卫生间的设备布置;

③房间组合的基本原理和方法;

④楼梯的基本尺寸;

⑤单元组合的要求。

(3)设计难点:

①在面宽有限和大进深条件下,解决所有房间均要求自然通风的问题;

②综合考虑结构及设备管线的布置。

(4)设计进阶:

①对所做的住宅方案进行异形框架的平面结构布置;

②在此基础上讨论套型的灵活性和多样性;

③尝试探讨将该方案转换为预制装配建筑的技术路线。

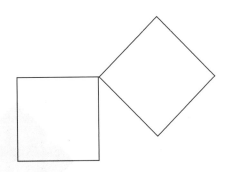

4

建筑造型赏析

本章导读：
- **基本要求**　熟悉并掌握建筑造型的基本要素和常见分类；了解造型赏析的主要层面。
- **重点**　建筑造型的基本要素和常见分类。
- **难点**　造型赏析的空间体验、形体感知和细节品味。

4.1　造型设计要素

4.1.1　形体

"建筑是一些搭配起来的体块在光线下辉煌、正确和聪明的表演。"正如20世纪著名的建筑师勒·柯布西耶所强调的，理解建筑应该从体的概念出发，而不应该沉溺于不出效果的平面构图、卷草、壁柱和铅皮屋顶里。建筑形体通常是对自然形态的高度抽象，主要有长方体、立方体、圆锥体、球体、圆柱体等基本形体，以及基本形体的组合。

萨伏伊别墅（图4.1）表面看来平淡无奇，简单的长方体和平整的白色粉刷的外墙，与当时流行的各种古典复兴样式大相径庭，没有任何多余的装饰，但却给人以巨大的震撼，留下无穷的回味。

图 4.1　萨伏伊别墅（法国，勒·柯布西耶）

在巴黎卢浮宫扩建中(图4.2),著名华裔建筑师贝聿铭设计了一座玻璃金字塔作为地下扩建空间的主入口,采用简约硬朗的方锥体体量与透明反光的玻璃材质,以对比的手法与原建筑环境对话。

图4.2　卢浮宫扩建工程(法国,贝聿铭)

4.1.2　表皮

"建筑师的任务是使包裹在体块之外的表面生动起来。"正是形体与表皮的相互作用、相互配合,给予观察者最直观、最切近的印象。表皮既是建筑形体的外在表现,也是内外建筑空间的界面。现代主义要求表面适应于功能的需要,不拘泥于古典建筑形式。法古斯鞋楦厂(图4.3)就是最好的例子。

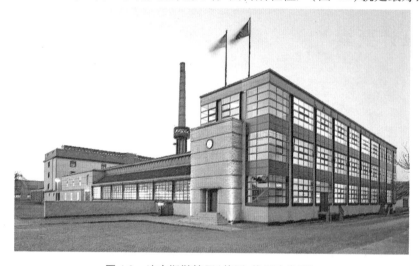

图4.3　法古斯鞋楦厂(德国,格罗皮乌斯)

西格拉姆大厦(图4.4)以玻璃幕墙作为其外表皮结构,通过琥珀色玻璃与青铜窗格的完美配合,以及对整个建筑细部处理的谨慎推敲,给人以纯净、透明、优雅华贵的感觉,完美演绎了密斯"少就是多"的建筑哲学。

中国国家大剧院(图4.5)表面由18 000多块钛金属板和1 200余块超白透明玻璃共同组成,两种材质经巧妙拼接呈现出唯美的曲面,营造出舞台帷幕徐徐拉开的视觉效果。

位于美国加利福尼亚纳帕山谷的多明莱斯酿酒厂是赫尔佐格和德默隆创造性使用石材的经典之作(图4.6)。建筑师将当地玄武岩石块装在金属笼子中,形成"石笼"砌块,这种表皮与场地环境取得关联,并具有一定的透光效果。

图 4.4 西格拉姆大厦(美国,密斯·凡·德·罗)

图 4.5 国家大剧院(中国,保罗·安德鲁)

图 4.6 多明莱斯酿酒厂(美国,赫尔佐格和德默隆)

4.1.3 空间

人们在空旷的地面上架起地板、竖起围墙并盖上屋顶,于是房屋出现,供人使用的室内空间便由此产生。随着聚落、城镇的出现——院子、街道、广场和其他相类似的环境——便构成了人们活动的室外空间。

流水别墅(图4.7)有机的建筑形象、体量的巧妙组合都堪称完美。建筑形体的挑退凹凸与其外部环境相得益彰。同时其室内空间处理也可谓经典,通过狭小而昏暗之门廊的"欲扬先抑",非常好地衬托出室内主要空间——起居室的开敞大气,并巧妙利用不同方式引入自然光线,以明暗变化赋予室内空间朦胧柔美的气氛。

图4.7 流水别墅(美国,赖特)

纽约古根海姆博物馆(图4.8)这座极其优雅、无与伦比的建筑建成于1959年。整个建筑主体部分向上、向外螺旋上升的体量构成陈列大厅。大厅四周是盘旋而上的层层挑台,地面以3%的坡度缓慢上升,观众边走边欣赏,得到一种更轻松有趣的参观体验。如是设计造就了前所未有的中庭空间,可谓塑造精美建筑空间的经典之作。

图4.8 纽约古根海姆博物馆(美国,赖特)

圣马可广场(图4.9)又称威尼斯中心广场,一直是威尼斯的政治、宗教和节庆的公共活动中心,先后历经几百年建成,由公爵府、圣马可大教堂、圣马可钟楼、新旧行政官邸大楼以及圣马可图书馆等众多精美建筑围合而成。其塑造出的广场空间开阔有度、错落有致,并浓缩着历史的印记,令人陶醉,拿破仑形容其为"欧洲最美的客厅"。

图 4.9　圣马可广场(意大利威尼斯)

4.2　造型设计分类

4.2.1　古典造型

在资本主义初期,由于政治的需要,建筑大多利用过去的历史样式,建筑创作的复古思潮盛行,主要表现为古典复兴、浪漫主义、折衷主义。

美国国会大厦(图 4.10)是古典主义罗马复兴的经典案例。整个建筑以中轴线对称,中央圆形大厅的圆顶仿照巴黎万神庙的造型,两翼作为议会的所在地。其造型比例尺度协调,形式优美典雅,并表现出雄伟的纪念性。

而在近代中国则出现了一批我国传统复兴式的建筑,它们把新功能、新结构与中国传统建筑样式很好地结合起来,显现出浓厚的中国古典风韵。

南京中山陵(图 4.11)可谓我国建筑师设计传统复兴建筑的重要起点。建筑师吕彦直还设计了广州的中山纪念堂。南京的中山陵主体建筑祭堂采用严谨的中轴对称布局,以 4 个大尺度的实墙墩为基座,上冠带披檐的歇山顶,饰以蓝色琉璃瓦。造型十分坚实、庄重,有传统纪念性建筑的特征,同时又呈现出我国近代建筑的新格调。

图 4.10　美国国会大厦华盛顿(威廉·索顿)

图 4.11　南京中山陵(吕彦直)

4.2.2　现代造型

现代造型是现代主义建筑运动的结果。现代造型强调形体的几何化抽象及切割组合变化,重视表皮与功能的对应,着力实践并表达新材料、新技术,提倡建筑风格的时代性。

帕米欧结核病疗养院(图 4.12)设计完全遵循"形式追随功能"的设计原则,表现出理性逻辑的设计思维。疗养院的病房大楼成一字形,朝向阳光最明媚的东南方向,其他功能分区以一定距离分散布置在场地中,之间通过交通体连接,保证较方便联系的同时减少了互相间的干扰。建筑整体采用钢筋混凝土框架结构,线条简洁。长条玻璃窗重复排列,形成干净简洁的韵律。阳台和交通体的设计给予造型一定的变化,产生了一种清新而明快的建筑形象,既朴素有力又合乎逻辑。

图 4.12　帕米欧结核病疗养院(芬兰,阿尔瓦·阿尔托)

理查德·迈耶设计的史密斯住宅(图 4.13)给人以纯净、利落的感觉。住宅在规整的结构体系中,通过蒙太奇的虚实凹凸处理,以活泼、跳跃、耐人寻味的姿态突出了空间的多变,赋予建筑造型清晰的逻辑及强烈的雕塑感。

图 4.13　史密斯住宅(美国,理查德·迈耶)

作为第三世界国家的代表建筑师之一,查尔斯·柯里亚在他的作品中一直在探求如何使新材料和新技术适应印度的现实生活需要,如何在风格上反映印度的地域性。他所设计的干城章嘉公寓(图 4.14)则巧妙地融合了两种设计目标。这座 28 层的高层公寓中,每户占两层或局部两层,并有一个两层挑空的转角平台花园。房间开小窗以遮阳防风雨,挑空平台则让住户享受海风和海景。采用钢筋混凝土滑模技术,外形简洁,又通过错开的转角平台打破了高层公寓的千篇一律,成为当时"既新潮,又有印度风格"的代表。

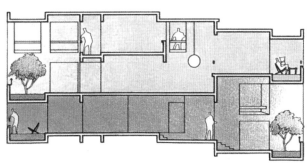

图 4.14　干城章嘉公寓（印度，查尔斯·柯里亚）

4.2.3　造型探索

全球多元文化的频繁交流及信息时代的资讯爆炸引发了层出不穷的建筑新思潮。复杂科学与技术又提供了各种可能与可行的设计与建造手段。21 世纪以来，建筑界出现了各式各样的新造型，具有强烈的视觉冲击力。

著名建筑师扎哈·哈迪德拥有着无与伦比的天赋。"她总是富有创造力，摒弃现存的类型学和高技术，并改变了建筑物的几何结构。"她的作品充满了激情和创新，作品之一阿布扎比艺术中心（图 4.15），充满设计感的流线空间切割，针对表演厅独特的光线和音效设计，都使其与众不同，未来感十足。

图 4.15　阿布扎比艺术中心（迪拜，扎哈·哈迪德）

马岩松在加拿大多伦多 ABSOLUTE 超高层国家竞赛中中标"玛丽莲梦露大厦"（图 4.16），使其成为历史上首位在国外赢得重大标志性建筑项目的中国建筑师。大厦连续的水平阳台环绕整栋建筑，传统高层建筑中用来强调高度的垂直线条被取消，整栋建筑在不同高度进行着不同角度的逆转，形态优美婉转。

由 BIG 事务所设计的上海世博会（EXPO 2010）丹麦国家馆的造型是由人行道和自行车道两条流线互相盘绕而成的螺旋。基于螺旋状双表面的建筑形式，国家馆的展览分布于内外两个平行表面上。造型与流线的统一，使参观者在建筑行进中欣赏丹麦文化，并体验其独特的自行车文化（图 4.17）。

图 4.16　玛丽莲梦露大厦（加拿大，马岩松）

图 4.17　上海世博会丹麦国家馆（中国，BIG）

4.3　造型设计赏析

4.3.1　空间体验

　　人们可以通过厨房的窗户和落在街道上的树叶来体验场所的季节轮换；可以沿着公园小径漫步，在林间的光影中体验场所的花香鸟语；也可以循着小镇的旧巷漫步，在阑珊的街灯中找寻儿时的欢声笑语……无论是视觉、气味、声音，还是情感反射，都是一种生活体验、一种场所和空间的体验。

　　光之教堂（图 4.18）位于大阪城郊的一片住宅区中，通体坚实厚硬的清水混凝土，给人一种与世隔绝的感觉。教堂规模甚小,没有显眼入口。刚进入教堂时,四周的昏暗冷漠会让人产生凄凉甚至恐惧的感觉。但一旦绕过那片斜插入教堂的实墙进入礼拜堂,看到阳光从墙体十字开口中宣泄进来的时候,必定会被这著名的"光之十字"深深震撼,一种神圣、清澈、纯净的感觉油然而生。

图 4.18　光之教堂(日本,安藤忠雄)

柏林犹太人博物馆(图 4.19)呈曲折蜿蜒状,墙体倾斜,外墙以镀锌铁皮构成不规则的形状,给人以破碎扭曲的感觉。参观者通过旁边的前身为柏林博物馆旧馆的地下室进入这座匪夷所思的建筑。馆内曲折的通道、墙壁以及窗户,沉重的色调和灯光,精巧设计的通往不同场所的三条走廊,阴冷黑暗的"大屠杀塔",令人头昏目眩、步履艰难的霍夫曼公园,以及建筑师精巧设计的种种隐喻,使人仿佛置身于逃亡途中,艰辛而前途未卜。

图 4.19　柏林犹太人博物馆(丹尼尔·里伯斯金)

瑞士瓦尔斯温泉浴场(图4.20)是为帮助当地温泉小镇的旅游发展而进行的旧浴场改造设计。本着尽量小规模建设、由社区进行投资、不刻意追求建筑的纪念性和标志性的原则,建筑师彼得·卒姆托将建筑一半埋入地下,采用了当地的石材片麻岩,进行整体式的石块板构造,精确地确定石板相互间的距离,并留出空隙让阳光直接进入。内部感觉如迷宫一般,伴随头顶的线状光线和池中的温泉,给游客带来闲适舒畅又神秘纯净的独特感受。

图4.20 瓦尔斯温泉浴场(瑞士,彼得·卒姆托)

4.3.2 形体感知

形体感知是建筑审美的基础,视知觉是人们获取外部信息的最主要手段。视知觉主客体之间的互动是形体审美最妙不可言的部分。格式塔心理学认为最简单至最复杂的形体都应追求完形,复杂而统一的建筑形体是最高级的格式塔,即完形。

美国国家美术馆东馆(图4.21)位于一块不规则的四边形区域,建筑师贝聿铭通过一条对角线将建筑分成两个三角形,等腰三角形作展览馆,直角三角形为研究中心和行政管理机构用房,次级形体划分仍然采用三角形母题。因而整个形体在丰富多变的视觉感知下,仍然保留了梯形轮廓的"完形"。

图4.21 美国国家美术馆东馆(美国,贝聿铭)

弗兰卡·盖里设计的毕尔巴鄂古根汉姆博物馆(图4.22)被誉为"解构主义建筑"的集大成者,采用了极其复杂的造型,形体的不确定性大为增加。面对这类复杂形体,感知主体应将之与现实中的复杂景物关联并加以抽象,从而获得完形。同时,还可与审美主体的情绪感受关联,从而获得多样化的审美体验。

图 4.22　毕尔巴鄂古根汉姆博物馆(西班牙,弗兰卡·盖里)

约翰·伍重设计的悉尼歌剧院(图 4.23),壳体的形态是对悉尼大桥拱结构形态的呼应,成为整体的城市景观。尽管该建筑在诸多方面极具争议,但它已经成为悉尼乃至澳大利亚的标志,必定是一个永恒的经典。

图 4.23　悉尼歌剧院(澳大利亚,约翰·伍重)

4.3.3　细节品味

"细部感觉往往是审美选择的基本活动和复杂的评论反应过程的基础。"而针对细节的设计也增加了空间的审美情趣,增加了审美参与体验的可能性,增强了空间的情节性,从而使审美植根于感受之中。难怪路易斯·康这样坦言:细部是空间设计的开始。

建筑师路易斯·康不仅擅长对砖砌细节的思考和表现,而且把光也转变为细节要素。肯贝尔博物馆(图 4.24)采用了古罗马拱顶的建筑语言,将一个四根柱子支撑的拱壳作为结构元,拱顶中央留一条纵长的采光缝,缝中镶嵌被路易斯·康称为"滤光器"的镂空铝板,阳光通过缝隙均匀地漫射到展厅墙面上,充满诗意的空间油然而生。

图 4.24　肯贝尔博物馆(美国,路易斯·康)

作为首位获得普立兹克建筑奖的中国公民,建筑师王澍设计的上海世博会宁波滕头馆(图4.25)采用浙东最有代表性的"瓦爿为外墙",通过当地工匠的手工砌筑,仿佛塑造出一幅构造多元的拼贴画,将文化与技艺融入建筑细节中,增加了细节品味的文化要素。

图4.25　上海世博会宁波滕头馆(中国,王澍)

卡洛·斯卡帕作为意大利现代理性主义建筑师,通过他特有的设计理论和手法使其建筑创作极具个性化和强烈的历史性特征,他的各种细部设计更是匠心独运。在Possagno雕塑美术馆(图4.26)的采光设计中,他要"剪切天空的湛蓝"。在建筑转角处开窗,将馆内藏品和虚无的光,都纳入艺术空间的细部,作为展示的整体,让建筑最大限度地为艺术展示助力。

图4.26　Possagno雕塑美术馆(意大利,卡洛·斯卡帕)

复习思考题

(1)请举例阐述建筑造型设计的要素有哪几个方面。

(2)试举例对比古典建筑造型与现代建筑造型的区别。

(3)对于建筑造型设计的欣赏主要包含哪些方面?

(4)试就自己最喜爱的建筑进行造型分析和欣赏。

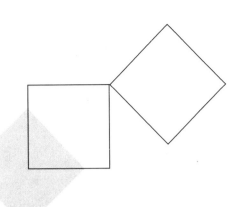

5

建筑物理环境

本章导读：

- **基本要求**　了解建筑与物理环境关系的重要性；掌握建筑热、声、光环境的基本概念；掌握建筑热环境控制、天然采光设计、室内音质设计的要点；熟悉建筑照明设计、噪声控制的要点。
- **重点**　建筑热环境控制、天然采光设计、室内音质设计要点。
- **难点**　建筑日照、采光标准、音质设计。

建筑物理环境是研究热、声、光的物理现象和运动规律的一门学科，是建筑技术科学的重要组成部分，也是建筑学的一门重要理论基础课程。它主要研究人们在建筑环境中的声、光、热作用下通过听觉、视觉、触觉和平衡感觉所产生的反应，并采取技术措施调整建筑的物理环境设计，从而提高建筑功能质量，创造舒适健康的生活和工作环境。该学科形成于20世纪30年代。其分支学科主要包括：①建筑热环境，主要研究室内外热环境及建筑日照、建筑保温防热、建筑防潮等方面的问题；②建筑光环境，主要研究天然采光、建筑照明等方面的问题；③建筑声环境，主要研究噪声控制、室内音质设计等方面的问题。

建筑与物理环境的关系密不可分。纵观建筑发展的历史，人类各个阶段的建筑活动无不受到物理环境条件的制约和影响。同时，建筑活动的主要目的也是利用一定的条件和手段创造一定的室内外环境，以满足人类自身生活和生产的需要。因此，建筑从本质上讲就是人类利用和创造环境的结果。

图5.1所示为住宅与物理环境的关系。

图 5.1　住宅与物理环境的关系示意图

5.1 建筑热环境

建筑外围护结构将人们的生活与工作空间分成了室内和室外两部分,因此,建筑热环境也就分为室内热环境和室外热环境。建筑物常年经受室内外各种热环境因素的作用。如太阳辐射、大气温湿度、风、雨雪等室外气候因素,一般统称为"室外热湿作用";如室内空气温湿度、壁面辐射、生产和生活散发的热量与水分等,则称为"室内热湿作用"。室内外热湿作用是建筑热环境设计的重要依据,它不仅直接影响室内热环境状况,也在一定程度上影响建筑物的耐久性。

建筑热环境主要研究如何通过建筑规划和设计上的相应措施,有效地防护或利用室内外热湿作用,合理地解决建筑保温、防热、防潮、节能等问题,从而创造良好、舒适、健康的室内热环境,并提高建筑围护体系的耐久性。

5.1.1 室内外热环境

1)室外热环境

室外热环境是指作用在建筑外围护结构上的一切热物理量的总称。建筑外围护结构的功能之一在于抵抗或利用室外热湿作用,为人们的生活和生产提供一个易于控制的室内舒适热环境。室外热环境的构成要素主要有太阳辐射、大气温度、大气湿度、风、降水等,如图 5.2 所示。

1—太阳辐射;2—水陆风;3—山谷风;4—降水;5—大气湿度;6—大气温度

图 5.2 室外热环境构成要素

人类通过几千年的建筑活动,根据各自生活所在地自然物理环境的特点,因地制宜、就地取材,积累和总结出许多建筑物理环境设计的经验,逐渐形成了适应当地气候条件的特有建筑形式。例如,我国华北地区,由于冬季干冷,夏季湿热,为了能在冬季保暖防寒、夏季防热防雨及春季防风沙,就出现了"四合院"的建筑布局(图 5.3)。在我国西北黄土高原地区,由于土质坚实、气候干燥、地下水位低等原因,人们创造了"窑洞"来适应当地冬季寒冷干燥、夏季有暴雨、春季多风沙、气温年较差较大的特殊气候(图 5.4)。生活在西双版纳的傣族人民,为了防雨、防湿、防热及防虫兽,创造出了颇具特色的"干栏式"建筑(图 5.5)。

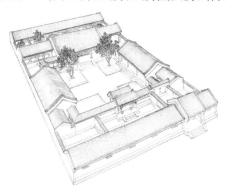

图 5.3 北京四合院布局

图 5.4 陕北窑洞

2）室内热环境

室内热环境是指由室内空气温度、湿度、气流速度以及壁面辐射热等综合组成的一种室内环境。舒适的室内热环境是维护人体健康的重要条件，也是人们正常工作、学习的前提。在舒适的热环境中，人的知觉、智力、手工操作的能力可以得到最好的发挥；偏离舒适条件，效率就会随之下降；严重偏离时，就会感到过冷过热，甚至使人无法工作和生活。

图 5.5 傣族"干栏式"建筑

影响人体冷热感觉的因素主要有两个方面：①环境客观因素，其中包括室内空气温度、湿度、气流速度以及室内平均辐射温度 4 个方面；②人体主观因素，其中包括人体活动量和衣着两个方面。在同样的室内环境条件下，人体活动状态不同、衣着不同都会有不同的热感觉。

因此，环境客观因素和人体主观因素共同构成了室内热环境的基本因素，它们的不同组合产生了不同的室内热环境，各因素之间具有互补性。

5.1.2 建筑热环境控制

建筑热环境控制的目的就是通过有效的防护或利用室内外热湿作用，给人们创造一个良好、舒适、健康的室内热环境。它主要包括建筑日照、建筑保温、建筑防热、建筑防潮和建筑节能等方面。

1）建筑日照

日照是指物体表面被太阳光直接照射的现象。太阳在天空中的位置因时、因地时刻都在变化，正确掌握太阳相对运动的规律，是进行建筑日照设计的关键。

太阳的位置常以太阳高度角 h_s 和方位角 A_s 来表示（图 5.6）。其中，太阳高度角 h_s 为太阳光线与地平面间的夹角；太阳方位角 A_s 为太阳光线在地平面上的投射线与地平面正南线所夹的角。影响太阳高度角 h_s 和方位角 A_s 的因素主要有：①赤纬角 δ，它表明季节（即日期）的变化；②地理纬度 φ，它表明地理位置的差异；③时角 Ω，它表明一天时间的变化。

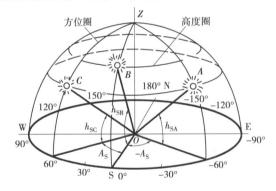

图 5.6 一天中太阳高度角和方位角的变化

确定太阳高度角和方位角的目的是进行日照时数、日照面积、房屋朝向和间距以及房屋周围阴影区范围等方面的设计。

建筑对日照的要求是根据建筑的不同使用性质和当地气候情况而定。建筑室内的日照标准主要包括日照时间和日照质量两个指标。如我国《住宅建筑规范》和《城市居住区规划设计规范》根据不同气候区对住宅日照标准进行了相应的规定，即每套住宅至少应有一个居住空间满足表 5.1 的日照要求。

表 5.1 住宅建筑日照标准

建筑气候区划	Ⅰ、Ⅱ、Ⅲ、Ⅳ气候区		Ⅳ气候区		Ⅴ、Ⅵ气候区
城市常住人口（万人）	≥50	<50	≥50	<50	无限定
日照标准日	大寒日				冬至日
日照时数（h）	≥2		≥3		≥1
有效日照时间带（当地真太阳时）	8时~16时				9时~15时
计算起点	底层窗台面				

注：①建筑气候区划应符合《建筑气候区划标准》GB 50178 的规定。

②底层窗台面是指距室内地坪 0.9 m 高的外墙位置。

此外,对于老年人住宅、病房、中小学教室以及托幼建筑的生活用房等,则有更高的日照要求。

为了满足上述要求获得良好的日照条件,建筑之间必须留出一定的日照间距,以保证日光不受遮挡直接照射到建筑室内。日照间距的大小主要根据相关建筑设计规范中对日照标准的要求来确定,并受当地地理纬度、建筑朝向、建筑高度和长度及用地地形等因素的影响。

对于大部分地区的居住建筑来说,为了保证居民的身心健康和节能的要求,需要争取到更多的日照。因此,在建筑选址和建筑布局中应从以下几个方面争取日照:

①建筑基地应选择在向阳的平地或山坡上,以争取尽量多的日照;

②应选择满足日照间距要求、不受周围其他建筑严重遮挡的基地;

③建筑布局尽可能满足最佳朝向范围,并使建筑内的各主要空间尽可能有充足的日照;

④在多排多列建筑布置时,采用错位布局,有利于山墙空隙争取日照,如图5.7(a)所示;

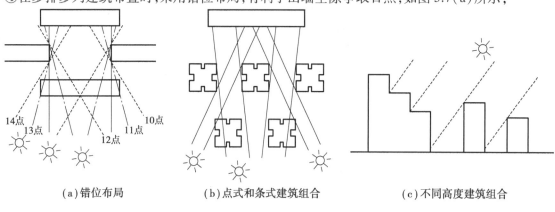

图5.7 争取日照的措施

⑤点式、条式建筑组合布置时,点式建筑布置在向阳位置,条式建筑布置在其后,如图5.7(b)所示;

⑥当采用退台式建筑或不同高度建筑组合布置时,将高度低的建筑布置在向阳位置,较高的建筑布置在其后,有利于争取更多的采光面积、减少日照间距、节约用地,如图5.7(c)所示;

⑦当采用封闭或半封闭的周边式建筑方案时,需要进行合理布局或科学组合,争取更多的日照;

⑧采用全封闭围合式建筑组合时,其开口的位置和方位以向阳和居中为好。

建筑日照设计除了争取日照外,有时还需要防止过量的日照,有特殊要求的房间甚至终年要求限制阳光直射。因此要根据房间的使用情况,采取相应的建筑措施,正确地选择房屋的朝向、间距和布局形式,做好窗口的遮阳处理。

2)建筑保温

对于严寒、寒冷及夏热冬冷地区的冬季来说,减少建筑物室内热量向室外散发的措施,对创造适宜的室内热环境和节约能源具有重要作用。建筑保温主要从建筑外围护结构上采取措施,同时还从房间朝向、单体建筑的平面和体形设计,以及建筑群的总体布置等方面加以综合考虑,从而达到节约建筑冬季采暖能耗的目的。

为了充分利用有利因素,克服不利因素,建筑保温设计应注意以下几条基本原则:①充分利用可再生能源;②选择合理的建筑体形与平面形式;③避免冷风的不利影响;④良好的围护结构热工性能与合理的供热系统。

建筑保温设计主要是对建筑外围护结构进行各项保温设计。其主要内容包括:

①外墙和屋顶的保温设计。其保温设计主要包括:a.最小传热阻 $R_{o.min}$ 的确定;b.保温构造形式的选择。

②外门、外窗的保温设计。提高外门、外窗保温性能的途径主要有:a.选择保温性能好的门窗类型;b.提高气密性,减少冷风渗透;c.控制窗墙面积比。

③地面的保温设计。其主要措施有:a.选择热渗透系数小的面层材料,如选用木板作面层;b.沿底层外墙周边进行局部的保温处理,如图5.8所示。

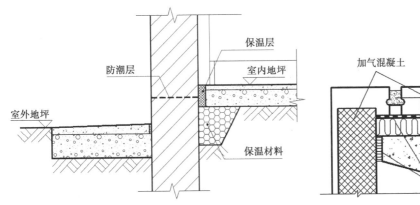

图 5.8 底层地面的局部保温

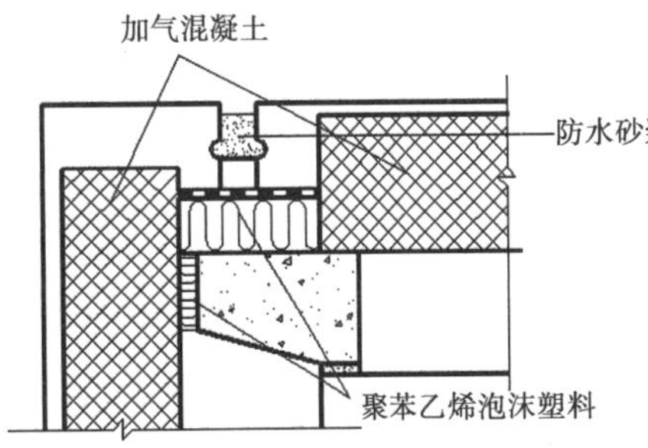

图 5.9 外墙角的局部保温

④特殊部位的保温设计。如结构转角或交角,以及结构内部的热桥(钢或钢筋混凝土骨架、圈梁、过梁等),对这些热工性能薄弱的环节,必须增加相应的保温措施,才能保证结构的正常热工状况和整个房间的正常室内热环境,如图 5.9、图 5.10 所示。

建筑外围护结构中还有不少传热较为特殊的构件和部位,上面仅对建筑外围护结构的保温设计进行了简要的介绍,具体的各部位保温构造设计请参见第 8 章内容。

3) 建筑防热

热气候有干热和湿热之分。温度高、湿度大的热气候称为湿热气候;温度高而湿度低的热气候称为干热气候。我国南方地区大多属于湿热气候。其中,四川盆地和湖北省、湖南省一带,夏季

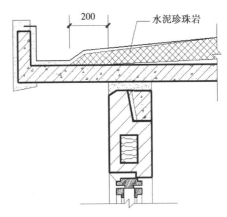

图 5.10 屋顶与外墙交角保温

气温高、湿度大,加之丘陵环绕,以致风速弱小,形成著名的火炉闷热气候。新疆吐鲁番盆地高山环绕,为世界著名洼地,干旱少雨,夏季酷热,气温高达 50 ℃,昼夜气温变化极大,是典型的干热气候。

热气候地区的传统建筑在长期的经验积累过程中,都具有各自适应气候的特色。热气候的类型、特点和建筑防热设计原则见表 5.2。

表 5.2 热气候特征与建筑防热设计原则

气候类型 特点要求		湿热气候区	干热气候区
气候特点		温度日较差小,气温最高在 38 ℃ 以下,温度日振幅在 7 ℃ 以下。湿度大,相对湿度一般在 75% 以上,雨量大,吹和风,常有暴风雨	温度日较差大,气温常达到 38 ℃ 以上,且温度日振幅常在 7 ℃ 以上。湿度小、干燥,降雨少,常吹热风并带沙
设计原则	群体布置	争取自然通风好的朝向,间距稍大,布局较自由,房屋要防西晒,环境有绿化、水域	布局较密形成小巷道,间距较密集,便于相互遮挡;要防止热风,注意绿化
	建筑平面	外部较开敞,亦有设内天井,注意庭园布置;设置凉台;平面形式多条形或竹筒形,多设外廊或底层架空,进深较大	外封闭、内开敞,多设内天井,平面形式有方块式、内廊式,进深较深;防热风,开小窗;防晒隔热
	建筑措施	遮阳、隔热、防潮、防霉、防雨、防虫,并争取自然通风	防热要求较高,防止热风和风沙的袭击,宜设置地下室或半地下室以避暑
	建筑形式	开敞轻快,通透淡雅	严密厚重,外闭内敞
	材料选择	轻质隔热材料、铝箔、铝板及其复合隔热板	白色外表面,混凝土、砖、石、土等热容量大的隔热材料

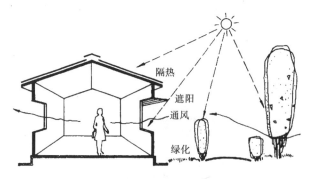

图 5.11　建筑综合防热措施

建筑防热的主要任务,就是要尽可能地减弱室外热作用的影响,减少室外热量传入室内,并使室内热量尽快地散发出去,改善室内热环境,避免室内过热。建筑防热设计应根据当地气候特点、人们的生活习惯及房间的使用情况,采取综合的防热措施(图5.11)。建筑防热主要包括如下几个方面的措施:a.减弱室外的热作用;b.增强外围护结构隔热性能;c.窗口采取遮阳措施;d.组织、加强房间自然通风;e.充分利用自然能源。

建筑防热设计的内容主要包括:

①屋顶、外墙的防热设计。其主要的防热方式包括反射隔热、保温材料隔热、遮阳通风隔热、种植绿化隔热。

②外窗的防热设计。外窗遮阳的形式主要分为固定遮阳和活动遮阳两类。

③自然通风的利用。自然通风的组织设计必须关注建筑朝向、间距及建筑群布置,以及建筑开口与室内通风的关系。

④自然资源的利用。其中主要包括建筑外表面的长波辐射降温、夜间通风降温、被动蒸发降温、地冷空调降温。

上述仅对建筑防热设计作了简要介绍,具体的防热构造设计请参见第2篇各章内容。

4)建筑防潮

围护结构内表面凝结主要发生在两种情况:一种是冬季采暖建筑,易出现在围护结构的热桥部位;另一种是南方居住建筑,在夏季和梅雨季节易出现地面泛潮现象。

(1)防止和控制内部冷凝的措施

①合理布置材料层的相对位置。在材料层次的布置上尽量做到在水蒸气渗透的通路上"进难出易"。

②设置隔蒸汽层。通过在保温层水蒸气流入的一侧设置隔蒸汽层(如沥青或隔蒸汽涂料等),可以使水蒸气在抵达低温表面之前降低其含量,从而避免内部产生冷凝现象。

③设置通风间层或泄气沟道。对于高湿房间的围护结构以及卷材防水屋面的平屋顶结构,采用设置通风间层或泄气沟道的方法,效果比较好。

④冷侧设置密闭空气层。在冷侧设置密闭空气层,可以通过该空气层的"收汗效应",使处于较高温度侧的保温层经常干燥。

(2)夏季防潮设计

我国南方大部分湿热地区,在春夏之交的梅雨季节或台风骤雨来临前夕,很容易产生结露的现象,特别是首层地面尤为明显。与冬季结露相比,夏季结露的强度大、持续时间长,对人们生活和健康的影响更为严重。因此,应当在建筑设计、构造材料、使用管理上采取相应的防潮措施,减轻夏季结露的强度、危害和影响。常用的防潮设计方法有:

①架空层防潮。通过架空地板降低建筑首层地面、墙面的夏季结露强度。

②材料层防潮。采用热容量小的材料作为房间的内表面材料,如地面采用木地板、地毯等材料,提高表面温度,减少夏季结露的可能。

③呼吸式防潮。利用多孔材料对水分吸附冷凝原理和呼吸作用,减弱夏季结露的强度,有效调节室内空气的湿度,如陶土防潮砖和防潮缸砖等。

④通风防潮。夏季夜间,当室外气温降低后,加强自然通风有利于减湿、干燥、降温、防潮。

⑤空调设备防潮。利用空调或除湿机的除湿功能,对防止夏季结露具有很好的效果。

5.2　建筑光环境

　　人们从外界获得信息的87%来自视觉器官——眼睛。人们只有在良好的光环境下,才能进行正常的工作、学习和生活。舒适的光环境不仅可以减少人眼的视觉疲劳,提高劳动效率,而且对人的身体健康特别是视力健康也有直接影响。因此,创造良好的建筑光环境也是建筑物理环境设计的重要内容之一。

　　光是以电磁波形式传播的辐射能。电磁波的波长范围极其宽广,而人眼能感受到的波长只是其中的一小部分,即380~780 nm,这部分电磁波称之为可见光。同时,人眼对于不同波长的感受是不同的,这不仅表现在不同波长的光在视觉上形成不同的颜色,而且也表现在亮度感觉方面。

　　建筑光环境设计主要是通过天然采光、人工光源和灯具等方面的设计,为人们创造一个良好、舒适的光环境。

5.2.1　天然采光

　　从视觉功效方面来看,人眼在天然光下比在人工光下具有更高的视觉功效,并感到舒适并有益于身心健康。充分利用天然光,可以节约用电,对节能减排和社会经济的可持续发展具有重要意义。

1)我国的光气候特点与光气候分区

　　我国幅员辽阔,各地光气候差异较大,因此在进行天然采光设计前必须了解和掌握当地的光气候状况。

　　天然光主要由太阳直射光、天空漫射光和地面反射光3部分组成(图5.12)。在采光设计时,除地表面被白雪或白沙覆盖外,一般可不考虑地面反射光的影响。因此,晴天时天然光由直射光和漫射光两部分组成;全云天则只有天空漫射光。

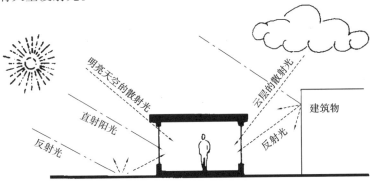

图 5.12　天然光组成

　　影响光气候的因素主要有太阳高度、云状、云量、日照率等。

　　我国地域辽阔,同一时刻南北方的太阳高度相差很大。从日照率来看,由北、西北往东南方向逐渐减少,而以四川盆地一带为最低。从云量来看,大致是自北向南逐渐增多,新疆南部最少,四川盆地最多;从云状来看,南方以低云为主,向北逐渐以高、中云为主。

　　因此,《建筑采光设计标准》(GB/T 50033—2013)根据室外天然光年平均总照度值大小,将我国划分为Ⅰ~Ⅴ类光气候区。所在地区的采光系数标准应乘以相应地区的光气候系数K,见表5.3。

表 5.3　光气候系数 K

光气候区	Ⅰ	Ⅱ	Ⅲ	Ⅳ	Ⅴ
K 值	0.85	0.90	1.00	1.10	1.20
室外天然光设计照度值 E_x(lx)	18 000	16 500	15 000	13 500	12 000

2)采光系数与采光标准

（1）采光系数

采光系数 C 是指在全阴天空漫射光照射下,室内给定平面上的某一点由天空漫射光所产生的照度 E_n 与室内某一点同一时间、同一地点,在室外无遮挡水平面上由天空漫射光所产生的照度 E_w 的比值。这是因为室外照度是经常变化的,这必然使室内照度随之而变,不可能是一固定值,因此我国和其他许多国家都用采光系数来进行采光数量上的控制。

利用采光系数,就可根据室内要求的照度换算出需要的室外照度,或由室外某时刻的照度值求出当时的室内任一点的照度。

（2）采光标准

我国《建筑采光设计标准》中对天然采光设计的规定主要包括以下4个方面:

①采光系数标准值。采光标准综合考虑多方面因素,将视觉工作分为Ⅰ～Ⅴ级,提出了各级视觉工作要求的室内天然光临界照度值。同时,由于不同的采光类型在室内形成不同的光分布,故采光标准按采光类型,分别提出不同的要求。采光系数标准值见表5.4。表中所列采光系数值适用于Ⅲ类光气候区,其他地区的采光系数标准值则需要乘上表5.3中该光气候区所对应的光气候系数 K。

表 5.4　视觉作业场所工作面上的采光系数标准值

采光等级	视觉作业分类		侧面采光		顶部采光	
	作业精确度	识别对象的最小尺寸 d(mm)	采光系数标准值 C_{min}(%)	室内天然照度标准值(lx)	采光系数标准值 C_{min}(%)	室内天然光照度标准值(lx)
Ⅰ	特别精细	$d \leq 0.15$	5	750	5	750
Ⅱ	很精细	$0.15 < d \leq 0.3$	4	600	3	450
Ⅲ	精细	$0.3 < d \leq 1.0$	3	450	2	300
Ⅳ	一般	$1.0 < d \leq 5.0$	2	300	1	150
Ⅴ	粗糙	$d > 5.0$	1	150	0.5	75

注:①表中所列采光系数标准值适用于我国Ⅲ类光气候区。采光系数标准值是按室外设计照度值 15 000 lx 制定的。

②采光标准值的上限不宜高于上一采光等级的级差,采光系数值不宜高于7%。

②采光均匀度。视野内照度分布不均匀,易使人眼疲乏,视觉功效下降,影响工作效率。因此,标准要求顶部采光时,Ⅰ～Ⅳ级采光等级的采光均匀度不宜小于0.7。

③合适的光反射比。为了使室内各表面的亮度比较均匀,必须使室内各表面具有适当的光反射比。例如,对于办公、图书馆、学校等建筑的房间,其室内各表面的光反射比宜符合表5.5的规定。

表 5.5　室内各表面的光反射比

表面名称	反射比	表面名称	反射比
顶棚	0.6～0.9	地面	0.1～0.5
墙面	0.3～0.8	作业面、设备表面	0.2～0.6

④眩光的控制。侧窗位置较低,对于工作视线处于水平的场所极易形成不舒适眩光,故应采取措施避免和减小侧窗产生的眩光。

3)天然采光的设计步骤

（1）收集相关资料

①了解设计对象对室内采光的要求,如房间的工作特点及精密度要求、工作面位置、工作对象的表面状况、工作区域对采光的要求等。

②了解设计对象其他要求,主要包括是否有采暖、通风、泄爆等方面的要求。

③了解设计对象所处的周围环境概况,如周围建筑物、构筑物和影响采光的物体(如树木、山丘等)的高度,以及它们和房间的间距等。

(2)选择合适的窗洞口形式

根据房间的朝向、尺度、生产状况、周围环境,选择适合的窗洞口形式。在一幢建筑物内可能采取几种不同的窗洞口形式,以满足不同的要求。例如,在进深大的车间,往往边跨采用侧窗,中间几跨采用天窗来解决中间跨采光不足的问题。

(3)确定窗洞口位置及可能开设窗口的面积

在窗洞口类型和位置的选择上,由于侧窗建造方便、造价低廉、维护使用方便,故应优先考虑侧窗,采光不足部分再用天窗补充。

(4)估算窗洞口尺寸

根据视觉工作分级和拟采用的窗洞口形式及位置,可从表5.6查出所需的窗地面积比。通过窗地比和室内地面的面积就可以估算出窗洞口的面积。值得注意的是,这种方法估算的窗洞口面积可能与实际值差别较大。因此,不能把估算值当作最终确定的开窗面积。

表 5.6 窗地面积比 A_c/A_d

采光等级	侧面采光		顶部采光					
	侧　窗		矩形天窗		锯齿形天窗		平天窗	
	民用建筑	工业建筑	民用建筑	工业建筑	民用建筑	工业建筑	民用建筑	工业建筑
Ⅰ	1/2.5	1/2.5	1/3	1/3	1/4	1/4	1/6	1/6
Ⅱ	1/3.5	1/3	1/4	1/3.5	1/6	1/5	1/8.5	1/8
Ⅲ	1/5	1/4	1/6	1/4.5	1/8	1/7	1/11	1/10
Ⅳ	1/7	1/6	1/10	1/8	1/12	1/10	1/18	1/13
Ⅴ	1/12	1/10	1/14	1/11	1/19	1/15	1/27	1/23

注:非Ⅲ类光气候区的窗地面积比应乘以表5.2的光气候系数K。

(5)布置窗洞口

根据估算出的窗洞口面积,确定窗的高、宽尺寸后,就可进一步确定窗的位置。确定时不仅要考虑采光需要,而且还应考虑通风、日照、美观等要求,拟出几个方案进行比较,选出最佳方案。

(6)采光计算

采光计算的目的在于验证所进行的采光设计是否符合采光标准中规定的各项指标。根据上述5个步骤拟订的窗洞口形式、面积和位置,进行采光系数的校验核算。若计算所得的采光系数低于标准时,则应调整所设计的窗洞口形式、面积和位置,使其最终满足采光标准的各项要求。

5.2.2　建筑照明

天然光具有很多优点,但它的应用受到时间和地点的限制。建筑物内不仅在夜间必须采用人工照明,在某些场合,白天也需要人工照明。人工照明的目的是按照人的生理、心理和社会的需求,创造一个人为的光环境。人工照明主要分为工作照明(或功能性照明)和装饰照明(或艺术性照明)。前者主要着眼于满足人们生理上、生活上和工作上的实际需要,具有实用性的目的;后者主要满足人们心理、精神上和社会上的观赏需要,具有艺术性的目的。

1)电光源

电光源由于它们的发光机理不同,可分为热辐射光源、气体放电光源和固体发光光源。

①热辐射光源。它是利用金属加热到发出可见光这一原理制造的照明光源,且温度越高,可见光成分越多。这类光源有:白炽灯、卤钨灯等。

②气体放电光源。它是由气体、金属蒸气或几种气体与金属蒸气的混合放电而发光的光源。这类光源有:荧光灯、紧凑型荧光灯、荧光高压汞灯、金属卤化物灯、钠灯等。

③固体发光光源。它是某种适当物质与电场相互作用而发光的电光源,如场致发光灯和发光二极管(LED)属于这类光源。

上述各种光源都有其各自的优缺点。通常会根据实际使用情况,选择光效高、寿命长、显色性能好的光源。

2) 照明灯具

灯具是能透光、分配和改变光源光分布的器具,是光源所需的灯罩及其附件的总称。灯具可分为装饰灯具和功能灯具两大类。

灯具的光特性主要用配光曲线、遮光角和灯具效率3项技术指标来表征。

在进行建筑照明设计的时候,选用合适的照明灯具对于提高光环境质量、创造环境氛围具有很大的影响。因此,在选择灯具时应综合考虑光源的特性、灯具的配光需求、灯具安装的环境条件、灯具的经济性等方面。

3) 照明方式和照明种类

在照明设计中,照明方式的选择对照明质量、照明经济性和建筑艺术风格都有重要的影响。合理的照明方式应当既符合建筑的使用要求,又与建筑结构形式相协调。

(1)照明方式

照明方式一般分为一般照明、分区一般照明、局部照明、混合照明4种方式(图5.13)。每种照明方式都有其各自的特点,在确定照明方式时,还必须考虑照明灯具或设备的选择。

(2)照明种类

照明种类分为正常照明、应急照明、值班照明、警卫照明和障碍照明等。其中应急照明包括备用照明、安全照明和疏散照明。

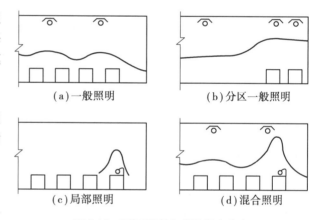

图 5.13 不同照明方式及照度分布

4) 室内工作照明设计

室内工作照明是以满足人们生活、学习、工作等视觉工作要求为主的照明。其照明设计可按下列几个步骤进行:

①选择合理的照明方式。根据室内视觉工作要求的特点,选择合理的照明方式。

②确定照明标准。根据对工作对象的分析,确定房间照明的数量和质量标准。

③光源和灯的选择。综合考虑经济和性能等因素,选择合理的光源和灯具。

④布置灯具。灯具布置要能均匀照亮整个工作场地,同时考虑照明场所的建筑结构形式、工艺设备等技术要求。

⑤照明计算。根据上述条件进行照明计算,验证照度或照明功率密度是否达到设计要求。

5) 室内外环境照明设计

照明设计除了在功能方面满足人们生产、生活和学习的要求外,还有以艺术美观为主、满足建筑艺术要求、为人们提供舒适的休闲娱乐场所的照明。这种与建筑本身有密切联系并突出艺术效果的照明设计,称为"环境照明设计"。

(1)室内环境照明设计

常用的室内环境照明设计有3种处理方法:以灯具的艺术装饰为主的处理方法,如吊灯、天棚灯、壁灯等;用灯具排列成图案;"建筑化"大面积照明艺术处理,如发光顶棚、光梁、反光顶棚等。

（2）室外环境照明设计

室外照明包含城市功能照明和夜间景观照明。其主要内容包括建筑物立面照明设计、城市广场和道路的照明、室外光污染的控制。

5.3　建筑声环境

良好的声环境可以保证人们的身心健康,提高劳动生产率,提高人们生活品质,以及保证工艺过程的要求。因此,建筑声环境设计的目的就是创造一个良好的、满足功能要求的声环境,主要包含室内音质设计和噪声控制两方面的内容。

人耳是声音的接收器,声音要靠人耳作出最后评价。因此,人耳的听觉特征是对音质和噪声环境采取控制手段的依据。人耳的听觉特征主要包括以下几个方面:

（1）人耳的听闻范围

人耳可听的频率为 20~20 000 Hz;人耳可听的声压大小在 $2×10^{-5}$（声压级为 0 dB）~ $2×10$ Pa（声压级为 120 dB）。

（2）声音的主观响度

人耳对声音大小的主观感觉取决于许多因素,其中最主要的是频谱。人耳对声音的响应是随频率而变化的。也就是说,相同声压级的声音如果频率不同,人耳听起来是不一样响的;反之,不同频率的声音若要听起来一样响,则它们会具有不同的声压级。图 5.14 的等响曲线图清晰表达了人耳的这一现象。

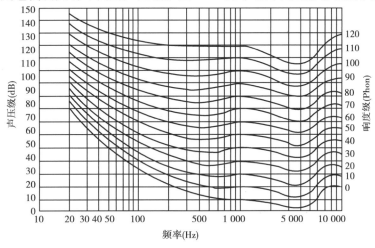

图 5.14　纯音等响曲线

（3）时差效应

对于两个时间间隔小于 50 ms 的声音,人耳就不易察觉这两个声音是断续的;而当两者的时差超过 50 ms,人耳就容易辨别出它们是来自不同方向的两个独立声音。这种现象称为人耳的时差效应。一般认为,在室内直达声到达 50 ms 之后到达的强反射声,则易形成回声。而回声会妨碍人耳的听闻,是室内音质的一种声缺陷。

（4）双耳听闻效应

双耳听闻效应是指用双耳收听可以判断声源的方向和远近的现象。这是由于人耳分布在头部两侧,声源发出的声波到达双耳具有一定的时间差、强度差和相位差,从而可以判断出声源的方向和远近,进行声像的定位。通常,人耳分辨水平方向声源位置的能力要比垂直方向的好。

（5）掩蔽效应

掩蔽效应是指人耳对一个声音的听阈因为另一个声音的存在而提高的现象。掩蔽效应的强弱取决于这两个声音的频谱、声压级差和到达听者的时间和相位关系等。如频率相近时声音掩蔽最显著;掩蔽声的声压级越大,掩蔽量就越大。

5.3.1 噪声控制

现代工业文明在给人类带来快速发展的同时,也带来了前所未有的噪声干扰。噪声污染已经和水污染、空气污染、垃圾污染并列为现代世界的四大公害。噪声的危害是多方面的,它不仅损害听力、影响听闻,还会干扰人们的休息与睡眠,降低工作与学习效率,甚至会引起其他各种疾病。因此,为了创造一个安静的生活环境和不影响健康的工作条件,必须进行噪声控制。

1)噪声控制的标准

我国现行的与建筑声环境相关的噪声标准有:《声环境质量标准》(GB 3096—2008)、《社会生活环境噪声排放标准》(GB 22337—2008)、《工业企业厂界环境噪声排放标准》(GB 12348—2008)、《建筑隔声评价标准》(GB/T 50121—2005)、《建筑施工场界噪声限值》(GB 12523—2011)和《铁路边界噪声限值及其测量方法》(GB 12525—90)等。表5.7所示为各类声环境功能区环境噪声限值的规定。

表 5.7 各类声环境功能区环境噪声限值 单位:dB(A)

声环境功能区类别		时 段 昼 间(6:00—22:00)	夜 间(22:00—6:00)
0 类(康复疗养区)		50	40
1 类(居住、医疗、文化)		55	45
2 类(以商业为主)		60	50
3 类(以工业为主)		65	55
4 类	4a 类(各级公路两侧)	70	55
	4b 类(铁路两侧)	70	60

注:各类声环境功能区划分详见《声环境质量标准》(GB 3096—2008)。

此外,在各类建筑设计规范中,也有相关噪声控制方面的条文。

2)城市噪声控制

城市噪声控制问题涉及面十分广泛,这是因为城市噪声来源很广,不仅有交通噪声,而且有工厂噪声、建筑施工噪声及生活噪声等。城市噪声的控制主要包括以下3个方面:

(1)城市噪声管理的完善

城市噪声管理的关键在于制定合理的噪声控制法规,并保证其法规真正落实与实施。城市噪声立法工作的内容主要包括交通噪声的管理、工业噪声的管理、建筑施工噪声的管理、生活噪声的管理。同时,还应该完善和落实环境噪声的监测、监督及惩罚的相应措施。

(2)合理的城市规划

合理的城市规划,对未来的城市噪声控制具有十分重要的意义。为了控制城市噪声,在城市规划设计时应注意以下3个方面的问题:

①城市人口的控制。城市噪声随人口的增加而增加。现今世界各国的噪声之所以日益严重,是由于人口的过度集中。根据美国环保局发表的资料表明,城市噪声与人口密度之间存在对数正比关系。因此,严格控制人口是控制城市噪声的有效手段,许多国家正在探索和完善卫星城或带形城市的规划方法。

②功能分区。在规划中应尽量避免居民区与工业、商业区混合。例如,日本东京将主要工厂都集中在飞机场附近而远离居民区,由于工业区域内本身噪声较高,因此对来自飞机的噪声干扰就不明显。图5.15为城市规划中合理分区示意图。从图中可以看出重工业区、工业区、商业区与居民区的关系,以及公路、铁路与整个城市的关系。因此,城市规划的合理分区,对控制噪声污染是十分重要的。

③建筑选址及总体布局。噪声控制设计应贯彻于规划建筑设计全过程。在建筑选址时,要求特别安

静的建筑如观演建筑、文教建筑、医疗建筑等不宜靠近高强噪声源(如铁路、交通干道等)建造;在总体布局时,应把要求安静的建筑布置在背向噪声源的一侧;在房间布置时,噪声较大的房间不宜紧靠要求安静的房间,两者之间应有辅助房间、走道等隔离,如泵房、风机房不应直接与客房、卧室相邻等。

(3)道路交通噪声的控制

道路交通噪声是城市环境噪声的主要来源,是当前城市噪声的主要控制对象。控制方法主要包括:改善道路设施;增加交通噪声的衰减;道路两侧建筑的合理布局。

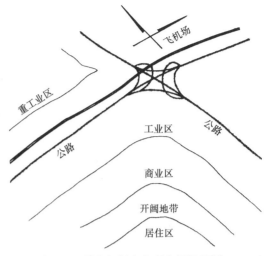

图5.15　城市规划中合理布局示意图

3)建筑中的噪声控制

建筑中噪声控制的任务就是通过一定的降噪减振措施,使房间内部噪声达到允许噪声标准。建筑中常用的噪声控制手段主要有吸声减噪、建筑隔声与建筑隔振。

(1)吸声减噪

吸声减噪的原理就是通过在室内布置吸声材料或吸声结构,减少声音经过各个界面多次反射形成的混响声,从而降低噪声的大小。吸声减噪的设计步骤如下:①了解噪声源的声学特性;②了解房间的声学特性;③根据所需的降噪量,结合房间声学特性,分析吸声降噪的可行性;④确定材料所需的吸声系数,选择合理的吸声材料或吸声构造。

值得注意的是,吸声减噪只能降低混响声,而对直达声无效。只靠吸声减噪要求降低噪声级 10 dB 以上,几乎是不可能的。

(2)建筑隔声

噪声传播的途径有空气传声和固体传声两种。隔声是噪声控制的重要手段之一,它是将噪声局限在部分空间范围内,或者是不让外界噪声侵入,从而为人们提供适宜的声环境。建筑构件隔绝的若是空气声,则称为空气声隔绝;若隔绝的是固体声,则称为固体声隔绝。对于空气声和固体声的控制方法是有区别的,并有各自的隔声标准。我国现已颁布实施的《民用建筑隔声设计规范》(GB 50118—2010)和《建筑隔声评价标准》(GB/T 50121—2005)对两者都有具体的规定。

在建筑隔声设计中,固体声的隔绝主要体现在提高楼板隔绝撞击声的能力。空气声的隔绝主要包含以下几个方面的内容:①墙体的空气声隔绝,即采用重质墙体、双层墙体的方式提高墙体的隔声能力;②门窗的空气声隔绝,即采用密封处理、多层构造的方式提高门窗的隔声能力;③采用隔声间和隔声屏障来降低噪声源对周边的影响。

关于空气声隔绝和固体声隔绝的构造设计及其要点将在第9章进行详细介绍。

(3)建筑隔振

在建筑设计中,常常遇到振动问题。振动除了直接影响人体各种生理反应与设备的运行和操作外,还会产生噪声。例如,直接安装在楼板上的风机和设备的振动,将激发楼板振动而辐射噪声,使楼下房间不得安宁,甚至损坏楼板。因此,控制振动在建筑内噪声控制中至关重要。

建筑隔振设计是一个比较复杂,牵涉面广的内容,在深入分析与处理隔振时,需要掌握较多的数学、力学与物理知识。建筑的减振设计主要是通过增加质量块和减振装置或减振器的方法来实现。其中,质量块的质量与大小应由设备的类型及振动特性决定。减振器的选择,则需要根据各类型减振器的特点和隔振设计的需求进行选择。

5.3.2　室内音质设计

室内音质设计是建筑声环境设计的重要组成部分。在以听闻功能为主或有声学要求的建筑中,如音乐厅、剧场、电影院、录音室、演播室等建筑,其音质设计的好坏往往是评价建筑设计优劣的决定性因素之一。室内是否具有良好的音质,不仅取决于声源本身和电声系统的性能,更取决于室内良好的建筑声学环境。为了使房间具有良好的建筑声学环境,需要认真做好室内音质设计。

1)室内音质评价的标准

室内音质评价的标准包括主观、客观两方面。客观评价标准是进行音质设计的依据,也是前人经验的总结。但判别室内音质是否优劣的标准,最终要看能否满足使用者(听众和演员)的主观听闻要求,即能否让使用者得到满意的主观感受。

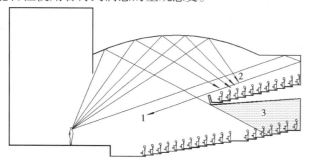

图 5.16　厅堂常见的声缺陷
1—回声;2—声聚焦;3—声影

(1)主观评价标准

对于一个兼作语言和音乐使用的厅堂,其主观评价标准一般归纳为 4 个方面:无声缺陷(图5.16);合适的响度;较高的清晰度和明晰度;优美的音质。

(2)客观评价标准

目前国内外比较公认的几个主要客观评价指标有:①声压级及声场不均匀度;②混响时间及其频率特性;③声脉冲响应分析(反射声的时间分布);④方向性扩散(反射声的空间分布);⑤允许噪声级。

这些客观评价指标根据不同功能类型的建筑,其要求也不同。在各类建筑设计规范和声学设计资料中都有相关的规定。为了达到相应的客观评价标准,就必须进行建筑声学设计,主要包括厅堂容积的确定、体形设计、混响时间设计和电声系统配置等方面。

2)建筑声学设计主要内容

(1)厅堂容积的确定

从声学角度来确定厅堂容积,一般需要考虑以下两个方面的因素:足够的响度;合适的混响时间。在实际工程中,建筑方案设计初期通常根据建筑功能、有无扩声系统和所容纳的人数来确定厅堂的容积值。

值得注意的是,厅堂容积的大小不仅影响音质效果,而且也直接影响建筑的艺术造型、结构体系、空调设备和经济造价等方面。因此,厅堂容积的确定必须加以综合考虑。

(2)厅堂的体形设计

厅堂的体形设计直接关系直达声的分布、反射声的空间和时间构成以及是否有声缺陷,是室内音质设计中十分重要的环节。厅堂的体形设计包括合理选择大厅平、剖面的形式、尺寸和比例以及各部分表面(如天棚、墙面)的具体尺寸、倾角和形式等一系列内容。

实践证明,成功的体形设计主要在于了解在体形上影响音质的基本规律,掌握具体处理的主要原则和方法。厅堂的体形设计方法和基本原则包括以下 4 个方面:

①充分利用直达声。在体形设计中,必须尽量减少直达声的传播距离并考虑声源方向性的影响,同时通过增加地面起坡或提高声源的方式避免直达声被遮挡或被观众掠射吸收,充分利用直达声。

②争取和控制早期反射声。研究表明,早期反射声有利于提高音质效果,因此,在剖面设计中,应尽可能结合声学设计调整顶棚、侧墙、楼座、挑台等部位的高度和角度,使大部分观众区域能获得尽可能多的早期反射声。如对于环绕式的音乐厅,可以将顶棚设计成悬吊的反射板阵列(图5.17)。

③适当的声扩散处理。为了保证厅堂的声场具有良好的均匀度和立体感,声学设计时需要厅堂具有一定的扩散性。通常可以采用不规则平剖面设计、扩散体和吸声材料的不规则布置来进行扩散处理。

④防止和消除声缺陷。在厅堂体形设计中,特别要注意防止产生回声、颤动回声、声聚焦、声影等声缺陷。

防止和消除回声和颤动回声的具体措施有:a.将吸声材料布置于易产生回声的部位,减弱其反射能力;b.采用扩散处理的方法;c.适当改变反射墙面或与后墙相邻顶棚的倾斜角度,使反射声落入附近的观众席形成早期反射声(图5.18)。

防止和消除声聚焦的措施有:a.在凹面上进行全频带强吸声;b.选择具有比较大曲率半径的弧形表

图 5.17 克雷斯特彻奇音乐厅内景

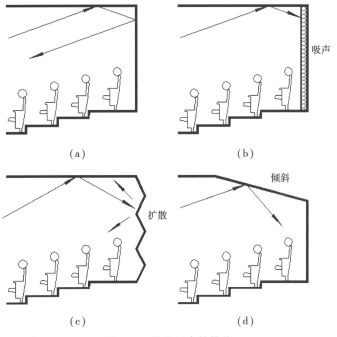

图 5.18 消除回声的措施

面;c.在凹面上设置或悬挂扩散反射板或扩散吸声板。

为了避免声影对音质的影响,在厅堂体形设计中,对于有楼座厅堂,必须控制挑台下空间的进深与开口高度的比值。

(3)厅堂的混响时间设计

混响时间设计是除体形设计外厅堂声学设计的另一项重要内容,厅堂混响时间的长短及其频率特性与室内音质的主观评价标准密切相关。因此,根据不同的功能要求,通过设计手段来确保合适的混响时间是室内音质设计的重要环节。混响时间设计一般是在大厅的形状基本确定,容积和内表面可以计算时进行,具体内容包括:①确定最佳混响时间及其频率特性;②计算体积、吸声量及混响时间;③选择适当的室内声学材料与构造并确定其面积和布置。

值得注意的是,在室内音质设计中,并不是吸声材料布置得越多越好。有时为了获得较长的混响时间,必须控制吸声总量,特别对音乐厅和歌舞剧场更是如此。

(4)厅堂的电声系统设计

在大型厅堂中,电声系统应用越来越广泛,它已经成为建筑声学设计中的一个重要内容,建筑设计人员有必要对其有一定的了解,以便与相关技术人员协作设计。

①电声系统的设计要求。在选用电声系统时,对设备系统有两项技术要求:具有足够的功率输出;具有较宽而平直的频率响应范围。在电声系统布置时,主要有两方面要求:保证室内声场均匀;控制和避免反馈现象。

②电声系统的布置方式。电声系统的布置方式根据使用性质、室内空间的大小和形式,一般分为集中式、分散式和混合式 3 种。

③厅堂的建筑处理。当有电声系统介入时,厅堂音质的设计也应随之而有所改变。在这种厅堂声学设计中需要注意以下 3 点:a.混响时间宜取低值;b.宜采用指向性较强的扬声器;c.适当增加厅堂的吸声处理。

复习思考题

(1)建筑物理环境主要包含哪几个方面? 各主要研究哪些方面的问题?

(2)建筑室内的日照标准主要包括哪两个指标? 在建筑布局中争取日照的措施有哪些?

(3)什么是采光系数? 采光系数标准主要与哪些因素有关?

(4)影响光气候的主要因素有哪些? 简述我国的光气候特点。

(5)人工点光源根据发光机理可分为哪几种?

(6)建筑中的噪声控制手段主要包括哪几个方面?

(7)有音质要求的厅堂,其体型设计在建筑声学中应注意哪些方面?

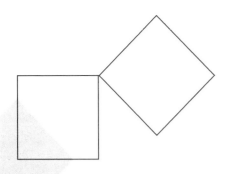

6 工业建筑设计

本章导读：

- **基本要求** 了解和熟悉工业建筑的特点和分类；了解单层厂房设计与生产工艺、运输设备的关系；掌握单层厂房的常用结构形式和平面形式；了解生活间的内容和布局方式；掌握定位轴线划分的基本常识；掌握单层厂房柱网选择和高度确定要素；熟悉多层厂房设计的主要内容。
- **重点** 工业建筑分类、单层厂房排架结构、平面形式、定位轴线划分、柱网选择和高度确定。
- **难点** 单层厂房排架结构构件组成、定位轴线划分、高度确定。

6.1 概述

工业建筑是指用于工业生产的各种房屋，也称为厂房。现代意义上的工业建筑是工业革命的产物。在现代建筑发展早期，工业建筑是重要的革命力量，涌现了许多优秀的现代建筑作品，如贝伦斯设计的德国通用电气公司透平机制造车间(1909 年)、格罗皮乌斯设计的法古斯鞋楦厂(1911—1912 年)等(图 6.1)。

图 6.1　早期工业建筑代表作

6.1.1 工业建筑的特点

工业建筑同民用建筑一样具有建筑的共性,但由于生产工艺的影响,又独具特点。

①工业建筑必须紧密结合生产,满足生产工艺的要求,并为工人创造良好的劳动卫生条件,以利于提高产品质量及劳动生产率。

②工业生产类别繁多、差异很大,对建筑空间布局、体量构成、立面造型及室内设计有直接的影响。因此,生产工艺不同的厂房具有不同的特征。

③不少工业厂房有大量的设备及起重机械,不少厂房为高大的敞通空间,无论在采光、通风、屋面排水还是构造处理上都较一般民用建筑复杂。

6.1.2 工业建筑的分类

工业建
筑的分类

工业建筑通常按厂房的用途、层数及内部生产状况分类。

熟悉工业建筑的分类。

1)按用途分类

①主要生产厂房:用于完成产品从原料到成品加工生产的主要工艺过程的各类厂房,如拖拉机制造厂中的铸铁车间、铸钢车间、锻造车间、冲压车间、铆焊车间、热处理车间、机械加工及装配等车间。

②辅助生产厂房:为主要生产车间服务的各类厂房,如上述拖拉机制造厂中的机器修理间、电修车间、木工车间、工具车间等。

③动力用厂房:为工厂提供能源和动力的各类厂房,如发电厂、锅炉房、煤气发生站、乙炔站、氧气站、压缩空气站等。

④储存用房:储存各种原料、半成品、成品的房屋,如炉料库、砂料库、金属材料库、木材库、油料库、易燃易爆材料库、半成品库、成品库等。

⑤运输用房:管理、停放、检修各种运输工具的房屋,如机车库、汽车库、电瓶车库、消防车库等。

⑥其他:如水泵房、污水处理站等。

2)按层数分类

①单层厂房(图6.2):广泛应用于机械制造、冶金等工业,适用于有大型设备及加工件、有较大动荷载和大型起重运输设备、需要水平方向组织工艺流程的工业厂房。

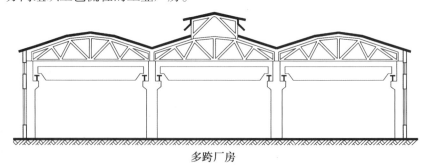

单跨厂房　　　　　　　　　　　　　多跨厂房

图6.2 单层厂房

②多层厂房(图6.3):主要应用于电子、精密仪器、食品和轻工业,适用于设备、产品较轻,竖向布置工艺流程的生产项目。

③混合层数厂房(图6.4):同一厂房内既有多层也有单层,常在单层内设大型设备,多用于化工和电力工业。

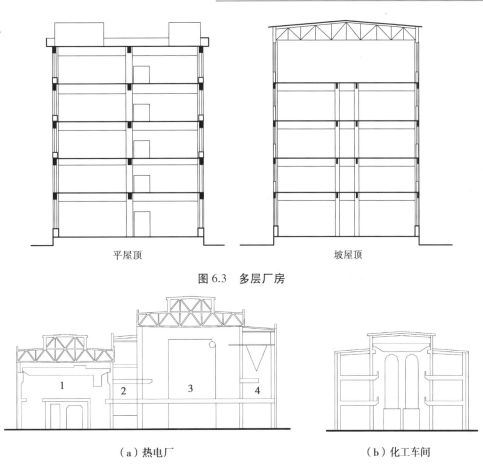

图 6.3　多层厂房

（a）热电厂　　　　　　　　　（b）化工车间

图 6.4　混合层数厂房

1—汽机间；2—除氧间；3—锅炉间；4—煤斗间

3）按内部生产状况分类

①冷加工厂房：生产操作在常温下进行的车间，如机械加工、机械装配车间等。

②热加工厂房：生产中散发大量余热，有时伴随烟雾、灰尘、有害气体的车间，如冶炼、铸造、锻造和轧钢车间等。

③恒温恒湿厂房：在稳定的温、湿度条件下进行生产的车间，如精密机械、纺织车间等。

④洁净厂房：为保证产品质量，在无尘、无菌的条件下进行生产的车间，如精密仪表、集成电路车间和食品工业、医药工业的相关车间等。

⑤其他特种状况的厂房：如有爆炸的可能性、有大量腐蚀物、有放射性散发物，防微振、防电磁波干扰的车间等。

6.2　单层厂房设计

6.2.1　概述

单层厂房在使用、建筑和结构方面有如下特点：a.单层厂房对生产工艺适应性强；b.建筑上便于组织大面积联合厂房，结构上便于采用大跨度、大柱距；c.运输工具选择比较灵活，有利于工艺更新；d.地面可承受较大荷载，重型设备可以单独设置基础；e.可以利用屋顶设置天然采光和自然通风天窗；f.主要缺点是占地多，屋面面积较大，建筑空间不够紧凑等。

1)功能组成

工业生产的门类众多,其功能组成各不相同,但从总体来看,工业建筑均可划分为如下功能组成:①生产工段:加工产品的主体部分;②辅助工段:为生产工段服务的部分;③库房部分:存放原料、材料、半成品、成品的地方;④行政办公生活用房。

2)常用结构

我国单层厂房多采用排架结构体系,有钢筋混凝土排架结构和钢结构排架两种。此外,门式刚架近年来使用也较为广泛,常用钢结构制作,也可用钢筋混凝土制作。

（1）排架结构的构件组成

掌握排架结构厂房的构件组成。

排架结构主要针对跨度大、高度较高、吊车吨位大的厂房,其工业化程度较高(图6.5)。它的构件组成包括承重结构、围护构件以及其他附属构件。

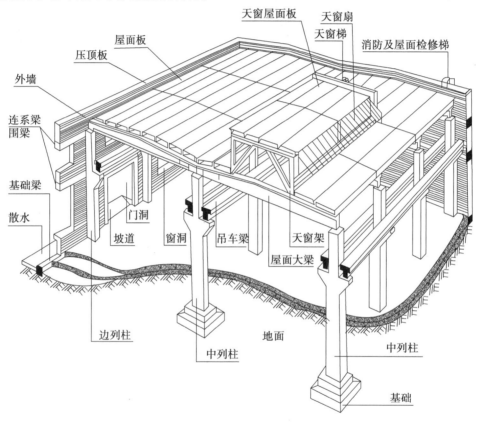

图 6.5　排架结构构件组成

①承重结构:

• 横向排架:由基础、柱、屋架(或屋面梁)组成,是结构受力的主体。

• 纵向连系构件:由基础梁、连系梁、圈梁、吊车梁、檩条、屋面板及各种支撑组成,与横向排架构成骨架,保证厂房的整体性和稳定性。

②围护结构:包括外墙、屋顶、地面、门窗、天窗等。

③其他:如散水、地沟、隔断、作业梯、检修梯等。

（2）门式刚架的构件组成

门式刚架是一种梁柱合一的结构形式,构造简单(图6.6),其构件组成与排架结构相似。屋面常采用有檩体系,压型钢板屋面;外墙可采用砌筑外墙,也可采用压型钢板外墙。

| 承重柱与抗风柱 | 支撑的种类和设置 | 基础与基础梁 |

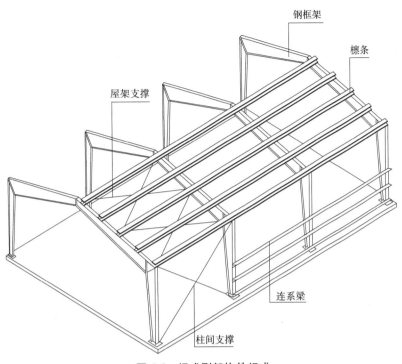

图 6.6　门式刚架构件组成

6.2.2　平面设计

单层厂房的平面设计主要研究以下 5 个方面的问题:a.平面设计与生产工艺的关系;b.平面设计与运输设备的关系;c.常用平面形式;d.柱网选择;e.生活间布置。

1)平面设计与生产工艺的关系

单层厂房平面及空间组合设计,是在工艺设计及工艺布置的基础上进行的。完整的工艺设计图,主要包括 5 项内容:a.根据生产的规模、性质、产品规格等确定的生产工艺流程;b.选择和布置生产设备和起重运输设备;c.划分车间内部各生产工段及其所占面积;d.初步拟订厂房的跨间数、跨度和长度;e.提出生产对建筑设计的要求,如采光、通风、防震、防尘、防辐射等。

平面设计受生产工艺的影响有以下几个方面:

(1)生产工艺流程的影响

生产工艺流程是指某一产品的加工制作过程,即由原材料按生产要求的程序,逐步通过生产设备及技术手段进行加工生产,并制成半成品或成品的全部过程。不同类型的生产,工艺流程也不相同。

现以机械工厂的金工装配车间为例,介绍其平面组合与工艺流程的关系(图 6.7)。

图 6.7　金工装配车间工艺流程图

根据工艺要求,金工装配车间一般包括机械加工和装配两个主要生产工段。机械加工工段是对铸、锻件等金属毛坯进行车、铣、刨、镗、钻、磨等加工,制造零件。装配工段是将加工好的零件装配成部件,或进一步将零、部件进行总的装配成为机械产品。机械加工和装配工段是全车间生产的主体,对平面设计起着决定作用,一般有如下 3 种组合方式:

①直线布置[图 6.8(a)]:生产线路为直线形,路线简捷,连续性好。厂房平面可全部为平行跨,具有

建筑结构简单、扩建方便的特点,但平面不够紧凑,占地较大。

②平行布置[图6.8(b)]:生产线路呈马蹄形,平面紧凑,节省用地。厂房平面也全部为平行跨,同样具有建筑结构简单、便于扩建的优点,但须采用越跨运输设备。

③垂直布置[图6.8(c)]:装配工段布置在加工工段相垂直的横向跨间内,跨间互相垂直,结构较为复杂,但运输线路较短捷、平面紧凑,在工艺有利时常采用。

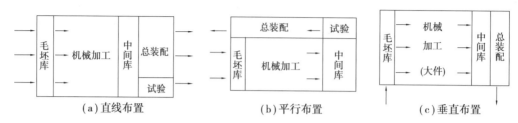

图 6.8　金工装配车间组合方式

图6.9为依据生产工艺设计布置的某机械加工装配车间平面图。

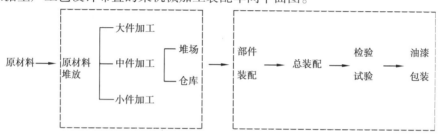

机械加工装配车间生产工艺流程

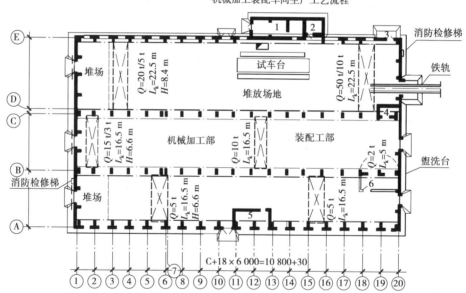

图 6.9　机械加工装配车间平面图

1—高压配电;2—分配间;3—油漆调配;4—水压试验;5—工具分发室;6—中间仓库

(2)生产状况的影响

不同性质的厂房,在生产操作时会出现不同的生产状况。如机械加工车间,生产在正常的温、湿度条件下进行,噪声较小,无大量余热及有害气体散发,主要考虑天然采光的要求,需合理设置平面进深和开窗位置。又如铸工车间,生产时会产生大量余热和灰尘,建筑设计应加强通风,在平面设计中影响门窗的位置和大小,以及墙体围护方案。

(3)生产设备布置的影响

生产设备的大小和布置方式直接影响厂房的平面布局、跨度大小和跨间数,同时也影响大门尺寸和柱距尺寸等。

2）平面设计与运输设备的关系

为了运送原材料、半成品、成品及安装、检修、操作和改装设备,厂房内需设置起重运输设备。厂房中普遍采用的运输设备是吊车,因生产不同还可采用火车、汽车、电瓶车、手推车、起重车、悬链、传送带、辊道、管道、升降机、提升机等运输设备。

吊车亦称行车或天车,是单层厂房内部的主要运输工具,它主要包括单轨悬挂吊车、梁式吊车、桥式吊车等(图6.10)。此外,还有移动式悬臂吊车、固定式转臂吊车和龙门式吊车等(图6.11)。

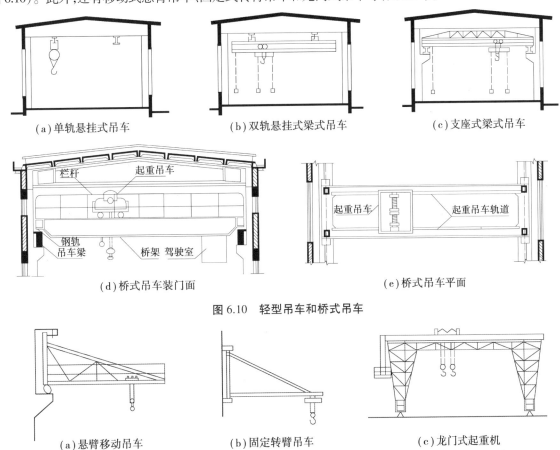

(a) 单轨悬挂式吊车　　　(b) 双轨悬挂式梁式吊车　　　(c) 支座式梁式吊车

(d) 桥式吊车装门面　　　(e) 桥式吊车平面

图 6.10　轻型吊车和桥式吊车

(a) 悬臂移动吊车　　　(b) 固定转臂吊车　　　(c) 龙门式起重机

图 6.11　悬臂、转臂式吊车及龙门式起重机

以图6.9的机械加工装配车间为例,该车间内部主要的起重运输设备为桥式吊车,内部辅助运输设备为转臂吊车;对外的运输设备有火车、汽车及电瓶车,车间平面布置尺寸以及车间大门的尺寸需与吊车、火车、汽车及电瓶车相适应。

3）常用平面形式

单层厂房平面形式概括起来可分为一般和特殊两种类型。一般的平面形式以矩形为主[图6.12(a)～(e)];特殊的平面形式有 L、Π、Ⅲ形平面[图6.12(f)～(h)]。

(1)矩形平面

矩形平面中,最简单的是单跨矩形平面,它是构成其他平面形式的基本单位,当生产规模较大时,常采用平行多跨组合平面。跨度相互垂直布置的平面,适用于垂直式的生产工艺流程。正方形或趋近正方形的平面,适合联合厂房,经济性较好,有利于节能,但应注意采光和通风问题。

(2)L、Π、Ⅲ形平面

热加工车间生产环境比较恶劣。在平面设计中需保证厂房具有良好的自然通风条件,因此,厂房不宜太宽,又因工艺的要求和用地的限制就产生了 L 形、Π形和Ⅲ形平面。这 3 种平面形式的特点是:跨度不大,外墙上可多设门窗,改善自然通风条件,从而保证劳动生产环境。此类平面由于有垂直相交跨,结

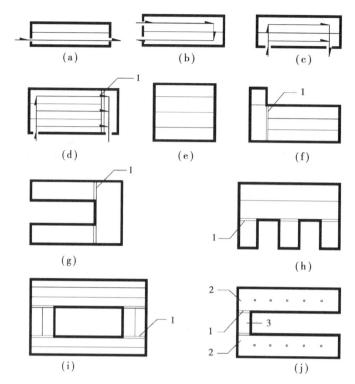

图 6.12　厂房平面形式

1—伸缩缝；2—标准单元；3—连接体

构、构造处理均较复杂。

4) 柱网选择

承重结构柱在平面上排列所形成的网格称为柱网。柱网的尺寸由柱距和跨度组成。图6.13是单层厂房柱网尺寸示意图，图中 B 为相邻两柱之间的距离，称为柱距；L 为跨度，指屋架或屋面梁的跨度。柱网尺寸必须符合《厂房建筑模数协调标准》的规定。

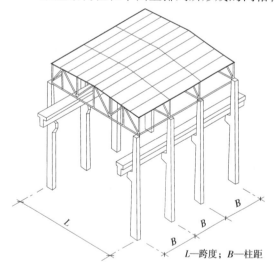

L—跨度；B—柱距

图 6.13　单层厂房柱网尺寸示意图

（1）跨度尺寸的确定

跨度尺寸主要根据下列因素确定：

①生产设备的大小及布置方式。设备大，所占面积也大，设备布置成横向或纵向，布置成一排、二排或三排，都影响跨度的尺寸。

②车间内部通道的宽度。不同类型的水平运输设备，如电瓶车、汽车、火车等所需通道宽度是不同的，同样影响跨度的尺寸。

③满足《厂房建筑模数协调标准》的要求。当屋架跨度≤18 m时，采用扩大模数 30 M 的数列，即18,15,12,9,6 m；当屋架跨度>18 m时，采用扩大模数 60 M 的数列，即跨度尺寸是 18,24,30,36,42 m 等。当工艺布置有明显优越性时，亦可采用 21,27,33 m。

（2）柱距尺寸的确定

我国单层厂房主要采用装配式钢筋混凝土结构体系，基本柱距是 6 m，相应的结构构件，如基础梁、吊车梁、连系梁、屋面板、横向墙板等，均已配套成型。厂房设计、制作、运输、安装都积累了丰富的经验，该体系至今仍广泛采用。为了增加柱网的通用性，柱距可以增加至 12 m，在对工艺布置特别有利的条件下，也可采用 9 m 柱距。

5）生活间布置

为了给工人创造良好的劳动卫生条件,除在全厂设有行政管理及生活福利设施外,每个车间也相应设有这类用房,称之为生活间。

（1）生活间的组成

一般来说,生活间包括以下 4 个方面的内容:

①生产卫生用室:包括浴室、存衣室、洗衣房等。

②生活卫生用室:包括休息室、吸烟室、厕所、饮水室、小吃部、保健站等。

③行政办公室:包括各类办公室及会议室、学习室、值班室、计划调度室等。

④生产辅助用室:包括工具室、材料库、计量室等。

（2）生活间的布置

生活间布置应便于职工上下班,避免生产中有害物质及高温的影响;同时,应尽量减少对厂房天然采光和自然通风的影响,不妨碍厂房的扩建,造型及色彩应与厂房统一协调。

生活间的布置方式有毗连式生活间、独立式生活间和内部式生活间 3 种。

毗连式生活间紧靠厂房外墙布置,可以紧靠山墙布置[图 6.14(a)],也可紧靠外纵墙布置[图 6.14(b)]。独立式生活间[图 6.14(c)、(d)]距厂房一定距离,分开布置,可采用走道、天桥和地道等方式与厂房相连。内部式生活间是将生活间布置在车间内部,在生产工艺和卫生条件允许的情况下采用,它的缺点是相互干扰较大,厂房的通用性也受到影响。

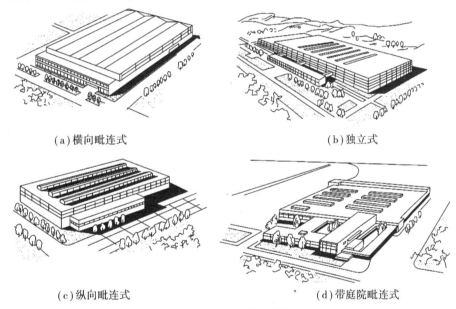

(a)横向毗连式　　　　　　　　　　　　(b)独立式

(c)纵向毗连式　　　　　　　　　　　　(d)带庭院毗连式

图 6.14　生活间鸟瞰图

6.2.3　剖面设计

厂房剖面设计的任务包括:确定厂房高度;处理车间的采光、通风等问题;确定厂房的承重结构和围护方案等。

1）高度确定

厂房高度是指室内地面至柱顶(或倾斜屋盖最低点、或下沉式屋架下弦底面)的距离。厂房高度必须根据生产使用要求及建筑模数协调标准的要求来确定。

（1）柱顶标高的确定

①无吊车厂房:柱顶标高通常是按最大生产设备及其使用、安装、检修时所需的净空高度来确定,还须考虑采光通风的要求,一般不低于 4 m,并符合 300 mm 的倍数。

②有吊车厂房:不同的吊车对厂房高度的影响各不相同。对于采用梁式或桥式吊车的厂房来说,其高度确定分析如下(图6.15):

柱顶标高　$H = H_1 + H_2$

轨顶标高　$H_1 = h_1 + h_2 + h_3 + h_4 + h_5$

轨顶至柱顶高度　$H_2 = h_6 + h_7$

式中　h_1——需跨越的最大设备高度;

　　　h_2——起吊物与跨越物间的安全距离,一般为400 ~500 mm;

　　　h_3——起吊的最大物件高度;

　　　h_4——吊索最小高度,根据起吊物件的大小和起吊方式决定,一般>1 m;

　　　h_5——吊钩至轨顶面的距离,由吊车规格表中查得;

　　　h_6——轨顶至吊车小车顶面的距离,由吊车规格表中查得;

　　　h_7——小车顶面至屋架下弦底面之间的安全距离,应考虑屋架的挠度、厂房可能不均匀沉陷等因素,最小尺寸为220 mm,湿陷黄土地区一般不小于300 mm,如果屋架下弦悬挂有管线等其他设施时,还需另加必要的尺寸。

图 6.15　确定厂房高度的因素

柱顶标高 H 应为 300 mm 的倍数,轨顶标高 H_1 常取为 600 mm 的倍数。

(2)室内地坪标高的确定

厂房室内地坪的绝对标高是在总平面设计时确定的,室内地坪的相对标高定为±0.000。

一般单层厂房室内外需设置一定的高差,以防雨水侵入室内。同时,为了运输车辆出入方便,室内外相差不宜太大,一般取 150~200 mm,且常用坡道连接。

2)天然采光

厂房的采光方式分为天然采光和人工照明。由于天然光节约能源,所以应尽可能地利用天然光,仅有一些洁净厂房和恒温恒湿厂房设计成无窗厂房,还有一些生产因加工精密度较高,常在采用天然光的同时在机床操作部位辅以局部人工照明。

厂房的大门、侧窗与天窗

单层厂房中常见的天然采光方式有3种:侧面采光、顶部采光和混合采光(图6.16)。

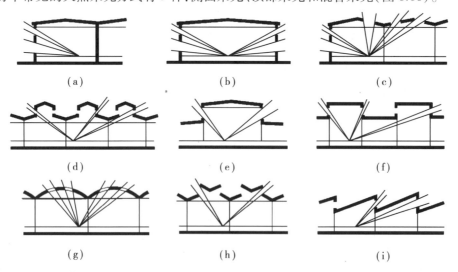

图 6.16　单层厂房天然采光方式

(a)、(b)、(c)侧面采光;(d)、(f)、(g)、(h)、(i)顶部采光;(c)混合采光

侧面采光是通过外墙上窗口采光,造价低,但采光的方向性强,均匀度差。侧面采光可分为单侧采光和双侧采光,双侧采光对光线均匀度有所改善。侧窗分为高、低侧窗,高侧窗能提高远窗点的采光系数,

但需避免吊车梁的阻挡(图6.17)。顶部采光是通过屋顶上的天窗进行采光,采光效率高。常用天窗形式有:矩形、M形、锯齿形以及横向天窗、平天窗等[图6.16(e)~(i)]。

侧面采光和顶部采光混合使用时,就是混合采光[图6.16(c)]。

3)自然通风

厂房通风方式有自然通风和机械通风两种。自然通风如设计合理,既能收到较好的通风效果,又能节约能源,所以一般多采用自然通风。在不能完全满足通风要求时才辅以机械通风。为有效地组织好自然通风,在厂房设计中要合理布置总图,确定平面进深,选择剖面形式,设置进排风口位置。

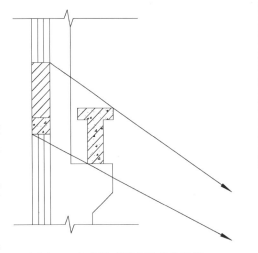

图6.17 吊车梁对侧窗采光的阻挡

(1)冷加工车间的自然通风

冷加工车间室内无大的热源,一般按采光要求设置窗,通过门窗就能满足车间通风换气的要求。冷加工车间的自然通风处理可考虑以下6点:①厂房纵向与夏季主导风向的夹角不宜小于45°;②控制厂房宽度,可采用天井、院落组织空间;③在侧墙上对应设窗,在通道端部对应设门,加强穿堂风;④室内少设或不设隔墙,避免影响穿堂风的流速;⑤可设置通风屋脊,促进空气流动;⑥夏季通风不足时,需要辅设机械通风设施。

(2)热加工车间的自然通风

热加工车间产生大量余热和有害气体,因此有条件,也必须利用热压作用组织自然通风,改善工作环境。

①进、排风口的布置。根据热压原理,热加工车间进风口布置得越低越好。南方炎热地区低侧窗台标高可以低于1 m。北方寒冷地区低侧窗可分为上下两排,根据季节调整开启(图6.18)。排风口的位置应尽可能高,一般设在柱顶处[图6.19(a)]。当设有天窗时,天窗常设置在屋脊处[6.19(b)]。此外,天窗宜设在散热量较大设备的上方[图6.19(c)],这样可缩短通风距离,快速排除热空气。

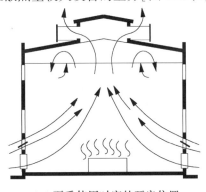

(a)夏季使用时窗的开启位置

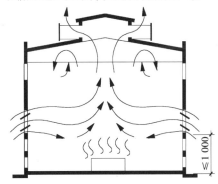

(b)冬季使用时窗的开启位置

图6.18 寒冷地区低侧窗进风口布置

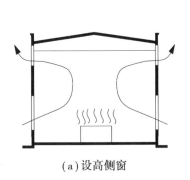

(a)设高侧窗

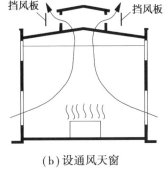

(b)设通风天窗

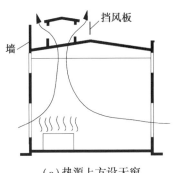

(c)热源上方设天窗

图6.19 排风口布置

②通风天窗的选择。通风天窗的类型主要有矩形通风天窗和下沉式通风天窗。

• 矩形通风天窗。为避免热压和风压共同作用时，出现风倒灌、阻碍热压通风的不利状况，需要在距离排风口一定距离的地方设置挡风板，使排风口始终处于负压区（图6.20），设有挡风板的矩形天窗称为矩形通风天窗或避风天窗。挡风板至矩形天窗的距离 L 为排风口高度 h 的 1.1~1.5 倍为宜。

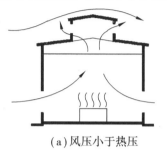  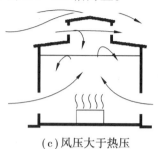

(a) 风压小于热压　　　　(b) 风压等于热压　　　　(c) 风压大于热压

图 6.20　矩形通风天窗示意图

• 下沉式通风天窗。将屋面板分别铺在屋架的上、下弦上，利用此高差作为排风口，且可保证排风口处于负压区，此种天窗称为下沉式通风天窗。其共同特点是通风流畅、布置灵活。主要形式又分为井式通风天窗、纵向下沉式通风天窗、横向下沉式通风天窗（图6.21）3 种。

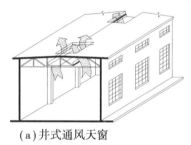  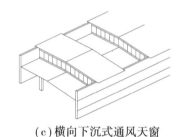

(a) 井式通风天窗　　　　(b) 纵向下沉式通风天窗　　　　(c) 横向下沉式通风天窗

图 6.21　下沉式通风天窗示意图

③开敞式厂房。我国南方及长江流域一带，夏季气候都很炎热。这些地区的热加工车间，除采用通风天窗外，还可以采用开敞式外墙。开敞式外墙不设窗扇而用挡雨板代替（图6.22）。

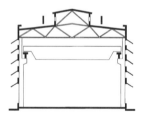 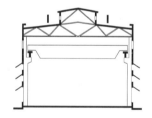

(a) 全开敞：开敞面积大，
通风、排热、排烟快

(b) 下开敞：排风量大，排烟稳定，
可避免风倒灌；但冬季冷空气
直接吹至人身

 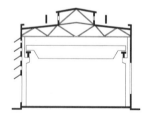

(c) 上开敞：冬季冷风不会直接吹至
人体，但风大时，会出现倒灌现象

(d) 部分开敞：有一定的通风和
排烟效果

图 6.22　开敞式外墙剖面示意图

6.2.4 定位轴线

单层厂房定位轴线是确定厂房主要承重构件位置及其标志尺寸的基准线,同时也是厂房施工放线和设备定位的依据。为了使厂房建筑主要构配件的几何尺寸达到标准化和系列化,减少构件类型,增加构件的互换性和通用性,厂房设计应执行《厂房建筑模数协调标准》的有关规定。

定位轴线的划分是在柱网布置的基础上进行的。通常把平行于屋架的定位轴线称为横向定位轴线,厂房横向定位轴线之间的距离是柱距;垂直于屋架的定位轴线称为纵向定位轴线,厂房纵向定位轴线之间的距离是跨度(图 6.23)。

掌握定位轴线的概念和划分方法。

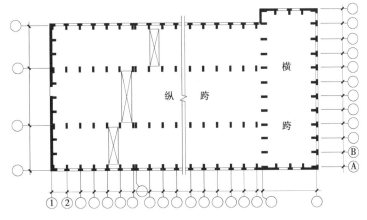

图 6.23　单层厂房平面柱网布置及定位轴线划分

横向定位轴线主要用来标注厂房纵向构件,如屋面板、吊车梁长度的标志尺寸,以及其与屋架(或屋面梁)之间的相互关系(图 6.24)。

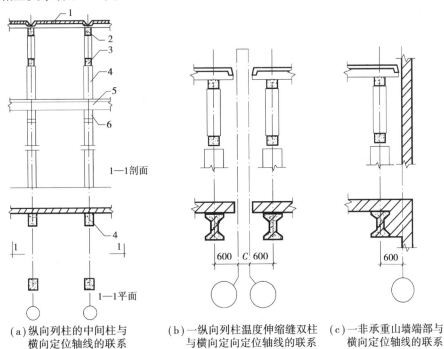

(a)一纵向列柱的中间柱与横向定位轴线的联系　(b)一纵向列柱温度伸缩缝双柱与横向定向定位轴线的联系　(c)一非承重山墙端部与横向定位轴线的联系

图 6.24　横向定位轴线与墙柱的关系

1—屋面板;2—屋架上弦;3—屋架下弦;4—柱;5—吊车梁;6—牛腿;C—变形缝宽度

纵向定位轴线主要用来标注厂房横向构件,如屋架(或屋面梁)长度的标志尺寸和确定屋架(或屋面梁)、排架柱等构件间的相互关系,还应考虑厂房结构和吊车规格的协调。

6.3 多层厂房设计

6.3.1 概述

多层厂房主要适用于轻型工业,如纺织、服装、针织、制鞋、食品、印刷、光学、无线电、半导体以及轻型机械制造等。多层厂房也适用于采用垂直工艺流程有利的工业,如面粉厂;它还适用于利用楼层能创设较合理的生产条件的工业,如精密机械、精密仪表、光学工业等。与单层厂房相比,多层厂房具有如下特点:

①生产在不同标高的楼层上进行,既有同层水平联系,又有层间垂直联系。

②具有占地面积少、节约用地的特点。

③与单层厂房相比,受柱网尺寸和楼板荷载的限制,通用性降低。

多层厂房的主要结构形式有混合结构、钢筋混凝土结构和钢结构。混合结构厂房受结构尺寸的限制,平面布局不够灵活,已经较少采用,但因其造价低廉仍有少量应用。钢筋混凝土结构厂房平面布置灵活,通用性强,耐火性能好,应用最为广泛。除耐火性能差、造价较高外,钢结构厂房具有钢筋混凝土结构厂房的优点,且施工速度快,所以应用也日益增多。

6.3.2 平面设计

多层厂房的平面设计首先应满足生产工艺的要求;其次,运输设备和生活辅助用房的布置、基地的形状、厂房方位等都对平面设计有很大影响,必须全面、综合地加以考虑。

1)生产工艺流程和平面布置

生产工艺流程的布置是厂房平面设计的主要依据。各种不同生产流程的布置在很大程度上决定着多层厂房的平面形状和各层间的相互关系。

按生产工艺流向的不同,多层厂房的工艺流程布置可归纳为自下而上式、自上而下式和上下往复式3种类型(图 6.25)。

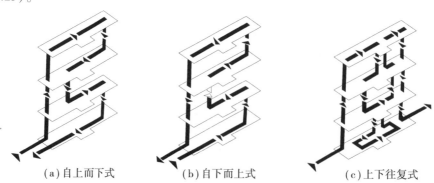

(a)自上而下式　　　　(b)自下而上式　　　　(c)上下往复式

图 6.25　三种类型的生产工艺流程

除满足生产工艺的要求外,在进行平面设计时,平面形式应力求规整,以利于节约土地和降低造价;按生产需要,可将一些技术要求相同或相似的工段布置在一起,如要求空调的工段和对防振、防尘、防爆要求高的工段可分别集中在一起,进行分区布置;按日照通风要求,合理安排房间朝向,主要生产工段应争取南北朝向。

2) 平面布置形式

由于各类多层厂房生产特点不同,要求各层平面房间的大小及组合形式也不相同,通常布置方式有以下几种:

(1) 内廊式

内廊式平面布置如图 6.26 所示,适用于各工部在生产上有密切联系,又不互相干扰的厂房。因此,各生产工段需用隔墙分隔成大小不同的房间,用内廊联系起来。

图 6.26　内廊式平面布置

(2) 统间式

统间式平面布置如图 6.27 所示,适于生产工艺相互之间联系紧密,彼此无干扰,不需设分隔墙,生产工艺又要求大面积、大空间或考虑有较大的通用性、灵活性的厂房。这种布置对自动化流水线生产更为有利。

(a) 交通运输布置在厂房一侧

(b) 交通运输及辅助用房布置在厂房中部

图 6.27　统间式平面布置

(3) 混合式

混合式平面布置如图 6.28 所示,这种布置是根据不同的生产特点和要求,将多种平面形式混合布置,使其能更好地满足生产工艺的要求,并具有较大的灵活性。

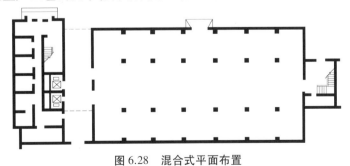

图 6.28　混合式平面布置

(4) 套间式

套间式是为满足生产工艺的要求,或为保证高精度生产的正常进行,通过低精度房间进入高精度房间而采用的组合形式。

3）柱网布置

多层厂房的柱网尺寸一般较单层厂房小,柱网的选择是平面设计的主要内容之一。选择时首先应满足生产工艺的需要,还应考虑厂房的结构形式,采用的建筑材料、构造做法及在经济上是否合理等。多层厂房的柱网主要有以下几种类型:

(1)内廊式柱网

内廊式柱网如图6.29(a)所示,其特征是两边为主要使用空间,中间为走道的形式。在仪表、光学、电子、电器等工业厂房中采用较多。柱网常用尺寸有:(6+2.4+6)m×6 m、(7.5+3+7.5)m×6 m 等。

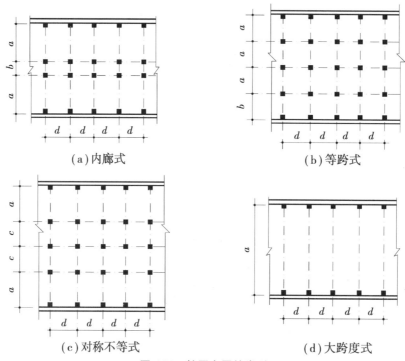

(a)内廊式 　　　　　　　　　(b)等跨式

(c)对称不等式 　　　　　　　　　(d)大跨度式

图6.29　柱网布置的类型

(2)等跨式柱网

等跨式柱网如图6.29(b)所示,其特征是柱网尺寸在纵、横向相同或接近,形成大面积统间式的平面布局。在仓库、轻工、仪表、机械等工业厂房中采用较多。等跨式常采用柱网尺寸为(6~9)m×(6~9)m。

(3)对称不等式柱网

当对某些工艺布置特别有利的情况下,等跨式网柱又可演化为对称不等式柱网,如图6.29(c)所示。

(4)大跨度柱网

大跨度柱网如图6.29(d)所示,柱网跨度一般≥9 m,为生产工艺的变革提供更大的适应性。楼盖常采用桁架结构,结构空间可作为技术夹层,用以布置各种管道。

4）楼梯、电梯布置

多层厂房的平面布置常将楼梯、电梯组合在一起,成为厂房垂直交通运输的枢纽。它对厂房的平面布置、立面处理均有一定影响,处理得当可丰富立面造型。

楼梯在平面设计中,首先应使人货互不交叉和干扰,布置在行人易于发现的部位,从安全、疏散角度考虑,在底层最好能直接与出入口相连接。

电梯在平面中的位置,主要应考虑方便货运,最好布置在原料进口或成品、半成品出口处。尽量减少水平运输距离,以提高电梯运输效率。在电梯间出入口前,需留出缓冲地段。电梯间在底层平面最好应有直接对外出入口。电梯间附近宜设楼梯或辅助楼梯,以便在电梯发生故障或检修时能保证运输。

5)生活间布置

（1）房间的组成

生活间按其用途，可分为3类：生活卫生用房（如盥洗室、存衣室、卫生间、吸烟室、保健室等）；生产卫生用房（如换鞋室、存衣室、淋浴间、风淋室等）；行政管理用房（如办公室、会议室、检验室、计划调度室等）。

（2）生活间的位置

生活间与生产厂房的关系，从平面布置上可归纳为两类。

①生活间设于生产厂房内，便于使用管理，但对厂房的工艺布置、改扩建以及采光通风有一定影响。

生活间可布置在车间端部和中部。布置在车间端部（图6.30）：这种布置不影响车间的采光、通风，能保证生产面积集中，工艺布置灵活，但对厂房的纵向扩建有一定限制；当厂房较长时，为避免流线过长，使用不便，可在两端都设置生活间。布置在车间中部（图6.31）：这种布置可避免位于端部的缺点，但应注意不影响工艺布置和妨碍厂房的采光、通风。

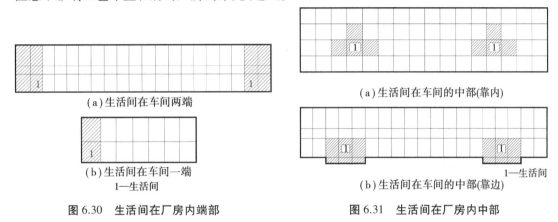

（a）生活间在车间两端

（b）生活间在车间一端

1—生活间

图6.30　生活间在厂房内端部

（a）生活间在车间的中部（靠内）

（b）生活间在车间的中部（靠边）

1—生活间

图6.31　生活间在厂房内中部

②生活间设于生产厂房外，对厂房的工艺布置、采光通风有利。

生活间可布置在车间的山墙或纵墙外。布置在车间的山墙外（图6.32），不影响车间的采光通风，但车间的纵向发展要受到影响；布置在车间的纵墙外（图6.33），车间的纵向发展不受影响，但生活间与车间的连接处，会影响车间部分采光与通风。

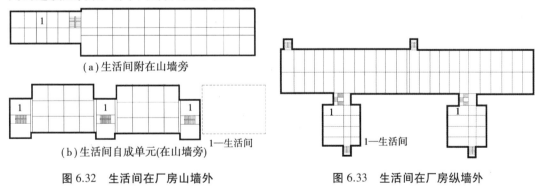

（a）生活间附在山墙旁

（b）生活间自成单元（在山墙旁）

1—生活间

图6.32　生活间在厂房山墙外

1—生活间

图6.33　生活间在厂房纵墙外

6.3.3　剖面设计

多层厂房的剖面设计主要是研究确定厂房的层数和层高。

1)层数确定

多层厂房的层数选择，主要是取决于生产工艺、城市规划和经济因素3方面，其中生产工艺起主导作用。

厂房根据生产工艺流程进行竖向布置,在确定各工段的相对位置和面积时,厂房的层数也能够相应确定。图6.34为面粉加工车间,结合工艺流程的布置,确定厂房的层数为6层。

厂房的层数要符合城市规划的要求,结合容积率、建筑密度和绿地率等指标确定层数,还要考虑城市形态及工厂群体组合的要求。

厂房的层数对经济指标有一定影响,我国厂房常用的经济层数为3~5层,有些厂房由于生产工艺的特殊要求,或受用地限制,也有提高到6层及以上的。

2)层高确定

多层厂房的层高主要取决于生产特性及生产设备、运输设备、管道敷设所需要的空间,同时也与厂房的宽度、采光和通风要求有密切的关系。

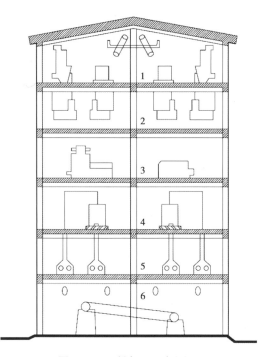

图6.34 面粉加工厂剖面
1—除尘间;2—平筛间;3—清粉;4—吸尘、刷面、管子间;5—磨粉机间;6—打包间

多层厂房的层高在满足生产工艺要求的同时,还要考虑起重运输设备对厂房层高的影响。通常把一些质量大、体积大和运输量繁重的设备布置在底层,只需相应地加大底层层高。有时在遇到个别特别高大的设备时,还可做局部通高处理,以节省高度。

厂房采用天然光线时,应保证侧窗的高度,随着厂房宽度的增加需相应地增加层高。厂房采用自然通风时,还应按照《工业企业设计卫生标准》的规定,保证每名工人所占容积大于40 m^3。

生产上所需要的各种管道对厂房层高影响较大,如空调管道的高度是影响层高的重要因素。当需要的管道数量和种类较多时,可设置技术夹层集中布置管道,这时就应根据管道高度、检修空间高度,相应地提高厂房层高。

层高的增加会带来单位面积造价的提高,在确定厂房层高时,还应从经济角度予以分析。目前,我国多层厂房常采用的层高有3.9,4.2,4.5,4.8,5.1,5.4,6.0 m等多种。

6.3.4 造型设计

多层厂房的造型设计主要与建筑所承担的生产内容和性质有关,同时也应符合建筑造型的一般原理。厂房的外观形象和生产功能、技术应用达到有机统一,给人以简洁、朴素、明朗、大方又富有变化的感觉。

1)体形组合

多层厂房的体形,一般由3个部分的体量组成:其一为主要生产部分;其二为生活、办公等辅助用房部分;其三为交通运输部分,包括门厅、楼梯、电梯和廊道等。

一般情况下,生产部分体量大,造型上起着主导作用;辅助部分体量小,它可组合在生产体量之内,又可突出于生产体量之外,这两种体量配合得当,可起到丰富厂房造型的作用。

图6.35将辅助体量组合在生产体量之中,强调造型的完整统一。图6.36将辅助体量突出于生产体量之外,强调造型的对比协调。

多层厂房交通运输部分,常将楼梯、电梯或提升设备组合在一起,利用其体量的高度,在构图上与主要生产部分形成强烈的横竖对比,改善墙面冗长的单调感,使整个厂房产生高大、挺拔、富有变化的效果(图6.37)。

图 6.35 辅助体量组合在生产体量之中

图 6.36 辅助体量组合在生产体量之外

图 6.37 利用交通运输体量丰富厂房造型

图 6.38 利用通风管道的规律布置做造型处理

此外,因生产的需要配置的各种管线设备等,也可形成多层厂房造型的独特风貌(图6.38)。

2) 墙面处理

多层厂房的墙面处理是立面造型设计中的一个主要部分,首先应根据厂房的采光、通风、结构、施工等各方面的要求,处理好墙面虚与实的关系。墙面虚与实的关系可以通过不同材质的对比形成,也可通过立面凹凸以及阴影效果产生(图 6.39)。

其次,多层厂房的墙面处理还应掌握不同的立面划分手法。一般常见的处理手法有:

①垂直划分,给人以庄重、挺拔的感受(图6.40)。

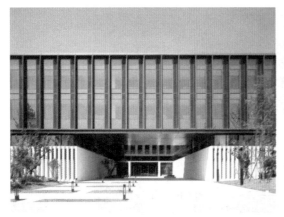

图 6.39　通过材质及阴影形成墙面的虚实对比　　　　　　图 6.40　墙面水平划分示例

　　②水平划分，外形简洁明朗、舒展大方（图 6.41）。

　　③混合划分，这种划分是上述两种划分的混合形式，要把握主次以取得生动、和谐的艺术效果（图 6.42）。

图 6.41　墙面垂直划分示例　　　　　　　　　　图 6.42　墙面混合划分示例

3）入口处理

　　多层厂房的入口在立面设计时应作重点处理。突出入口最常用的处理方法是，根据平面布置，结合门厅、门廊及厂房体量大小，采用门斗、雨篷、花格、花台等来丰富主要出入口（图 6.43）。也可把垂直交通枢纽和主要出入口组合在一起，在立面作竖向处理，使之与水平划分的厂房立面形成鲜明对比，以达到突出主要入口，使整个立面获得生动、活泼又富于变化的效果（图 6.44）。

图 6.43　入口处理示例 1　　　　　　　　　　图 6.44　入口处理示例 2

复习思考题

(1) 什么是工业建筑? 工业建筑的特点是什么?

(2) 工业建筑如何进行分类?

(3) 试绘简图说明装配式钢筋混凝土排架结构厂房的构件组成。

(4) 生产工艺对工业建筑平面设计的影响主要体现在哪几个方面?

(5) 试绘简图说明吊车有哪些种类。

(6) 什么是柱网? 确定柱网的原则是什么? 常用的柱距、跨度尺寸有哪些?

(7) 单层厂房生活间的组成内容有哪些? 布置方式有哪几种?

(8) 如何确定厂房高度? 室内外高差宜取值多少? 为什么?

(9) 天然采光的基本要求是什么? 有哪些种类?

(10) 自然通风的基本原理是什么? 通风天窗有哪些种类?

(11) 定位轴线的含义和作用是什么?

(12) 与单层厂房相比,多层厂房的特点是什么?

(13) 多层厂房内廊式和统间式平面布局有什么区别?

(14) 多层厂房柱网布置有哪几种类型?

(15) 多层厂房体形组合有什么特点?

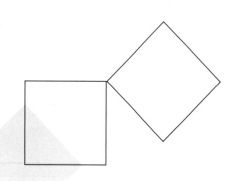

7 建筑构造概述

本章导读：

● **基本要求** 了解建筑构造的基本内容和任务；掌握房屋建筑的构造组成；了解建筑构造的影响因素和设计原则。

● **重点** 建筑的六大构造组成。

● **难点** 构造组成的三维图示。

建筑构造是研究建筑物的构造组成以及各部分构造原理和构造方法的学科，其任务是根据建筑的功能、材料、性能、受力、施工和艺术等要求选择合理的构造方案，作为建筑设计中综合解决技术问题和施工图设计的依据。

7.1 建筑物的构造组成

掌握房屋的构造组成。

建筑物一般由基础、墙或柱、楼盖及地坪、楼梯、屋顶和门窗等部分组成，如图7.1、图7.2所示。

建筑构造导学

房屋的构造组成

（1）基础

基础是房屋底部与地基接触的承重结构，它的作用是把房屋上部的荷载传给地基。因此，基础必须坚固、稳定而可靠。

（2）墙或柱

墙是建筑物的承重构件和围护构件。作为承重构件，其承受屋顶或楼盖传来的荷载，并传递给基础；作为围护构件，外墙需协调自然环境与室内环境的关系；内墙起着分隔空间并保证室内环境舒适的作用。因此，墙体应有足够的强度、稳定性和保温、隔热、隔声、防火、防水等能力。

柱是框架和排架结构的主要承重构件，承受屋顶、楼盖及吊车传来的荷载，它必须具有足够的强度和刚度。

（3）楼盖及地坪

楼盖是水平方向的承重结构，并分隔了各楼层空间。它支承人和家具设备等荷载，并传递给墙或柱。它应有足够的强度、刚度和隔声、防火、防水等性能。

地坪是房屋底部与地基土之间的分隔构件，应具有均匀传力、防潮等性能。

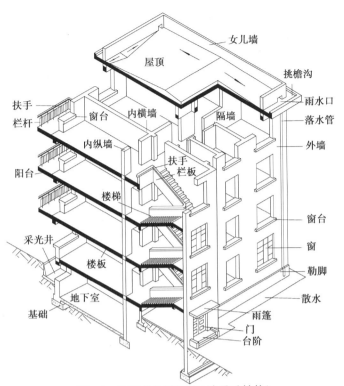

图 7.1　房屋的构造组成（墙承重结构）

建筑构
造组成

掌握房屋
的构造组
成。

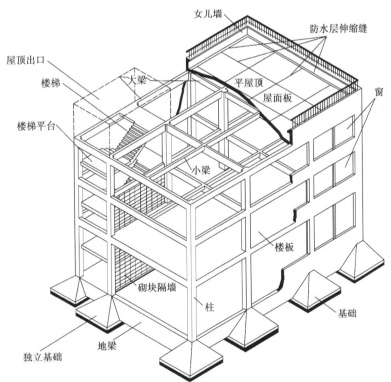

图 7.2　钢筋混凝土框架结构建筑构造组成

（4）楼梯

楼梯是房屋的垂直交通工具,并供紧急事故时人员疏散逃生使用。它应有足够的通行能力,并做到坚固、安全。

（5）屋顶

屋顶既是房屋顶部的围护构件,抵抗风、雨、雪的侵袭和太阳辐射热的影响,又是房屋的承重结构,承受各种荷载。它应坚固,防水并保温、隔热。

（6）门窗

门主要用作空间启闭、通行人流;窗主要用来采光和通风。处于外墙上的门窗又是围护体系的一部分,应考虑防水和热工要求。

除上述 6 部分外,还有一些附属部分,如阳台、雨篷、遮阳、台阶、坡道等。

7.2 影响因素和设计原则

7.2.1 影响建筑构造的因素

1）外界环境的影响

外界环境的影响是自然环境和人为因素影响的总和,主要体现在 3 个方面:

①外界作用力的影响:外力包括人、家具和设备的荷载,以及结构自重、风、雪、地震荷载等。荷载是选择结构类型和构造方案的重要依据。

②气候条件的影响:如日晒雨淋、风雪冰冻、地下水位等。对于这些影响,在构造上应考虑相应的防护措施,如保温隔热、防水防潮、防止变形等。

③人为因素的影响:如火灾、振动、噪声等影响。在建筑构造上需采取防火、防振和隔声的相应措施。

2）建筑技术的影响

建筑技术指材料技术、结构技术和施工技术等。随着这些技术的不断发展和变化,建筑构造也随之改变。同时,在建筑技术地域性特征显著的地区,应充分考虑当地技术条件进行建筑构造设计。

3）建筑标准的影响

造价标准、装修标准和设备标准与建筑构造关系密切。标准高的建筑,其装修质量好,设备齐全且档次高,造价也较高;反之,则较低。建筑构造的选材、选型和细部做法都按照建筑标准的高低来确定。

7.2.2 建筑构造的设计原则

影响建筑构造的因素较多,有时错综复杂的矛盾交织在一起,必须根据以下原则,分清主次和轻重,综合权衡利弊而求得妥善处理。

①坚固实用:在建筑构造上保证房屋的整体刚度,安全可靠,经久耐用。

②技术适宜:建筑构造设计在引入先进技术的同时,还应注意因地制宜。

③经济合理:综合材料、结构、施工等因素,在保证质量的前提下降低造价。

④美观大方:建筑构造设计要处理局部与整体的关系,注意细部的美学表达。

复习思考题

（1）建筑构造是一门什么样的学科?

（2）建筑物的基本构造组成有哪些? 它们的主要作用是什么?

（3）影响建筑构造的主要因素有哪些?

（4）建筑构造设计应遵循哪些原则?

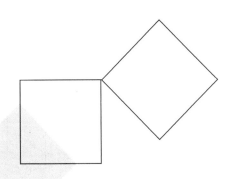

8 墙体和基础

> **本章导读：**
> - **基本要求**　熟悉墙体的分类和设计基本要求；掌握墙体保温的基本原理；熟悉砌体的材料选用、组砌方式和尺度；掌握墙体的各种细部构造；了解幕墙和隔墙构造；熟悉墙面装修的分类；掌握抹灰类装修的分类与应用；了解基础的基本概念；掌握地下室防水构造。
> - **重点**　墙体保温的基本原理，墙体的各种细部构造，抹灰类装修的分类与应用，地下室防水构造。
> - **难点**　墙体细部构造，地下室防水。

8.1　墙体类型及设计要求

墙体的类型　墙体的类型

8.1.1　墙体类型

熟悉墙体类型。

墙体按所处位置分为外墙和内墙，外墙位于房屋的四周，内墙位于房屋内部。墙体按布置方向又分为纵墙和横墙，沿建筑物长轴方向的墙为纵墙，短轴方向的墙为横墙，外横墙俗称山墙。根据墙体与门窗的位置关系，平面上窗洞口间的墙为窗间墙，立面上窗洞口之间的墙为窗下墙(图8.1)。

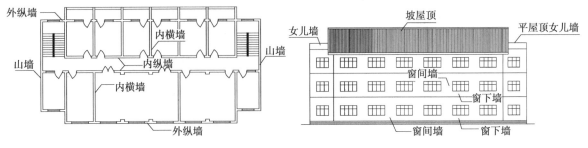

图 8.1　不同位置的墙体名称

在混合结构建筑中，墙体按受力方式分为承重墙和非承重墙。承重墙直接承受楼板或屋顶的荷载。非承重墙又分为自承重墙和隔墙，自承重墙不承受楼板和屋顶的荷载，但要承担上部墙体的荷载，并传给基础；隔墙不承受外来荷载，由楼板或小梁承担。

墙体按构造方式分为实体墙、空体墙和组合墙(图8.2)。实体墙由单一材料组成,如砖墙;空体墙可以由单一材料组砌成空斗砖墙,也可用具有孔洞的单一材料建造,如空心砌块墙;组合墙由两种及两种以上的材料组合,如各种保温墙体。

墙体按施工方法分为块材墙、板筑墙及板材墙。块材墙是用砂浆等胶结材料将砖石块材组砌而成,如砖墙、砌块墙等;板筑墙是现浇而成的墙体,如现浇混凝土墙;板材墙是预先制成墙板,安装组合而成的墙,如各种轻质条板隔墙和预制装配外墙。

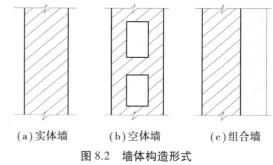

(a)实体墙　　(b)空体墙　　(c)组合墙

图8.2　墙体构造形式

8.1.2　墙体设计要求

切筑墙和板材墙　　墙承重结构布置方式

1)结构要求

(1)结构承重体系

混合结构中墙体承重分为横墙承重、纵墙承重、纵横墙承重3种体系(图8.3)。横墙承重体系是将楼板两端搁置在横墙上,纵墙为自承重墙。纵墙承重体系是以纵墙为承重墙,而横墙为自承重墙。前者适用于横墙较多且开间较小的建筑,如学生宿舍,该体系刚度较大,整体性好;后者的横墙较少,可以满足较大空间的要求,如教学楼,该体系刚度较弱,整体性差。将以上两种方式相结合,根据需要使部分横墙和纵墙共同作为承重墙,此体系适合平面变化较为丰富的建筑,称为纵横墙承重体系。

掌握墙承重结构布置方式。

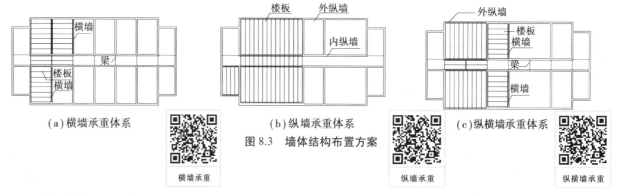

(a)横墙承重体系　　　　　　(b)纵墙承重体系　　　　　　(c)纵横墙承重体系

图8.3　墙体结构布置方案

横墙承重　　　　　纵墙承重　　　　　纵横墙承重

框架结构是以框架梁、柱组成的骨架为主要受力体系(图8.4)。框架梁承担楼板荷载并传递给框架柱,通过框架柱再传递给基础,最后传至地基。框架结构中的墙不承受荷载,称为框架填充墙。它只起围护和分隔空间的作用。

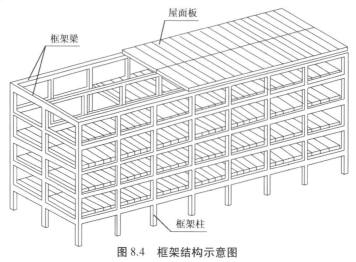

屋面板

框架梁

框架柱

图8.4　框架结构示意图

（2）结构基本要求

①强度要求。强度是指结构构件承受荷载的能力。强度不足必然导致结构的破坏。在混合结构中，承重砌体抗弯剪强度较低。在框架结构中，钢筋混凝土柱的抗弯剪强度较大。因此，不同的结构体系适应的房屋高度和层数不同。混合结构通常适用于多层建筑，而框架结构可用于多层和高层建筑。

②刚度要求。刚度是指结构构件抵抗变形的能力。刚度不足可造成结构的破坏，或者影响使用者的安全感。无论是承重砌体还是框架柱都要进行刚度计算，承重砌体要考虑高厚比的影响，而框架柱需考虑长细比的影响。

③抗震要求。在抗震设防地区，为了增加建筑物的抗震能力，需要采取结构加强措施。在混合结构中，需设置相互贯穿的圈梁和构造柱，以加强墙体抗弯剪能力。在框架结构中可设置剪力墙来增强结构的抗推能力。

2）功能要求

墙体作为围护构件应具有保温、隔热性能，还应满足隔声、防火、防潮等功能要求。

（1）保温要求

提高外墙保温能力，一般有 3 种做法：①在合理的范围内增加外墙厚度；②选用轻质多孔材料；③采用组合墙，解决保温和承重双重问题。同时，应防止外墙中出现凝结水。应在保温层温度较高的一侧设置隔汽层，阻止水蒸气进入墙体，隔汽层常用卷材、防水涂料或薄膜等材料（图 8.5）。此外，还应防止外墙出现空气渗透，一般选择密实度高的墙体，并加强构配件间的缝隙处理等。

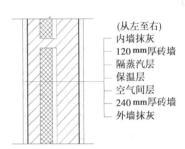

（从左至右）
内墙抹灰
120 mm 厚砖墙
隔蒸汽层
保温层
空气间层
240 mm 厚砖墙
外墙抹灰

图 8.5　隔蒸汽层的设置

（2）隔声要求

墙体隔声一般有以下措施：①加强墙体和门窗的密缝处理；②增加墙体密实性及厚度；③采用有空气间层或多孔性材料的夹层墙；④在可能的情况下，可利用垂直绿化降噪。

（3）其他方面的要求

①防火要求：应选择燃烧性能和耐火极限符合防火规范规定的材料和构造。

②防水要求：在卫生间、厨房、实验室等有水的房间及地下室的墙应采取防水措施。

8.2　砌体构造

砌体是用砂浆等胶结材料将砖石块材组砌而成，如砖墙、石墙及各种砌块墙等。砌体通常具有较好的保温、防火、隔声性能和一定的承载力，其生产制造及施工操作简单，但现场湿作业多、施工速度慢、劳动强度大。

8.2.1　砌体材料

（1）常用块材

常用块材分为砖和砌块，砌块的尺寸通常比砖大，其主规格的高度通常大于 115 mm。

砖的种类很多，从材料上看有黏土砖、页岩砖、灰砂砖、粉煤灰砖、炉渣砖等；从断面上看，有实心砖、多孔砖和空心砖；从生产工艺上看有烧结砖、蒸压砖等。常用砖的种类及规格见表 8.1。

表8.1　常用砖的尺寸规格标准　　　　单位:mm

类　别	名　称	规格(长×宽×厚)
实心砖	烧结普通砖	主砖规格:240×115×53
		配砖规格:175×115×53
	蒸压粉煤灰砖	240×115×53
空心砖	蒸压灰砂砖	实心砖:240×115×53
		空心砖:240×115×(53,90,115,175)
	烧结空心砖	290×190(140)×90
		240×180(175)×115
多孔砖	烧结多孔砖	P型:240×115×53
		M型:190×190×90

砖的强度等级是依据其抗压强度来确定的,单位为 N/mm²,分为 MU30、MU25、MU20、MU15和 MU10。

砌块按其主规格的高度分为小型砌块(115~380 mm)、中型砌块(380~980 mm)和大型砌块(>980 mm)。我国通常采用中、小型砌块。砌块按其断面形状分为空心和实心砌块。

常用砌块的种类有普通混凝土小型空心砌块、轻集料混凝土小型空心砌块、加气混凝土砌块和石膏砌块等。其中,混凝土小型空心砌块可作为承重砌体使用,强度等级分为 MU25、MU20、MU15、MU10、MU7.5。常用砌块的种类及规格见表8.2。

(2)胶结材料

胶结材料主要用于块材粘结并使之均匀传力,同时还起着嵌缝作用,能提高防寒、隔热和隔声的能力。主要的胶结材料是砂浆,砌筑砂浆要求有一定的强度和好的和易性。

表8.2　常用砌块的尺寸规格与特点　　　　单位:mm

名　称	规格(长×宽×厚)		备　注	适用范围及特点
普通混凝土与装饰混凝土小型空心砌块	190系列	390(290,190)×190×190	括号内尺寸为辅助块尺寸	分为承重和非承重砌块
	90系列	390(290,190)×190×90		
轻集料混凝土小型空心砌块	主规格	390×190×190	其他规格尺寸可由供需双方商定	用于建筑内隔墙和框架填充墙
粉煤灰小型空心砌块	主规格	390×190×190		应用范围可参照普通混凝土小型空心砌块,强度较低的用于非承重结构和非承重保温结构
蒸压加气混凝土砌块	600×100(125,150,175,200,250,300;120,180,240)×200(250,300)			质轻、保温、防火;可锯、可刨、加工性能好;主要用于外填充墙和非承重内墙,可与其他材料组合成为具有保温隔热功能的复合墙体,但不宜用于最外层
石膏砌块	600(800)×500×60(80,90,100,110,120,150)			

常用砌筑砂浆有水泥砂浆和混合砂浆。水泥砂浆强度高、防潮性能好,普遍采用,特别适用于受力和防潮要求高的砌体中;混合砂浆有一定强度且和易性好,使用也较为广泛。

砂浆的强度等级也是依据其抗压强度来确定的,单位为 N/mm^2,分为 M30、M25、M20、M15、M10、M7.5、M5。

8.2.2　组砌方式

组砌是指砌块在砌体中的排列。组砌的要求是横平竖直,砂浆饱满,避免通缝。上下砌块间的水平缝称为横缝,左右砌块间的垂直缝称为竖缝。避免通缝就是指组砌时应让竖缝交错,保证砌体的整体性。

砖墙的组砌中,把砖的长方向垂直于墙面砌筑的砖称为丁砖,把砖的长方向平行于墙面砌筑的砖称为顺砖。砌筑砂浆的厚度一般为 10 mm,允许的公差范围为 8~12 mm。普通黏土砖墙常用的组砌方式如图 8.6 所示。

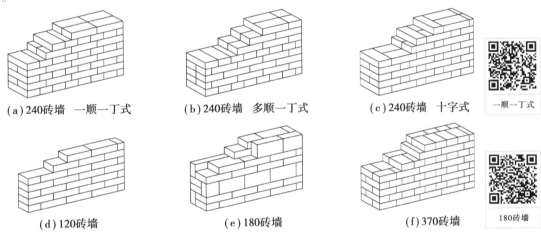

(a)240砖墙　一顺一丁式　　　(b)240砖墙　多顺一丁式　　　(c)240砖墙　十字式

(d)120砖墙　　　　　　　(e)180砖墙　　　　　　　(f)370砖墙

图 8.6　砖墙组砌方式

砌块组砌与砖墙不同的是:由于砌块规格较多、尺寸较大,为保证错缝以及砌体的整体性,应先做排列设计。砌块的排列组合如图 8.7 所示。蒸压加混凝土砌块搭砌长度不应小于砌块长度的 1/3;轻骨料混凝土小型空心砌块搭砌长度不应小于 90 mm。当组砌出现通缝或错缝距离不足时,应在通缝处的横缝中加钢筋网片,拉结成整体,如图8.8所示。

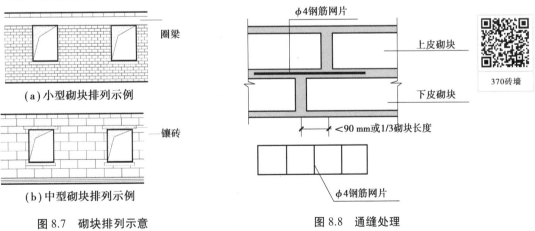

(a)小型砌块排列示例

(b)中型砌块排列示例

图 8.7　砌块排列示意

图 8.8　通缝处理

8.2.3 砌体尺度

砌体尺度主要指厚度和长度两个方向的尺寸。除应满足结构和功能要求之外，砌体尺度还需符合块材的规格。根据块材尺寸和数量，再加上灰缝，可组成不同的墙厚和墙段。

砌体厚度主要由块材和灰缝的尺寸组合而成，常见砖墙厚度见表8.3。砌体长度是指窗间墙、转角墙等部位墙体的长度。以烧结普通砖(240 mm×115 mm×53 mm)为例，其长度尺寸按照(115+10)mm为模数进行计算。

此外，砌体上的门窗等洞口尺寸与砌体尺寸有关，门窗洞口尺寸应按模数协调统一标准制定，当与砌体尺寸发生矛盾时应尽量合理组砌，以减少砌块消耗。

8.2.4 细部构造

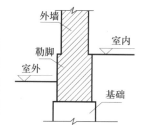
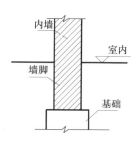

块材墙的细部构造(一) 　块材墙的细部构造(二)

掌握块材墙细部构造。

砌体的细部构造包括墙脚构造、门窗洞口构造、加固措施及变形缝构造等。

1) 墙脚构造

墙脚是指室内地面以下，基础以上的这段砌体。内外墙都有墙脚，外墙的墙脚又称勒脚。墙脚的位置如图8.9所示。由于墙脚所处的位置常受土壤和地表水的侵蚀，可能导致墙身受潮、饰面层脱落。因此，必须做好墙脚防潮，增强勒脚耐久性，并排除房屋四周的地面水。

（1）墙身防潮

图 8.9　墙脚位置

掌握墙身防潮构造方法。

墙身防潮的方法是在墙脚铺设防潮层，防止土壤和地表水渗入墙体。防潮层根据其位置又分为水平防潮层和垂直防潮层。

水平防潮层的位置应位于地坪的垫层范围内，因为地坪的垫层通常采用混凝土，混凝土具有较好的防潮性能。根据地坪的构造层次及厚度，水平防潮层通常低于室内地坪60 mm。当内墙两侧地面出现高差时，应在墙身内设高低两道水平防潮层，并在靠土壤一侧加设垂直防潮层。墙身防潮层的设置位置如图8.10所示。

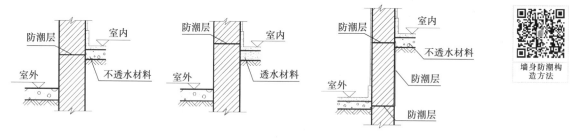

图 8.10　墙身防潮层的设置

墙身防潮层的构造做法常用的有以下两种：①防水砂浆防潮层，采用1∶2水泥砂浆加3%~5%防水剂，厚度为20~25 mm或用防水砂浆砌3皮砖做防潮层；②细石混凝土防潮层，采用60 mm厚的细石混凝土带，内配3根$\phi6$钢筋。

如果墙脚采用不透水材料(如条石或混凝土等)，或设有钢筋混凝土地圈梁时，可以不设防潮层。

（2）勒脚构造

勒脚是外墙的墙脚，它和内墙脚一样应做防潮层。同时，因受地表水及外力的影响还需坚固耐久。此外，勒脚的高度、色彩和材质应结合建筑造型的要求。勒脚的构造做法通常有以下几种(图8.11)：①采用20 mm厚1∶3水泥砂浆或水刷石、斩假石抹面；②采用天然石材或人工石材贴面；③采用条石、混凝土等坚固材料。

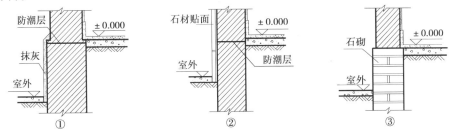

图 8.11 勒脚构造做法

（3）排水措施

房屋四周可采取散水或明沟排除雨水。散水的做法通常是在素土夯实上，铺三合土、混凝土等材料，厚度 60~70 mm。散水应设不小于3%的排水坡，宽度 0.6~1.0 m。散水与外墙交接处应设分格缝并用弹性材料嵌缝，防止外墙下沉时将散水拉裂（图 8.12）。明沟的构造做法如图 8.13 所示，可用砖砌、石砌、混凝土现浇，沟底应做纵坡，坡度为 0.5%~1%，坡向窨井。外墙与明沟之间应做散水。

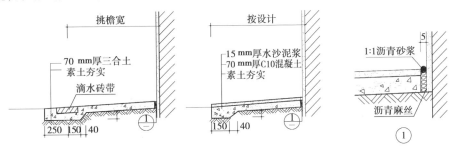

图 8.12 散水构造做法

散水的构造方法

掌握散水的构造方法。

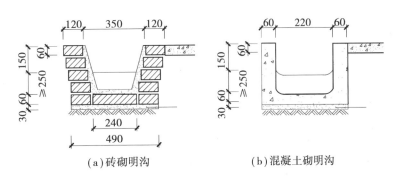

（a）砖砌明沟 （b）混凝土砌明沟

图 8.13 明沟构造做法

2）门窗洞口构造

（1）门窗过梁

过梁用于支承门窗洞口上砌体的荷载，承重墙上的过梁还要支承楼板荷载。根据材料和构造方式不同，过梁主要有钢筋混凝土过梁、钢筋砖过梁和平拱砖过梁。

钢筋混凝土过梁（图 8.14）承载力强，最为常用。过梁宽度一般同墙厚，高度按结构计算确定，但应配合砌块的规格，过梁两端的支承长度一般不小于 240 mm。在立面中有不同形式的窗，如带窗套或带窗楣的窗，过梁的形式应配合处理。

钢筋砖过梁（图 8.15）是在洞口顶部砌体内配置钢筋，钢筋直径 6 mm，间距不大于120 mm，高度需计算确定。钢筋伸入两端墙内不小于 240 mm，底面抹灰厚度不小于 30 mm。钢筋砖过梁施工较麻烦，仅适用于宽度不大于 1.5 m 的洞口。

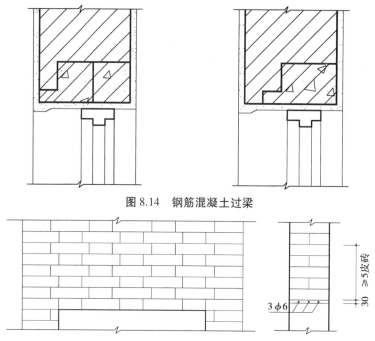

图 8.14 钢筋混凝土过梁

图 8.15 钢筋砖过梁

平拱砖过梁(图 8.16)是将砖侧砌而成,高度不小于 240 mm,灰缝上宽下窄,使砖相互挤压形成拱的作用。平拱砖过梁节省了钢筋、水泥,但仅适用于宽度不大于 1.2 m 的洞口。

钢筋砖和平拱砖过梁不适用于有较大振动荷载或可能产生不均匀沉降的房屋。

掌握窗台的构造方法。

(2)窗台

窗台的作用是排除沿窗面流下的雨水,防止其渗入墙身或沿窗缝渗入室内,同时避免污染外墙面。外墙面采用面砖贴面时,墙面可让雨水冲洗干净,也可不设挑窗台。

窗台可用砖砌挑出,也可采用钢筋混凝土窗台(图 8.17)。悬挑窗台向外出挑 60 mm,可平砌和侧砌,每边应超过窗宽 120 mm。窗台表面应做一定排水坡度,挑窗台下做滴水槽或斜抹水泥砂浆,引导雨水垂直下落不致影响窗下墙面。

墙体的细部构造窗台

图 8.16 平拱砖过梁

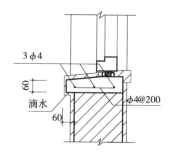

图 8.17 预制混凝土窗台

掌握墙身加固措施。

熟悉内垛和壁柱的作用。

3)加固措施

(1)门垛和壁柱

在砌体上开设门洞,特别是在砌体转折处,应设门垛,以保证砌体的稳定性,并便于门框安装。当砌体受到集中荷载时,常增设壁柱,使之与砌体共同承担荷载并增强稳定。门垛和壁柱的尺寸应符合砌块规格。门垛和壁柱的设置如图 8.18 所示。

门垛和壁柱

(2)圈梁

掌握圈梁的构造做法。

圈梁是沿砌体布置的卧梁,作用是增强砌体结构的整体性,减轻地基不均匀沉降和地震对房屋的影响。圈梁设在房屋四周外墙及部分内墙中,每层圈梁必须封闭交圈,若遇标高不同的洞口,应上下搭接(图 8.19)。圈梁设置的位置及数量应根据抗震设防要求进行。

圈梁的构造做法

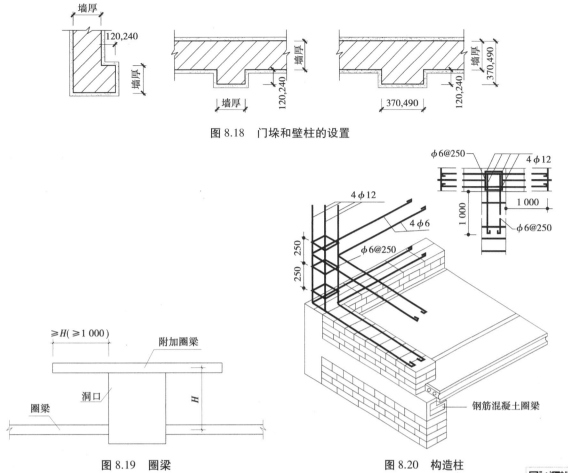

图 8.18　门垛和壁柱的设置

图 8.19　圈梁

图 8.20　构造柱

构造柱

圈梁有钢筋混凝土和钢筋砖圈梁两种。钢筋混凝土圈梁整体刚度强,应用广泛。圈梁可与门窗过梁统一考虑,有时可代替门窗过梁。

（3）构造柱

掌握构造柱的构造做法。

抗震设防地区,为了增强砌体结构的整体性,需设置钢筋混凝土构造柱,使之与各层圈梁连接,形成骨架,加强砌体抗弯剪能力。构造柱的设置部位通常有外墙四角、错层部位横墙与外纵墙交接处、较大洞口两侧、大房间内外墙交接处、楼（电）梯间四角等。

构造柱必须先砌墙、后浇柱,构造柱与砌体连接处砌成马牙槎（图 8.20）。构造柱可不单独设基础,但应伸入室外地面下 500 mm,或锚入浅于 500 mm 地圈梁内。

（4）芯柱

当采用混凝土空心砌块时,应在房屋四大角、外墙转角、楼梯间四角设芯柱。芯柱用强度不低于 C20 的细石混凝土填入砌块孔中,并在孔中插入通长钢筋。

变形缝设置原因与方法

伸缩缝设置原则

伸缩缝构造

4）变形缝构造

熟悉变形缝设置的原因和方法。

由于温度变化、地基不均匀沉降和地震因素的影响,易使建筑物发生裂缝或破坏,故在设计时应事先将房屋划分成若干个独立的部分,使各部分能自由的变化。这种将建筑物垂直分开的预留缝称为变形缝。变形缝包括温度伸缩缝、沉降缝和防震缝 3 种。

掌握伸缩缝设置原则和构造方法。

伸缩缝是为防止建筑构件因温度变化、热胀冷缩使房屋出现裂缝或破坏,沿建筑物长度方向相隔一定距离预留的垂直缝。伸缩缝的最大间距与结构类型及楼盖、屋盖类型有关,一般为 45～60 mm。除基础外,伸缩缝将房屋其他构件完全断开,因为基础埋于地下,受气温影响较小,不必断开。伸缩缝的宽度一般为 20～30 mm。

沉降缝是为防止建筑物各部分由于不均匀沉降引起房屋破坏所设置的垂直缝。沉降缝将房屋从基础到屋顶全部构件断开。需设置沉降缝的情况有：①建筑物位于不同种类的地基土壤上，或在不同时间内修建的房屋各连接部位；②建筑物形体比较复杂，在建筑平面转折部位和高度、荷载有很大差异处。沉降缝的宽度与地基有关，一般地基条件下，沉降缝宽度为30~70 mm，在软弱地基上缝宽需适当增加。

防震缝是为减轻不规则体形对房屋抗震性能的不利影响，将建筑物分割为若干规则单元的垂直缝。防震缝的设置需通过结构分析确定，并同伸缩缝和沉降缝协调布置，做到一缝多用，宽度则应符合防震缝的要求。防震缝的宽度也需通过结构计算确定，它与地震烈度、建筑高度成正比，与结构刚度成反比。

防震缝构造方法

掌握防震缝构造方法。

尽管设置的原因不同，但3种缝的构造基本相同。其原理是将建筑构件全部断开，以保证缝两侧自由变形。墙体变形缝因位置不同、缝宽不同，构造处理也不相同，如图8.21所示。

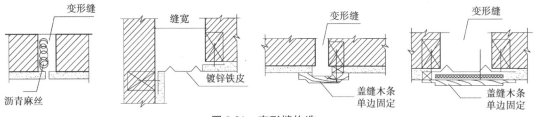

图8.21　变形缝构造

8.3　幕墙构造

幕墙是以板材形式悬挂于主体结构上的外墙，犹如悬挂的幕而得名。幕墙构造具有如下特征：幕墙不承重，但要承受风荷载，通过连接件将自重和风荷载传给主体结构。幕墙装饰效果好，安装速度快，是外墙轻型化、装配化的理想形式。按面板材料的不同，常见的幕墙种类有玻璃幕墙、铝板幕墙、石材幕墙等(图8.22)。

图8.22　各类幕墙外观

8.3.1　玻璃幕墙

玻璃幕墙根据其承重方式不同分为框支承玻璃幕墙、全玻幕墙和点支承玻璃幕墙，如图8.23所示。框支承玻璃幕墙造价低，是使用最为广泛的玻璃幕墙。全玻幕墙通透、轻盈，常用于大型公共建筑。点支承玻璃幕墙不仅通透，而且展现了精美的结构，发展十分迅速。

图8.23　各类玻璃幕墙外观

1）框支承玻璃幕墙

框支承玻璃幕墙是指玻璃面板周边由金属框架支承的玻璃幕墙。按其构造方式可分为：明框玻璃幕墙、隐框玻璃幕墙、半隐框玻璃幕墙（图 8.24）。明框幕墙玻璃的安装类似窗玻璃的安装，将玻璃嵌入金属框内，因而将金属框暴露。隐框幕墙需制作玻璃板块，将玻璃和铝合金附框用结构胶粘结，最后采用压块或挂钩的方式与立柱、横梁连接。半隐框幕墙通常是在隐框幕墙的基础上，加上竖向或横向的装饰线条构成。明框、隐框和半隐框玻璃幕墙可以形成不同的立面效果，可根据建筑设计的总体考虑进行选择。

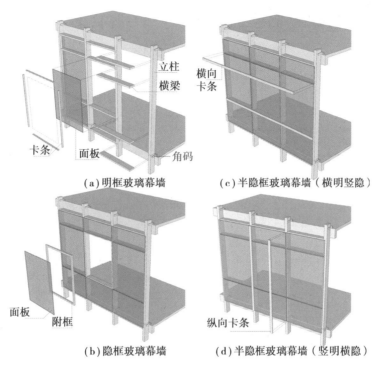

（a）明框玻璃幕墙　　**（c）半隐框玻璃幕墙（横明竖隐）**

（b）隐框玻璃幕墙　　**（d）半隐框玻璃幕墙（竖明横隐）**

图 8.24　框支承玻璃幕墙解析图

框支承玻璃幕墙按其安装施工方法又可分为构件式玻璃幕墙、单元式玻璃幕墙（图 8.25、图 8.26）。构件式玻璃幕墙造价低，对施工条件要求不高，应用广泛。单元式玻璃幕墙安装速度快，工厂化程度高，质量容易控制，是幕墙设计施工发展的方向。

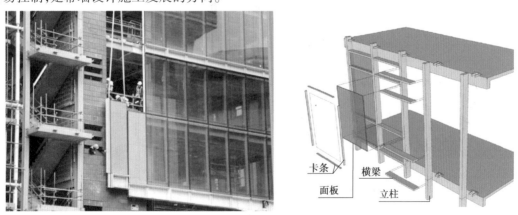

图 8.25　构件式玻璃幕墙解析及实例

2）全玻幕墙

全玻幕墙是由玻璃肋和玻璃面板构成的玻璃幕墙（图 8.27）。肋玻璃垂直于面玻璃设置，以加强面玻璃的刚度。肋玻璃与面玻璃可采用结构胶黏结，也可以通过不锈钢爪件驳接。全玻幕墙的玻璃固定有

幕墙单元

图 8.26　单元式玻璃幕墙解析及实例

下部支承式和上部悬挂式两种方式。当幕墙的高度不太大时,可用下部支撑的非悬挂系统;当高度更大时,为避免面玻璃和肋玻璃在自重作用下因变形而失去稳定,需采用悬挂的支撑系统。

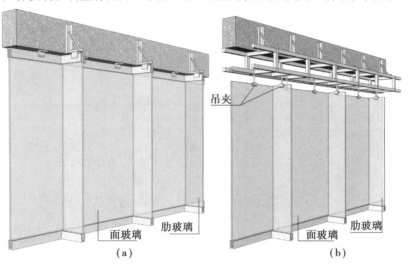

面玻璃　肋玻璃
（a）

吊夹
面玻璃　肋玻璃
（b）

图 8.27　全玻璃幕墙解析图

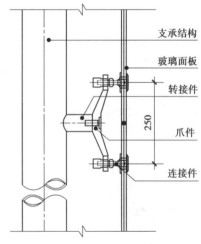

支承结构
玻璃面板
转接件
250
爪件
连接件

图 8.28　点支承玻璃幕墙示意图

3）点支承玻璃幕墙

点支承玻璃幕墙是由玻璃面板、支承装置和支承结构构成的玻璃幕墙(图 8.28)。其中,支承结构可分为杆件体系和索杆体系两种。杆件体系是由刚性构件组成的结构体系,索杆体系是由拉索、拉杆和刚性构件等组成的预拉力结构体系。支承装置由爪件、连接件以及转接件组成,常采用不锈钢制作。玻璃面板形状通常为矩形,采用四点支承,根据情况也可采用六点支承,对于三角形玻璃面板可采用三点支承。

8.3.2 石材幕墙

石材幕墙一般采用框支承结构,根据石材面板的连接方式不同,可分为钢销式、槽式和背栓式等(图8.29)。钢销式连接需在石材的上下两边或四边开设销孔,石材通过钢销及连接板与幕墙骨架连接,它开孔方便,但受力不合理,容易出现应力集中导致石材局部破坏,因而使用受到限制。槽式连接需在石材的上下两边或四边开设槽口,与钢销式连接相比,它的适应性更强。背栓式连接在面板背部开孔,改善了面板的受力,孔中插入不锈钢背栓,并扩胀使之与石板紧密连接,然后通过连接件与幕墙骨架连接。

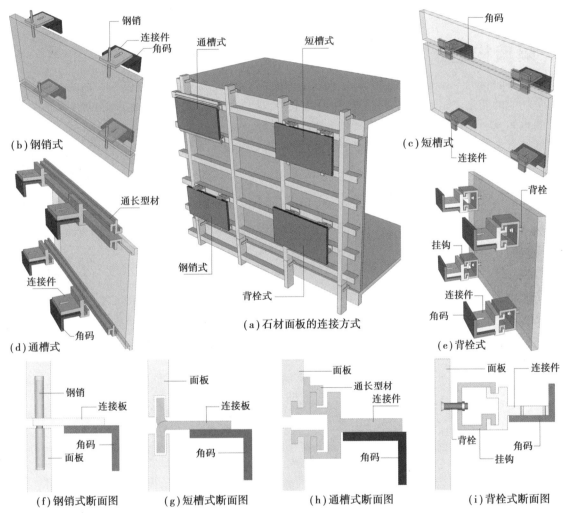

图 8.29 石材幕墙解析图

8.3.3 铝板幕墙

铝板幕墙也采用框支承结构,也需要制作铝板板块。铝板板块通过铝角与幕墙骨架连接(图 8.30)。板块由加劲肋和面板组成,加劲肋常采用铝合金型材,设置在铝板背面周边及中部。面板与加劲肋之间通常的连接方法有铆接、电栓焊接、螺栓连接以及化学粘接等。为了方便板块与骨架体系的连接,需在板块的周边设置铝角,它一端常通过铆接方式固定在板块上,另一端采用自攻螺丝固定在骨架上。

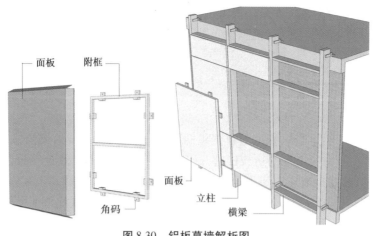

图 8.30　铝板幕墙解析图

8.4　隔墙构造

隔墙是分隔室内空间的非承重构件。在现代建筑中,为了提高平面布局的灵活性,大量采用隔墙以适应建筑功能的变化。隔墙的构造设计应考虑自重轻、厚度薄、便于拆卸并具有较好的隔声能力,对有特殊要求的房间,应具有防火、防潮、防水等性能。

隔墙按其构造方式可分为块材隔墙、轻骨架隔墙、板材隔墙 3 大类。

砌块隔墙　　隔墙构造

8.4.1　块材隔墙

块材隔墙的材料和构造与砌体类似,但厚度较薄。普通砖隔墙是传统做法,其中半砖隔墙最为常用。半砖隔墙采用普通砖顺砌,砖的强度等级不应小于 MU10,砌筑砂浆强度等级应大于 M5。当墙体高度超过 5 m 时应采取加固措施,通常沿墙体高度每隔 0.5 m 砌入 2 根 $\phi6$ 钢筋,拉结长度不小于 500 mm,顶部与楼板相接处用立砖斜砌(图 8.31)。

熟悉块材隔墙构造做法。

图 8.31　半砖隔墙构造示意

随着墙材的改革,越来越多的隔墙采用轻质块材,如石膏砌块、加气混凝土砌块等。图8.32为石膏砌块隔墙示意。

120

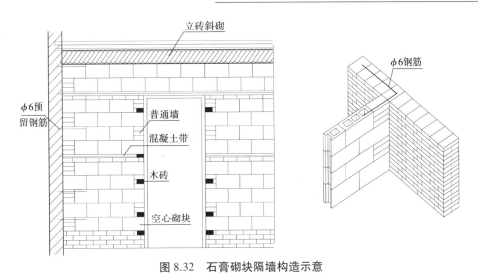

图 8.32 石膏砌块隔墙构造示意

8.4.2 轻骨架隔墙

轻骨架隔墙由骨架和面板两部分组成。

骨架主要有木骨架、轻钢骨架和铝合金骨架。图 8.33 为一种轻钢骨架隔墙,骨架由横、竖龙骨组成,竖龙骨主要受力,横龙骨加强稳定。龙骨采用薄壁型钢制作,厚度常有 0.6,0.8,1.0 mm 共 3 种规格。龙

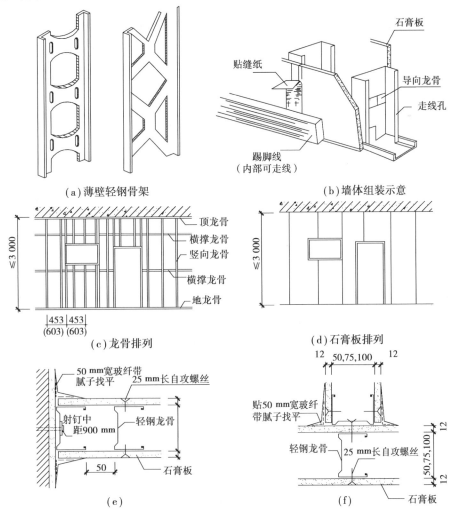

（a）薄壁轻钢骨架

（b）墙体组装示意

（c）龙骨排列

（d）石膏板排列

（e）

（f）

图 8.33 轻钢骨架隔墙示意

骨与楼板、墙、柱交接时,采用射钉或膨胀螺栓固定,间距不大于600 mm,且距龙骨端部不大于50 mm。龙骨与楼板、墙、柱间宜铺设密封材料,如橡胶条、玻璃棉垫等,保证墙体的隔声效果。竖龙骨常用间距有300,400,600 mm。横龙骨间距应和面板规格协调。隔墙高度>3 000 mm时,宜每隔1 200 mm左右加设贯通龙骨一道。

面板一般采用各种人造板材,常用的有木质胶合板、石膏板、硅酸钙板、水泥纤维板等。木质板材常用规格有24 400 mm×1 220 mm,厚度为3,4,5,7 mm。石膏板的规格主要是3 000 mm×1200 mm,厚度为12,15 mm。硅钙板和水泥纤维板的规格主要是2 440 mm×1 220 mm或2 980 mm×1 220 mm,厚度有6,8,10,12,15 mm等规格。

根据使用需要,可单面也可双面安装面板。双面安装面板时,可在两层板材中间填入矿棉、玻璃棉等材料,以提高隔墙的隔声、防火等性能。

8.4.3　板材隔墙

板材隔墙是指采用各类轻质条板,不依赖骨架,直接装配而成的隔墙。其主要使用的轻质条板有GRC板、石膏条板、轻混凝土条板、泡沫水泥条板等。常用规格为(2 400~2 700) mm×600 mm×60 mm,(2 400~3 000) mm×600 mm×(90,120) mm,断面形式分空心和实心两类。板材墙体厚度应满足建筑防火、隔声、隔热等功能要求。板材隔墙用作分户墙时,厚度不小于120 mm;用作户内分隔墙时,厚度不小于90 mm。

由于条板高度有限,当隔墙较高时,允许接板(图8.34)。接板应采用错缝连接,错缝距离≥500 mm。隔墙高度应满足以下要求:60 mm厚时为3.0 m,90 mm厚时为3.6 m,100 mm厚时为3.9 m,120 mm厚时为4.2 m,200 mm厚时为4.8 m。当隔墙长度超过6 m时,需设置钢筋混凝土或型钢构造柱(图8.35)。

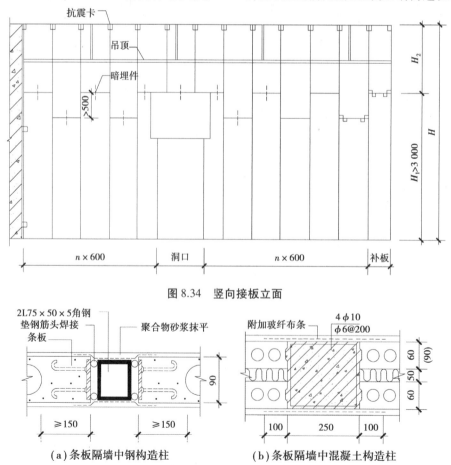

图8.34　竖向接板立面

(a)条板隔墙中钢构造柱　　(b)条板隔墙中混凝土构造柱

图8.35　墙构造柱示意图

条板在安装时,使用撬棍将条板底部撬起,用对口木楔将板底楔紧,与结构连接的上端用黏结材料黏结,下端用细石混凝土填实(图 8.36)。

(a)条板与结构梁板连接(非抗震)　　(b)条板与结构梁板连接(抗震)

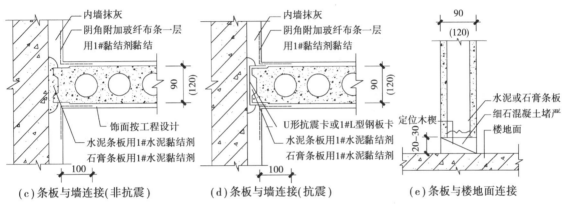

(c)条板与墙连接(非抗震)　　(d)条板与墙连接(抗震)　　(e)条板与楼地面连接

图 8.36　轻质条板隔墙构造连接

8.5　墙面装修

墙面装修对建筑艺术效果和美化环境有很重要的作用,还具有保护墙体和改善热工的功能。墙面装修分外墙面装修和内墙面装修两大类,按施工做法又分为抹灰类、涂料类、贴面类、钉挂类和裱糊类 5 类。裱糊类装修用于内墙面,其他类别的装修内外墙面均可采用。

8.5.1　抹灰类

抹灰是用砂浆涂抹在房屋构件表面上的装修做法,其材料来源广泛、施工简便、造价低。它既是其他类别装修的基层,也可通过工艺改变获得装饰效果,作为装修面层,应用广泛。

1)组成及标准

为保证抹灰质量,做到表面平整、黏结牢固、避免开裂,抹灰须分层操作,一般分为底灰、中灰、面灰 3 层(图 8.37)。底灰又名刮糙,作用是黏结和初步找平。中灰的作用是进一步找平。面灰是抹灰的罩面,要求平整、均匀、无裂痕,应注意的是面灰上的刷浆、喷涂或其他涂料饰面不是面灰。

抹灰按质量要求和主要工序划分为两个等级(表 8.3)。其中,高级抹灰适用于重要公共建筑,普通抹灰适用于住宅和一般公共建筑。

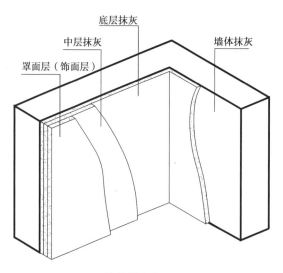

图 8.37 墙体抹灰饰面构造层次

表 8.3 抹灰的两种标准

层次 等级	底 灰	中 灰	面 灰	总厚度
普通抹灰	1层	1层或无	1层	≥20 mm
高级抹灰	1层	数层	1层	≥25 mm

2）种类、做法和应用

抹灰按照面层材料及做法分为一般抹灰和装饰抹灰。一般抹灰是采用涂抹做法。装饰抹灰是在面灰中加入骨料采用刷、磨、斩等做法，获得装饰效果。一般抹灰常用水泥砂浆、混合砂浆、石灰砂浆、纸筋石灰浆、麻刀石灰浆等，常用抹灰的构造层次见表 8.4。

表 8.4 常用一般抹灰做法及选用表 单位：mm

部 位		底 层		中 层		面 层		总厚度
		砂浆种类	厚度	砂浆种类	厚度	砂浆种类	厚度	
内墙面	砖墙	石灰砂浆 1:3	6	石灰砂浆 1:3	10	纸筋灰浆/普通级做法 1 遍；中级做法 2 遍；高级做法 3 遍，最后一遍用滤浆灰。高级做法厚度为 3.5	2.5	18.5
	砖墙（高级）	混合砂浆 1:1:6	6	混合砂浆 1:1:6	10		2.5	18.5
	砖墙（防潮）	水泥砂浆 1:3	6	水泥砂浆 1:3	10		2.5	18.5
	混凝土	混合砂浆 1:1:6	6	混合砂浆 1:1:6	10		2.5	18.5
	加气混凝土	水泥砂浆 1:3	6	水泥砂浆 1:2.5	10		2.5	18.5
		混合砂浆 1:1:6	6	混合砂浆 1:1:6	10		2.5	18.5
	钢丝网板条	石灰砂浆 1:3	6	石灰砂浆 1:3	10		2.5	18.5
		水泥纸筋砂浆 1:3:4	8	水泥纸筋砂浆 1:3:4	10		2.5	20.5
外墙面	砖墙	水泥砂浆 1:3	8～6	水泥砂浆 1:3	8	水泥砂浆 1:2.5	10	24～26
	混凝土	混合砂浆 1:1:6	8～6	混合砂浆 1:1:6	8	水泥砂浆 1:2.5	10	24～26
		水泥砂浆 1:3	8～6	水泥砂浆 1:3	8	水泥砂浆 1:2.5	10	24～26
	加气混凝土	107 胶溶液处理	—	5%107 胶水泥刮腻子	—	混合砂浆 1:1:6	8～10	8～10

在外墙面抹灰中，为施工接茬、立面划分并适应抹灰胀缩，须采用木材、塑料和不锈钢做引条。先用砂浆固定引条，后抹灰，施工完后及时取下引条，形成凹线（图 8.38）。

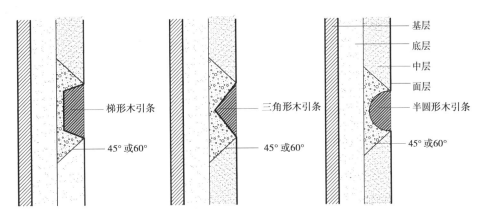

底层
中层
面层

梯形木引条
三角形木引条
半圆形木引条

基层
底层
中层
面层

45°或60°
45°或60°
45°或60°

图 8.38　抹灰面的引条做法

3) 装饰抹灰

装饰抹灰常用的有水刷石、斩假石、干黏石等,主要用于外墙面装修。装饰抹灰以水泥为胶结材料,以石碴为骨料做成水泥石碴浆作为抹灰面层,然后用水洗、斧剁等方法除去表面水泥浆皮,或者在水泥砂浆面上甩黏小粒径石碴,使饰面显露出石碴的颜色、质感,具有丰富的装饰效果。常用石碴类装饰抹灰构造层次见表 8.5。

表 8.5　常用石碴类装饰抹灰做法及选用表

种　类	做法说明	厚度(mm)	适用范围	备　注
水刷石	底:1:3 水泥砂浆 中:1:3 水泥砂浆 面:1:2 水泥白石子用水刷洗	7 5 10	主要适用于外墙、窗套、阳台、雨篷、勒脚等部位的饰面	用中 8 厘石子,当用小 8 厘石子时比例为1:1.5,厚度为 8
干粘石	底:1:3 水泥砂浆 中:1:1:1.5 水泥石灰砂浆 面:刮水泥浆,干粘石压平实	10 7 1	主要适用于外墙装修	石子粒径 3~5 mm,做中层时按设计分格
斩假石	底:1:3 水泥砂浆 中:1:3 水泥砂浆 面:1:2 水泥白石子用斧斩	7 5 12	主要用于外墙局部加门套、勒脚等装修	

8.5.2　涂料类

涂料类饰面是在木基层或抹灰表面上喷、刷、抹、滚涂层的饰面装修。涂料饰面通过膜层起到保护和装饰墙面的作用,根据需要可以配置各种色彩和质感。涂料饰面施工简单、工期短、效率高、维修更新方便,应用较为广泛,但其耐久性较差,对环境要求较高。

涂料饰面的施工一般分为底涂、中涂和面涂几个层次。底涂增加与基层的黏结力,并封闭基层,避免返潮和泛碱;中涂有补强作用,提高膜层的耐久性,也是装饰涂料的造型部分;面涂的作用主要是美观和保护。

涂料按其性状可分为溶剂型涂料、水溶性涂料、乳液型涂料和粉末涂料等;按其主要成膜物质可分为有机系涂料、无机系涂料、有机-无机复合系涂料等;按其涂膜状态可分为薄质涂层涂料、厚质涂层涂料、砂壁状涂层涂料等。常用内外墙涂料见表 8.6。

涂料类墙面的种类

了解涂料类墙面的种类。

表 8.6　常用内外墙涂料

类 型	涂料名称	外墙	内墙	档次			性 质	备 注
				普	中	高		
无机类涂料	碱金属硅酸盐涂料	√	√	√	—	—	水玻璃系（硅酸钠、硅酸钾）	又称泡花碱，目前很少使用
	改性硅溶胶无机涂料	√	√	√	—	—		目前很少使用
	有机-无机复合涂料	—	—	√	√	—	有机为合成树脂涂料	目前很少使用
合成树脂乳液类涂料（薄型）	乙酸乙烯-乙烯涂料	—	√	—	√	—	—	VAE 涂料
	苯乙烯-丙烯酸酯涂料	√	√	—	√	—	—	苯丙涂料
	乙酸乙烯-丙烯酸酯涂料	—	√	—	√	√	—	醋丙（乙丙）涂料
	有机硅-丙烯酸酯涂料	√	—	—	√	√	—	硅丙涂料
	纯丙烯酸酯涂料	√	—	—	√	√	—	纯丙涂料
	叔碳酸乙烯酯-乙酸乙酯涂料	√	—	—	√	√	—	叔酯涂料
	叔碳酸乙烯酯-丙烯醋酯涂料	√	—	—	√	√	—	叔丙涂料
	氟碳树脂涂料	√	—	—	—	√	—	—
合成树脂乳液类涂料（厚型）	乙酸乙烯-丙烯酸酯涂料	√	√	√	√	—	—	醋丙（乙丙）涂料
	砂壁状涂料	√	—	—	√	√	—	其中真石漆为常用品种
	复层涂料	√	√	√	√	√	—	又称浮雕涂料、凹凸花纹涂料
	弹性涂料	√	—	—	√	√	多采用丙烯酸系列	—
溶剂型涂料	聚氨酯涂料	√	—	—	—	√	—	可做成仿瓷
	丙烯酸酯涂料	√	—	—	—	√	包括有机硅、丙烯酸类	—
	氟碳树脂涂料	√	—	—	—	√	—	—

8.5.3　贴面类

贴面类装修是用水泥砂浆等粘贴材料将饰面材料粘贴于内、外墙面的装修做法。该做法的饰面材料主要有各类面砖、马赛克等。贴面类装修耐久性好，易于清洁，应用广泛。但较重的饰面材料（如各类天然及人工石材）不宜用于墙面铺贴，以保证安全。

贴面类装修主要分为打底找平，敷设黏结层以及铺贴饰面3个构造层次。

面砖、马赛克在施工前应放入水中浸泡，然后取出晾干。墙面用 1∶3 水泥砂浆打底并划毛，再用 1∶2.5 水泥砂浆（可添加 5% 的建筑胶）满刮于面材背面，其厚度不小于 10 mm，然后贴于墙上，轻轻敲实，使其与底灰粘牢（图 8.39）。外墙贴面应留出5～10 mm 的缝隙，内墙贴面应采用密封铺贴。

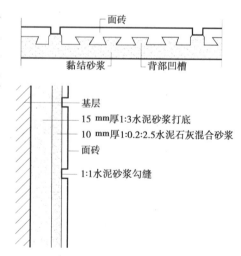

图 8.39　贴面类饰面构造示意图

8.5.4　钉挂类

钉挂类装修是以附加的骨架固定或吊挂饰面板材的装修做法。该做法的饰面材料主要是各类板材,如天然或人工石材、木板、金属板等。骨架有轻钢骨架、铝合金骨架以及木骨架等,骨架与面板之间采用栓挂法或钉挂法连接。

栓挂法主要用于重质厚型板材,施工时先在墙体上通过预埋件布置钢筋网,然后用铜丝将板材绑扎在钢筋网上,并在板材与墙体的夹缝内灌水泥砂浆,图 8.40 为石材栓挂法示意。

钉挂法适用于轻质薄型板材,施工时先在墙体上布置龙骨,然后采用铁钉或自攻螺钉将板材钉挂在龙骨上,图 8.41 为木挂板外墙示意。

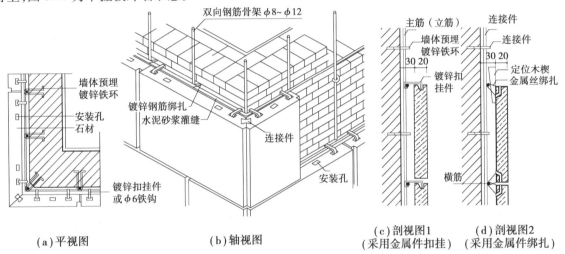

（a）平视图　　　　　　　（b）轴视图　　　　　　（c）剖视图1　　　（d）剖视图2
　　　　　　　　　　　　　　　　　　　　　　　　（采用金属件扣挂）　（采用金属件绑扎）

图 8.40　石材栓挂法示意

栓挂法石材装修

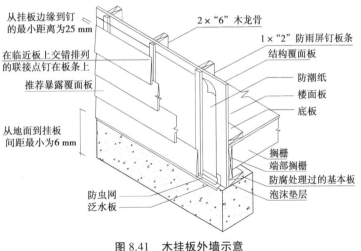

图 8.41　木挂板外墙示意

8.5.5　裱糊类

裱糊类墙面装修用于建筑内墙,是将卷材类软质饰面材料粘贴到平整基层上的装修做法。裱糊类饰面装饰性强、施工简便、效率高、维修更换方便。

裱糊类饰面在施工前需对基层进行处理。处理后的基层应坚实牢固,平整光洁,线脚通畅顺直,不起尘,无砂粒和孔洞。对有防水或防潮要求的墙体,应在基层涂刷防潮底漆。

裱糊类墙面的饰面材料种类很多,常用的有墙纸、墙布、锦缎、皮革、薄木等。其中墙纸和墙布应用最为广泛。墙纸按基层不同分为纸基墙纸、塑料墙纸、特种墙纸,其中塑料墙纸应用最为广泛。墙布的基层主要有玻纤布和无纺布。

　　墙纸或墙布在施工前要先作润水处理,为防止基层吸水过快,可涂刷墙纸基膜,再涂刷粘结剂。裱糊前应在基层上划分垂直准线,裱糊的顺序由上而下,墙纸或墙布的长边对准垂直准线,用刮板或胶辊将其赶平压实。面材的接缝有对缝或搭缝两种方式,一般墙面采用对缝,阴、阳角处采用搭缝方式,搭缝方式面材重叠 10~20 mm。

8.5.6　特殊部位装修

　　在内墙抹灰中,为保护墙身,门厅、走道和厨厕的墙面可做护墙墙裙(图 8.42);内墙阳角及门洞转角处则做护角(图 8.43)。墙裙和护角高度 2 m 左右。在内墙面与楼地面交接处,为保护墙身以及便于清洁,需做踢脚线(图 8.44),踢脚线高 120~150 mm;在内墙面和顶棚交接处,为增加室内美观,可做各种阴角装饰线(图 8.45)。

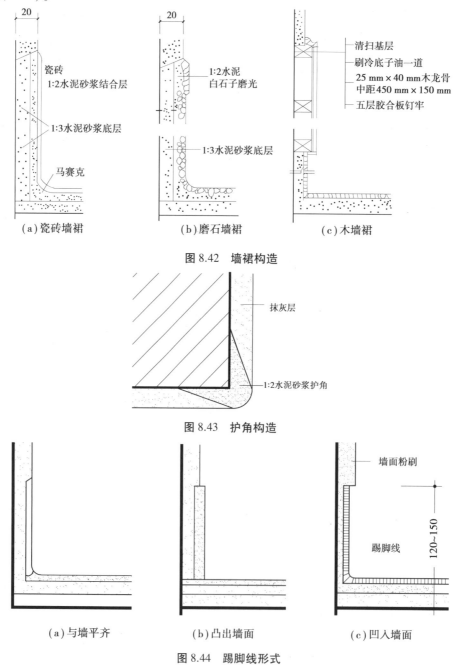

（a）瓷砖墙裙　　（b）磨石墙裙　　（c）木墙裙

图 8.42　墙裙构造

图 8.43　护角构造

（a）与墙平齐　　（b）凸出墙面　　（c）凹入墙面

图 8.44　踢脚线形式

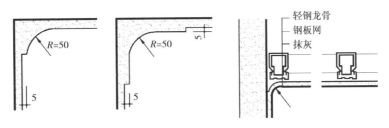

图 8.45 阴角装饰线形式

8.6 基础与地下室

8.6.1 基础与地基

基础是建筑地面以下的承重构件,它承受建筑物的上部荷载,并传递给地基。地基是在基础以下,并承受全部建筑荷载的土层(图 8.46)。地基土分为岩石、碎石土、砂土、黏性土和人工填土。基础底面的埋置深度称为埋深。基础埋深一般不小于 0.5 m,埋深在 5 m 以内的为浅基础,5 m 以上的为深基础。

1)天然地基与人工地基

凡天然土层具有足够的承载力,不需经过人工加固,可直接在其上建造房屋的称为天然地基。当土层的承载力较弱或上部荷载较大时,可以对土层进行人工加固,称为复合地基。常用加固地基的方法有压实法、换土法、挤密法(灰土桩、卵石桩等)。

2)基础的类型

基础按形式不同分为条形基础、独立基础和联合基础(图 8.47)。

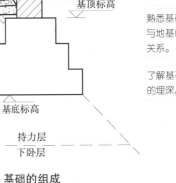

图 8.46 基础的组成

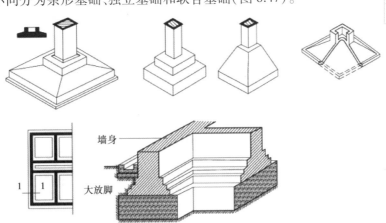

图 8.47 基础的形式

条形基础为连续的带状,主要用于承重墙体的下部支撑。独立基础呈独立的块状,有台阶形、锥形、杯形等,主要用于柱下。联合基础类型较多,常见的有柱下条形基础、柱下十字交叉基础、片筏基础和箱形基础。联合基础有利于跨越软弱的地基。

基础按材料不同分为砖基础、石基础、混凝土基础、毛石混凝土基础、钢筋混凝土基础等。

基础按受力情况不同分为无筋扩展基础和扩展基础,除钢筋混凝土基础为扩展基础外,其他的均为无筋扩展基础。无筋扩展基础的抗压强度好,但抗弯、剪强度低,基础底宽应根据刚性角来决定。刚性角是基础放宽的引线与墙体垂直线之间的夹角,如图8.48所示。由于钢筋的加入,扩展基础的抗压能力和抗弯、剪能力均好,不受刚性角限制,如图8.49所示。

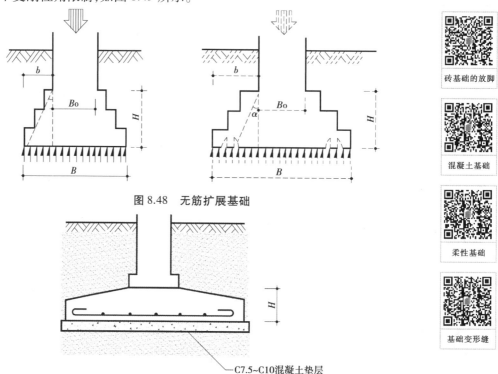

图 8.48　无筋扩展基础

图 8.49　扩展基础

当遇到软弱地基或者上部荷载很大时,就需要采用桩基础,将荷载传向承载力更大的深层地基。桩基础由桩柱和承台组成(图8.50),按桩柱的受力方式分为端承桩和摩擦桩。端承桩主要由桩端承力,摩擦桩主要由桩侧阻力提供支撑。

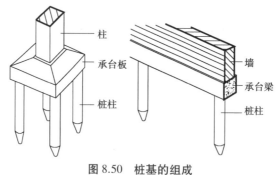

图 8.50　桩基的组成

8.6.2　地下室防水

掌握地下室防水构造原理和方法。

建筑物底层以下的房间称为地下室。地下室可用于设备用房、车库、库房、商场、餐厅以及战备防空等用途。由于地下室经常受到地表水下渗和地下水的影响,必须作防水处理。

1)等级与要求

依据地下室的功能和使用要求不同,地下工程防水划分为4个等级,一级的要求最高,四级的要求最低。不同的防水等级适用于不同的需要(表8.7)。防水等级越高,设防要求也就越高(表8.8)。地下工程的防水设防高度,应高出室外地坪高程500 mm以上。

表 8.7　不同防水等级的适用范围

防水等级	适用范围
一级	人员长期停留的场所;因有少量湿渍会使物品变质、失效的储物场所及严重影响设备正常运转和危及工程安全运营的部位;极重要的战备工程、地铁车站
二级	人员经常活动的场所;在有少量湿渍的情况下不会使物品变质、失效的储物场所及基本不影响设备正常运转和工程安全运营的部位;重要的战备工程
三级	人员临时活动的场所;一般战备工程
四级	对渗漏水无严格要求的工程

表 8.8　地下工程主体结构防水设防要求

防水措施 ＼ 防水等级	一级	二级	三级	四级
防水混凝土	应选	应选	应选	宜选
防水卷材、防水涂料、防水砂浆塑料防水板、金属防水板	应选一至两种	应选一种	宜选一种	—

2) 防水措施

建筑工程最常用的地下室防水措施有防水混凝土和防水卷材两种。

防水混凝土是通过调整配合比,掺加外加剂、掺合料等措施配制而成,可提高混凝土的密实度,减少裂缝和干缩的影响,达到防水的目的。防水混凝土的设计抗渗等级与地下室的埋置深度有关,需满足表 8.9 的规定。防水混凝土的厚度不应小于 250 mm。

混凝土构件
自防水

表 8.9　防水混凝土设计抗渗等级

工程埋置深度 H(m)	设计抗渗等级
$H<10$	P6
$10\leqslant H<20$	P8
$20\leqslant H<30$	P10
$H\geqslant30$	P12

防水卷材的常用种类有高聚物改性沥青防水卷材和合成高分子防水卷材,卷材可铺设在地下室外墙的内、外两侧,分别称为内防水和外防水,内防水主要用于修缮工程。防水卷材的厚度选择应满足表 8.10 的要求。

表 8.10　防水卷材厚度

卷材品种	高聚物改性沥青类防水卷材			合成高分子类防水卷材			
	弹性体改性沥青防水卷材、改性沥青聚乙烯胎防水卷材	自粘聚合物改性沥青防水卷材		三元乙丙橡胶防水卷材	聚氯乙烯防水卷材	聚乙烯丙纶复合防水卷材	高分子自粘胶膜防水卷材
		聚酯毡胎体	无胎体				
单层厚度(mm)	≥4	≥3	≥1.5	≥1.5	≥1.5	卷材:≥0.9 黏结料:≥1.3 芯材厚度≥0.6	≥1.2
双层总厚度(mm)	≥(4+3)	≥(3+3)	≥(1.5+1.5)	≥(1.2+1.2)	≥(1.2+1.2)	卷材:≥(0.7+0.7) 黏结料:≥(1.3+1.3) 芯材厚度≥0.5	—

图 8.51 所示为地下室防水做法示意。

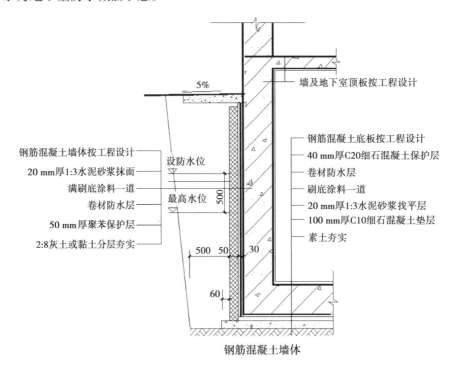

图 8.51　地下室防水构造示意

简答题

（1）简述墙体类型的分类方式及类别。

（2）简述混合结构的几种结构布置方案及特点。

（3）提高外墙保温能力有哪些做法和措施？

（4）墙体砌筑的要求是什么？

（5）简述墙脚水平防潮层的设置位置、方式及特点。

（6）墙身加固措施有哪些？有何设计要求？

（7）何谓"变形缝"？有什么设计要求？

（8）什么是幕墙？简述幕墙的构造特征。

（9）根据承重方式的不同,玻璃幕墙分为哪几种类型？

（10）石材幕墙的构造连接有哪几种基本形式？

（11）试比较几种常用隔墙的特点。

（12）简述墙面装修的种类及特点。

（13）什么叫地基？什么叫基础？

（14）常用基础有哪几种形式？刚性基础和柔性基础有什么不同？

（15）绘简图示意地下室防水构造做法。

综合训练题

题目一:根据设计综合训练题的成果,进行结构平面布局。

要求:①布局一,采用砖混结构,承重砖墙,预制楼板,请进行楼板布置,并标注承重墙、非承重墙以及隔墙;②布局二,采用异形框架结构,现浇楼板,请布置异形框架柱及框架梁。

(1)基本知识:

①承重体系的概念;

②承重墙、非承重墙和隔墙的区别;

③合理的柱距、跨度。

(2)学习难点:

①力的传递,楼板的布局方式确定了荷载传递的方向;

②预制板的结构假定;

③现浇板的传力方式。

(3)学习进阶:

图1为某医院门诊部的局部平面图,因为层高受到限制,只有3.8 m,而平面又要求一定的灵活性,最大柱距达12 m。请布置框架柱及主、次梁,要求保证诊室的净高不小于2.6 m,需要注意的是除结构高度外,还应考虑空调风管、电缆桥架、喷淋系统、报警系统、吊顶装修高度以及楼地面装饰层高度。

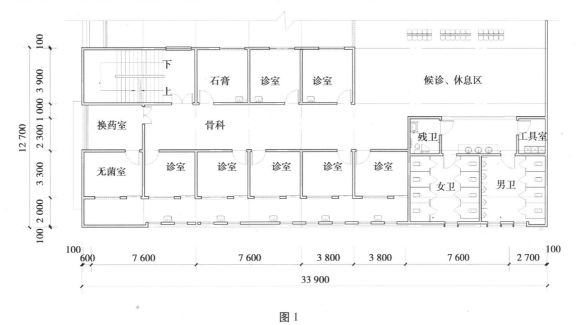

图1

题目二:请观察图2,图片中均反映出房屋质量问题,问题集中表现为墙面发霉。请分析墙面发霉的原因,并尝试给出解决方案。

(1)基本知识:

①墙体防潮;

②地坪防潮;

③地坪构造方式。

(2)学习难点:

①根据房间总体状况,判定潮气来源;

②结露原理及结露现象的避免或减弱方法。

图 2

（3）学习进阶：

①在校园中观察出现的类似房屋质量问题，并分析原因。

②综合思考建筑防潮的整体构思。

题目三：如图3黑线所示，根据医院要求，门诊部走道及诊室的隔墙采用金属框架，玻璃隔墙。请尝试讨论该隔墙的各种性能要求，讨论的主要内容有防火、隔声效果，稳定性，私密性，美观性等。

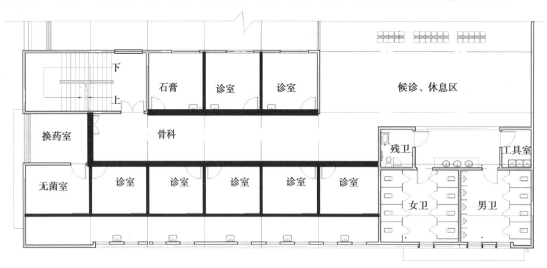

图 3

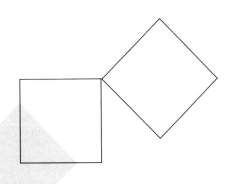

9 楼地层

本章导读：

● **基本要求** 熟悉楼地层的构造层次和设计要求；了解楼板的分类；掌握钢筋混凝土楼板的分类和细部构造；掌握地坪层细部构造；掌握各类楼地面装修构造；了解顶棚装修类别；了解阳台和雨棚构造；掌握阳台栏杆、扶手的细部构造。

● **重点** 楼板隔绝撞击声的构造方法，装配式和现浇式钢筋混凝土楼板构造，楼地面装修构造，阳台栏杆、扶手构造。

● **难点** 楼板隔绝撞击声的构造，装配式钢筋混凝土楼板构造，整体地面、块料地面和木地面装修构造，阳台栏杆、扶手构造。

楼板层的组成及设计要求　楼地层的作用

9.1　概述

楼地层是水平方向分隔空间的承重构件,包括楼板层和地坪层。它们可具有相同的面层,但由于所处位置、受力不同,因而结构层有所不同。楼板层的结构层为楼板,楼板将所承受的上部荷载及自重传给承重墙或柱,楼板层对隔声等功能要求较高;地坪层的结构层为垫层,垫层将所承受的荷载及自重均匀地传给夯实的地基,地坪层对保温防潮的要求较高(图 9.1)。

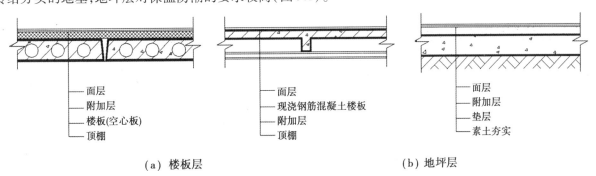

面层		面层		面层
附加层		现浇钢筋混凝土楼板		附加层
楼板(空心板)		附加层		垫层
顶棚		顶棚		素土夯实

（a）楼板层　　　　　　　　　　　　　（b）地坪层

图 9.1　楼地层的组成

9.1.1　楼板层的基本组成

楼板层通常由面层、楼板、顶棚3个主要部分组成。

①面层:又称楼面,主要作用是保护楼板,便于清洁和室内装饰。

②楼板:结构层,一般包括梁和板,主要功能是承受并传递竖向荷载,还起着水平支撑作用。

③顶棚:它是楼板层的下面部分,根据其构造不同,分为抹灰顶棚、粘贴顶棚和吊顶棚3种。

此外,根据需要还会在楼板层中设置管道敷设、防水、隔声、保温等各种附加层次[图9.1(a)]。

9.1.2　楼板层的设计要求

楼板层的设计应满足建筑的使用、结构、施工以及经济等多方面的要求。

(1)结构要求

楼板的结构要求是指楼板应具有足够的强度和刚度才能保证楼板的安全和正常使用。足够的强度指楼板能够承受使用荷载和自重。足够的刚度指楼板的变形应在允许的范围内。

(2)隔声要求

为了防止噪声通过楼板传到上下相邻的房间,产生相互干扰,楼板层应具有一定的隔声能力。噪声根据传播途径分为两大类:①空气声,即通过空气传播的声音,如说话声、音乐声、汽车噪声、航空噪声等;②固体声(也称撞击声),即通过建筑结构传播的由机械振动和物体撞击等引起的声音,如脚步声、物体撞击声等。

对于空气声和固体声的控制方法是有区别的,且有各自的隔声标准,见表9.1和表9.2。

表 9.1　住宅建筑的空气声隔声标准

构件名称	空气声隔声量单值评价量+频谱修正量(dB)	
分户墙、分户楼板	计权隔声量+粉红噪声频谱修正量 R_w+C	>45
分隔住宅和非居住用途空间的楼板	计权隔声量+交通噪声频谱修正量 R_w+C_{tr}	>51

表 9.2　住宅建筑的撞击声隔声标准

构件名称	计权标准化撞击声压级(dB)	
卧室、起居室(厅)的分户楼板	计权规范化撞击声压级 $L_{n,m}$(实验室测量)	<75
	计权标准化撞击声压级 $L_{n,m}$(现场测量)	≤75

改善和提高楼板隔绝撞击声性能的措施主要有以下3种:

①在楼板表面铺设弹性面层。如地毯、塑料橡胶布、橡胶板、软木地面等,以减弱振动源撞击楼板引起的振动,从而提高隔绝撞击声的性能(图9.2)。

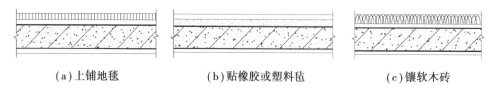

(a)上铺地毯　　　(b)贴橡胶或塑料毡　　　(c)镶软木砖

图 9.2　楼板弹性面层的构造做法

②在楼板面层和承重结构层之间设置弹性垫层。采用片状、条状或块状的弹性垫层,将其放在面层或复合楼板的龙骨下面。常用的材料有矿棉毡(板)、玻璃棉毡、橡胶板等(图9.3)。

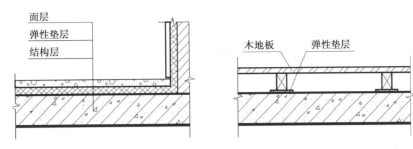

图9.3 楼板弹性垫层的构造做法

③在楼板下部设置弹性吊顶。通过弹性吊钩减弱楼板向接收空间辐射空气声,可以取得一定的隔声效果,对隔声要求高的房间,还可在吊顶上铺设吸声材料加强隔声效果(图9.4)。

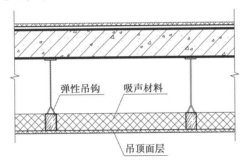

图9.4 楼板弹性吊顶的构造做法

上述3种措施各有其特点,可以根据不同的隔声要求和实际情况选用一种或几种隔声措施。

(3)其他要求

建筑物的耐火等级对构件的耐火极限和燃烧性能有一定的要求,楼板层应根据建筑物的耐火等级和防火要求进行设计。

对于有建筑节能要求以及一些对温、湿度要求较高的房间,楼板层还应满足热工要求,通常在楼板层中设置保温层,使楼面的温度与室内温度一致,减少通过楼板的冷热损失。此外,对于厨房、厕所、卫生间等地面潮湿、易积水的房间,还应处理好楼板层的防渗漏问题。

最后,楼板层造价占土建造价的比例较高,应注意结合建筑的质量标准、使用要求以及施工条件,选择经济合理的结构形式和构造方案,并为工业化创造条件,加快建设速度。

9.1.3 楼板的类型及选用

根据使用的材料不同,楼板分为木楼板、钢筋混凝土楼板、压型钢板组合楼板等。

(1)木楼板

木楼板是在由墙或梁支承的木搁栅上铺钉木板而成,具有自重轻、保温好、舒适度高等优点,但易燃、易腐蚀、耐久性差,需消耗大量木材。所以,此种楼板在我国的使用受到限制。

(2)钢筋混凝土楼板

钢筋混凝土楼板具有强度高、防火性能好、经久耐用等优点。缺点是自重大、现场湿作业多。此种楼板在我国使用多年,形式多样,应用最为广泛。

(3)压型钢板组合楼板

压型钢板组合楼板是用截面为凹凸形的钢板与现浇混凝土组合形成的,是一种整体性很强的楼板类型(图9.5)。压型钢板既可以作为混凝土的模板,又是施工的台板,还可以起结构作用。该楼板可减轻自重、加快施工进度,在钢结构建筑和高层建筑中得到广泛的应用。

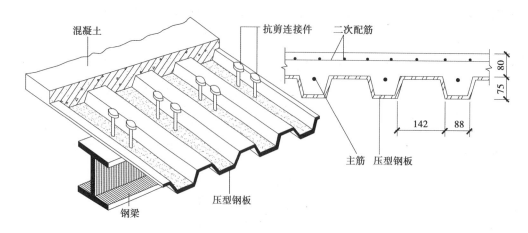

图 9.5　压型钢板组合楼板

9.2　钢筋混凝土楼板

钢筋混凝土楼板根据施工方式的不同分为装配式、现浇式和装配整体式 3 种。装配式钢筋混凝土楼板能节省模板,加快施工,但整体性较差,刚度较弱。现浇式钢筋混凝土楼板整体性好、刚度大,利于抗震,梁板布置灵活,方便留孔,能适应各种不规则形状的建筑,但模板用量大,施工速度慢。装配整体式楼板综合了上述两种方式的特点,可以节省模板,加快施工和增强楼板的整体性。

9.2.1　装配式钢筋混凝土楼板

装配式钢筋混凝土楼板是把楼板分成若干构件,在预制场预先制作好,然后在施工现场进行安装。预制板的长度应与房屋的开间或进深一致,长度一般为 300 mm 的倍数;板的宽度一般为 100 mm 的倍数;板的截面高度及配筋须经过结构计算确定,并考虑与砖的尺寸相配合,以便于墙体砌筑。

1) 板的类型

常用的预制钢筋混凝土楼板,根据其截面形式分为平板、槽形板和空心板 3 种类型(图 9.6)。

（1）平板

实心平板[图 9.6(a)]的上下表面平整,制作简单,但自重较大,隔声效果差。跨度一般不超过 2.5 m,板宽多在 0.5~1 m 范围内,板厚通常取其跨度的 1/30,常用 50~80 mm,常用作走道板、卫生间楼板、阳台板和管沟盖板等处。

（2）空心板

空心板[图 9.6(b)]可看作是将板厚较大的平板沿纵向抽孔而成。孔的断面形式有矩形、圆形、椭圆形等,其中圆形孔最常用。空心板有预应力和非预应力之分,预应力空心板应用更广。空心板跨度最大可达 7 m 左右,厚度为 120~300 mm,宽度为 0.5~1.2 m。空心板上下表面平整、节省材料,隔声效果好,应用广泛;但板面不能任意打洞,不能用于管道穿越较多的房间。

（3）槽形板

槽形板[图 9.6(c)、(d)]由板和肋构成,是一种梁板结合的构件。由于两侧有肋,故可以板厚较小,跨度较大。槽形板也有预应力和非预应力两种,跨长为 3~6 m 的非预应力槽形板,板肋高为 120~240 mm,板的厚度仅 30 mm。槽形板减轻了自重,具有节约材料、便于开洞等优点,但隔声效果差。当槽形板正放(肋朝下)时,板底不平整;槽形板倒放(肋向上)时,需进行构造处理,使其平整,槽内可填轻质

了解装配式钢筋混凝土楼板的常见类型。

装配式钢筋混凝土楼板类型

材料起保温、隔声作用。槽形板正放常用作厨房、卫生间、库房等楼板。当对楼板有保温、隔声要求时,可考虑采用倒放槽形板。

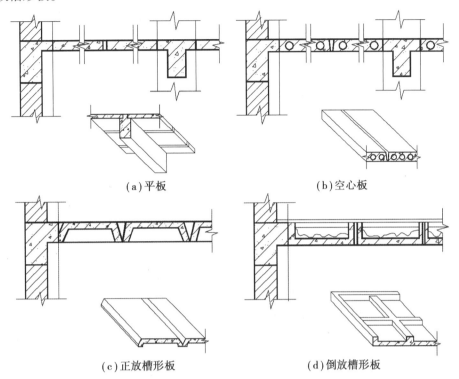

(a)平板　　　　　　　　　　(b)空心板

(c)正放槽形板　　　　　　　(d)倒放槽形板

图 9.6　预制钢筋混凝土楼板的类型

预制板的
搁置要求

2)板的布置方式

　　板的布置方式应依据空间大小、支承方式,并尽可能减少板的规格种类等因素综合考虑。

　　在进行房间布板时,首先应根据其开间、进深尺寸确定板的支承方式,然后根据板的规格进行布置。板的支承方式有板式和梁板式,预制板直接搁置在墙上的称板式布置;若楼板支承在梁上,梁再搁置在墙或柱上的称为梁板式布置,如图 9.7 所示。

　　在确定板的规格时,应首先以房间的短边为板跨进行,一般要求板的规格、类型越少越好。狭长空间如走廊处,可沿走廊横向铺板,这种铺板方式采用的板跨尺寸小,板底平整,如图9.8(a)所示;也可采用与房间开间尺寸相同的预制板沿走廊纵向铺设,但需设梁支承,如图9.8(b)所示。

了解预制
板的搁置
要求。

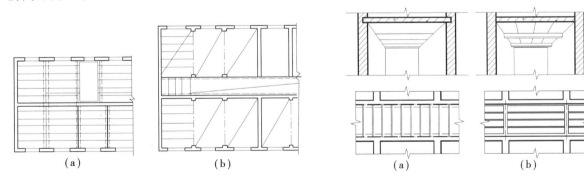

(a)　　　　　　　　(b)

图 9.7　预制钢筋混凝土楼板结构布置

(a)　　　　　　　　(b)

图 9.8　走廊楼板的布置方式

3)梁的断面形式

　　梁的断面形式有矩形、十字形、花篮形等。矩形截面梁外形简单、制作方便;采用十字形或花篮形梁可减少楼板所占的空间高度(图9.9)。通常,梁的跨度尺寸为 5~8 m 时较为经济。

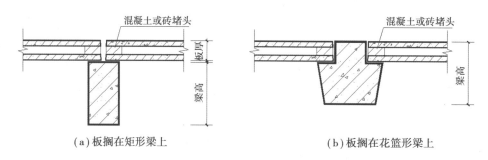

（a）板搁在矩形梁上　　　　　　　（b）板搁在花篮形梁上

图 9.9　板在梁上的搁置

9.2.2　现浇式钢筋混凝土楼板

现浇钢筋混凝土楼板的种类

了解现浇式钢筋混凝土楼板的种类。

现浇式钢筋混凝土楼板是通过施工现场支模、扎筋、浇灌振捣混凝土、养护等施工程序而成的楼板。现浇式钢筋混凝土楼板根据受力及传力情况主要分为现浇肋梁楼板、井式楼板、无梁楼板三种。

1）现浇肋梁楼板

现浇肋梁楼板由板、次梁、主梁现浇而成（图 9.10）。根据板的受力不同，分为单向板肋梁楼板和双向板肋梁楼板。

现浇梁式楼板

了解现浇肋梁楼板的传力方式和分类。

在进行肋梁楼板布置时，梁、板布置应有规律，便于传力。一般情况下，常采用的单向板跨度尺寸为 1.7~2.5 m，不宜大于 3 m；双向板短边的跨度宜小于 4 m；方形双向板宜小于 5 m×5 m。次梁的经济跨度为 4~6 m；主梁的经济跨度为 5~8 m。

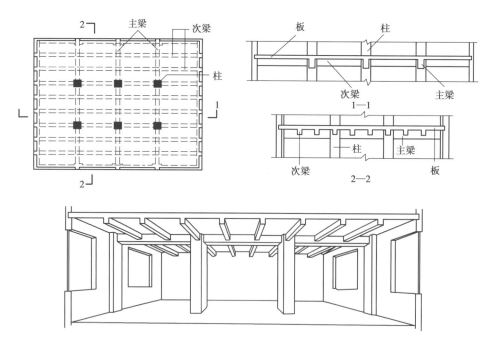

图 9.10　现浇单向板肋梁楼板

2）井式楼板

当肋梁楼板两个方向的梁不分主次，高度相等，交叉布置，呈井字形时则称为井式楼板（图 9.11）。井式楼板实际是双向板肋梁楼板。

井式楼板宜用于长短边之比小于 3∶2 的矩形平面，肋梁之间可正交也可斜交。由于传力均匀，其跨度可达 30~40 m，梁的间距在 3 m 左右。此种楼板的梁板布置图案美观，具有较好的装饰效果。

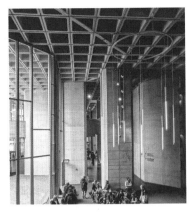

图 9.11　井式楼板

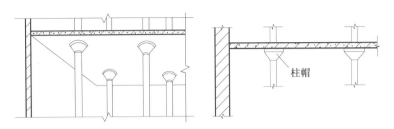

柱帽

图 9.12　无梁楼板

3）无梁楼板

当楼板不设梁，而将楼板直接支承在柱上时，则为无梁楼板（图 9.12）。为了提高楼板刚度和板、柱相交处楼板的抗冲切能力，通常设置柱帽。

无梁楼板适用的柱网为正方形或接近正方形，常用的柱网尺寸为 6~8 m，板厚为 170~190 mm。无梁楼板顶棚平整，有利于室内的采光、通风，视觉效果较好，且能降低结构高度。但楼板较厚，当楼面荷载较小时不经济。无梁楼板常用于商场、仓库、多层车库等建筑。

9.2.3　装配整体式钢筋混凝土楼板

装配整体式钢筋混凝土楼板结合了装配式和现浇式楼板的特点，整体性好，施工速度也较快。叠合式楼板就是较为常用的一种装配整体式钢筋混凝土楼板，它由预制板和现浇钢筋混凝土层叠合而成，如图 9.13（c）所示。预制板既是楼板结构的组成部分，又是现浇叠合层的永久性模板。

预制板可采用预应力和非预应力实心薄板，板的跨度一般为 4~6 m，预应力薄板的跨度最大可达 9 m，板的宽度一般为 1.1~1.8 m，板厚通常不小于 50 mm。叠合楼板的总厚度视板的跨度而定，宜大于等于预制板厚的 2 倍，通常为 150~250 mm。为使预制薄板与现浇叠合层结合牢固，薄板的表面应作适当处理，如在板面刻槽，或设置三角形结合钢筋等，如图 9.13（a）、图9.13（b）所示。

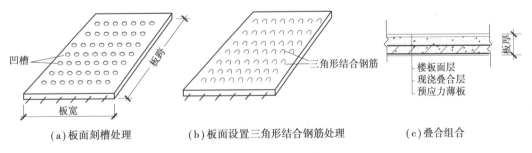

凹槽　板跨　板宽

三角形结合钢筋

板厚　楼板面层　现浇叠合层　预应力薄板

（a）板面刻槽处理　　　（b）板面设置三角形结合钢筋处理　　　（c）叠合组合

图 9.13　叠合式楼板

9.3　地坪层构造

地坪层是建筑物底部与土壤相接的构件，由面层、垫层和素土夯实层构成。根据需要还可以附加构造层，如找平层、结合层、防潮层、保温层、管道敷设层等附加层。

（1）素土夯实层

素土夯实层是地坪的基层。素土即为不含杂质的砂质黏土，经夯实后，才能承受垫层传下来的地面荷载。通常是填300 mm厚的土,夯实成200 mm厚,使之能均匀承受荷载。

（2）垫层

垫层是地坪的结构层,承受并传递荷载给地基。垫层有刚性垫层和非刚性垫层之分。刚性垫层常用标号不低于C15的混凝土,厚度为60~100 mm;非刚性垫层常用60 mm厚砂石、100 mm厚灰土、80 mm厚炉渣等做法。

刚性垫层用于地面要求较高及薄而性脆的面层,如水磨石地面、瓷砖地面、大理石地面等;非刚性垫层常用于厚而不易断裂的面层,如混凝土地面、水泥制品块地面等。

（3）面层

地坪面层与楼板面层一样,对面层的要求相同,但更需要加强防潮和保温的处理。

9.4 楼地面装修

楼地面装修主要是指楼板层和地坪层的面层做法,其名称是以面层的材料和做法来命名的。楼地面的材料和做法应根据房间的使用要求、装修标准,并结合经济条件综合确定。

楼地面按其材料和做法可分为整体地面、块料地面、塑料地面和木地面4种类型。

9.4.1 整体地面

整体地面是指用现场浇筑的方法做成整片的地面,按地面材料不同分为水泥砂浆地面、水泥石屑地面、水磨石地面等。

1）水泥砂浆地面

水泥砂浆地面是在结构层上涂抹水泥砂浆,构造简单、坚固防潮、造价较低,但表面容易起灰,不易清洁。通常用于对地面要求不高的房间或清水房地面。

水泥砂浆地面有单层和双层两种做法。单层做法只抹一层20~25 mm厚1:2或1:2.5水泥砂浆;双层做法是增加10~20 mm厚1:3水泥砂浆找平层,表面再抹5~10 mm厚1:2水泥砂浆(图9.14)。双层做法虽增加了工序,但不易开裂。

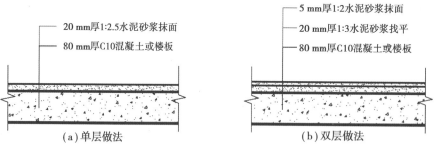

图9.14 水泥砂浆地面

（图中标注）
20 mm厚1:2.5水泥砂浆抹面
80 mm厚C10混凝土或楼板
(a)单层做法

5 mm厚1:2水泥砂浆抹面
20 mm厚1:3水泥砂浆找平
80 mm厚C10混凝土或楼板
(b)双层做法

2）水泥石屑地面

水泥石屑地面是以石屑替代砂的一种整体地面,亦称豆石地面或瓜米石地面。强度高于水泥砂浆地面,表面光洁、不起尘、易清洁,通常用于车库、仓库等辅助房间地面。其构造也有单层和双层之别,单层做法是抹一层25 mm厚1:2水泥石屑,提浆抹光;双层做法是增加15~20 mm厚1:3水泥砂浆找平层,面层再铺15 mm厚1:2水泥石屑,并提浆抹光。

3）水磨石地面

水磨石地面一般分两层施工。首先在结构层上用10~20 mm厚的1:3水泥砂浆找平,面铺10~15 mm厚1:(1.5~2)的水泥白石子,待面层达到一定强度后加水用磨石机磨光、打蜡即成。所用水泥为

普通水泥,所用石子为中等硬度的方解石、大理石、白云石屑等。

为避免开裂及施工维修方便,做好找平层后,还需用玻璃条、塑料条或金属条把地面分成尺寸约 1 m 的若干小块,嵌条用 1:1 水泥砂浆固定(图 9.15)。如果将普通水泥换成白水泥,并掺入不同颜料做成各种彩色地面,谓之美术水磨石地面,但造价较高。

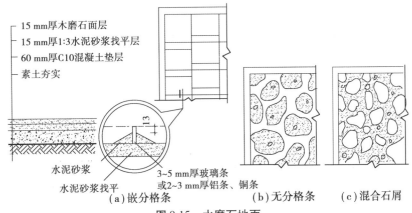

- 15 mm 厚木磨石面层
- 15 mm 厚1:3水泥砂浆找平层
- 60 mm 厚C10混凝土垫层
- 素土夯实

水泥砂浆
水泥砂浆找平
(a)嵌分格条

3~5 mm 厚玻璃条
或2~3 mm 厚铝条、铜条

(b)无分格条   (c)混合石屑

图 9.15　水磨石地面

水磨石地面具有良好的耐磨性、耐久性、防水防火性,并具有质地美观、表面光洁、不起尘、易清洁等优点,过去应用十分广泛,但由于工序复杂,现在使用逐渐减少。

9.4.2 块料地面

块料地面是把地面材料加工成块(板)状,然后借助胶结材料贴或铺砌在结构层上。块料地面种类很多,常用的有黏土砖、水泥砖、大理石、缸砖、陶瓷锦砖、陶瓷地砖等(图 9.16)。黏土砖、水泥砖主要用于室外漫地,大理石、缸砖、瓷砖主要用于室内铺地。

(a)黏土砖地面　　(b)水泥砖地面　　(c)大理石地面　(d)陶瓷锦砖地面　(e)陶瓷地砖地面

图 9.16　块料地面

1)黏土砖地面

用烧结砖铺地,有平砌和侧砌两种。这种地面施工简单、结实耐用,主要适用于庭园小道等。

2)水泥砖地面

水泥砖常用的有 GRC 板、水磨石块、透水砖等。水泥砖与基层黏结有两种方式:当块材尺寸较大且较厚时,常在板下干铺一层 20~40 mm 厚细砂或细炉渣,校正后,板缝用砂浆嵌填,具有透水性,城市人行道常按此方法施工,如图 9.17(a)所示。当预制块小而薄时,则采用 12~20 mm厚1:3水泥砂浆做结合层,铺好后再用 1:1 水泥砂浆嵌缝,这种做法坚实、平整,但不透水,如图 9.17(b)所示。

3)缸砖地面

缸砖是用陶土焙烧而成的无釉砖块,有多种形状,颜色以红棕色和深黄色居多。缸砖背面有凹槽,常用 15~20 mm 厚1:2.5 水泥砂浆做铺贴结合材料。缸砖具有质地坚硬、耐磨、耐水、耐酸碱等特点,常用

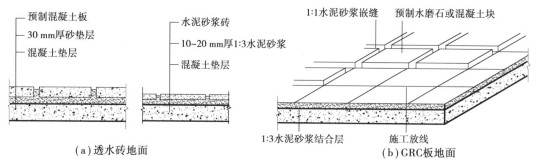

（a）透水砖地面　　　　　　　　　　　　　　（b）GRC板地面

图9.17　水泥制品块地面

于室内有水房间,也可用于庭院地面铺贴。

4）瓷砖地面

陶瓷地砖又称墙地砖,通常表面施釉,其类型有釉面地砖、通体地砖、哑光地砖、防滑地砖等。陶瓷地砖一般厚6~10 mm,其规格范围从边长100 mm到1 200 mm均有,铺贴方法同缸砖地面。陶瓷地砖平整光滑、抗腐耐磨、便于清洁、装饰效果好,在室内地面中应用最为广泛。

9.4.3　塑料地面

塑料地面是指以有机物为主所制成的地面覆盖材料。常用的有卷材块材地面和涂料涂布地面。塑料地面色彩鲜艳、装饰效果好,并有一定弹性,但易老化,不耐高热和硬物刻划。

1）聚氯乙烯塑料地面

聚氯乙烯塑料地面是以聚氯乙烯树脂为主要原料,配以增塑剂、填充剂、稳定剂、润滑剂和颜料,经高速混合、塑化、辊压成型。聚氯乙烯塑料地面品种繁多,就外形看,有块材和卷材之分;就材质看,有软质和半软质之分;就结构看,有单层和多层复合之分;就颜色看,有单色和复色之分。聚氯乙烯地面所用黏结剂也有多种,如溶剂性氯丁橡胶黏结剂、聚醋酸乙烯黏结剂、环氧树脂黏结剂、水乳型氯丁橡胶黏结剂等。

2）涂料涂布地面

涂料涂布地面是采用合成树脂及复合材料代替全部或者部分水泥,施工硬化后形成整体无接缝地面。涂布地面分为两类:一类是溶剂型复合树脂涂布地面,另一类是水溶性树脂与水泥复合组成的聚合物水泥涂布地面。

环氧树脂地面是溶剂型地面最常用的一种,它具有无污染、附着力强、耐腐蚀、常温下固化的特点,除涂抹施工外,还可采用"自流平"工艺。其广泛用于医药、微电子等洁净度要求高的建筑中。

俗称的彩色水泥地面就是聚合物水泥地面的一种,它采用聚醋酸乙烯、聚氯乙烯等水溶性树脂,加上水泥和耐碱颜料组成胶泥,经过多道涂抹固化而成,其造价比环氧树脂地面低。

9.4.4　木地板

木地板的主要特点是有弹性、导热系数小,常用于住宅、宾馆、体育馆、剧院舞台等建筑中。木地板按材料分为实木地板和强化木地板。

实木地板由实木做成条板,分为长条板和拼花板两种(图9.18)。长条板长度在500~1 000 mm,宽度为50~150 mm,左右分别设凹凸企口,安装需木格栅打底。拼花板通常为200~300 mm见方,可直接粘贴。木搁栅采用水泥坐浆、铅丝绑扎或铁件嵌固的方式固定在结构层上,在其底部需铺设塑料膜以利防潮。图9.19为木地板构造示例。

| （a）条木地面 | （b）拼花木地面 |

图 9.18　木地面

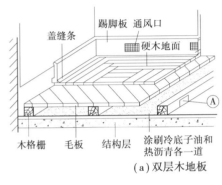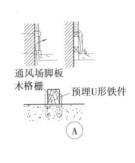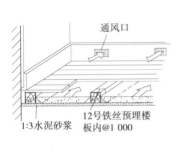

（a）双层木地板　　　　　　　　　　　　　　　　（b）单层木地板

图 9.19　木地板构造

近年来采用较多的强化木地面是以木材粉碎后，经高温高压制成的高密度板为基层，表面粘贴三聚氰胺膜。强化木地板安装方便，底部空铺塑料膜，不需要木格栅打底。强化木地板不易变形，美观、耐磨、防潮阻燃，但需注意应防止空气污染。

9.4.5　楼地面变形缝

楼地面变形缝包括伸缩缝、沉降缝和防震缝。其设置的位置和大小应与墙面、屋面变形缝一致。构造上要求从基层到饰面层脱开，缝内常用可压缩变形的嵌缝胶、金属调节片等材料做封缝处理。为了美观，还应在地面和顶棚加设盖缝板，盖缝板的形式和色彩应和室内装修协调。图 9.20 为几种楼地面变形缝构造。

掌握楼地面变形缝构造方式。

9.4.6　顶棚装修

顶棚是建筑物主要装修部位之一。根据构造不同，顶棚分为直接式顶棚和吊顶棚（图9.21）两大类。

直接式顶棚主要是指在楼板、屋面板板底直接喷刷、抹灰或贴面。吊顶棚是采用悬吊方式将顶棚悬挂于楼板和屋顶结构层之下。

直接式顶棚包括喷刷涂料顶棚、抹灰顶棚及贴面顶棚 3 种做法。

①喷刷涂料顶棚：当要求不高或板底面平整时，可在板底直接喷刷石灰浆、乳胶漆等涂料。

②抹灰顶棚：对板底不平整或要求稍高的房间，可采用板底抹灰，常用的有纸筋石灰浆、麻刀石灰浆、混合砂浆、水泥砂浆等。

③粘贴顶棚：对装修标准较高或有保温吸声要求的房间，可在板底直接粘贴装饰吸声板、石膏板等。

因建筑声学、保温隔热、清洁卫生、管道敷设、室内美观等特殊要求，就需要采用吊顶棚。吊顶棚由龙骨和面板组成。龙骨根据材料可分为木龙骨、轻钢龙骨和铝合金龙骨等；面板可根据需要采用石膏板、木板条、硅钙板及各种金属板。图 9.21 为吊顶棚构造示例。

了解顶棚装修的种类。

了解吊顶棚构造组成。

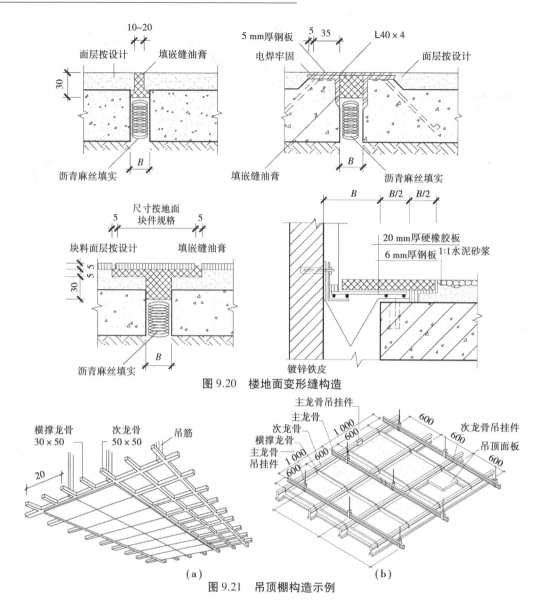

图 9.20　楼地面变形缝构造

（a）　　　　　　　（b）

图 9.21　吊顶棚构造示例

9.5　阳台及雨篷

　　阳台是多层或高层建筑中不可缺少的室内外过渡空间,为人们提供户外活动的场所。阳台的设置对建筑物的外部形象也起着重要的作用(图 9.22)。

图 9.22　各种形式的阳台

9.5.1 阳台的类型与要求

阳台按使用要求不同可分为生活阳台和服务阳台。根据阳台与建筑物外墙的关系,可分为凸阳台、凹阳台和半凹阳台(图9.23)。按阳台在外墙上所处的位置不同,有中间阳台和转角阳台之分。

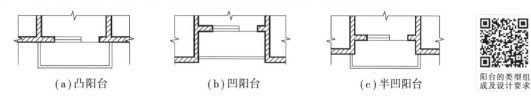

（a）凸阳台　　　　　　　　（b）凹阳台　　　　　　　　（c）半凹阳台

阳台的类型组成及设计要求

图9.23　阳台的类型

阳台由承重结构(梁、板)和栏杆组成。阳台的结构及构造设计应满足以下要求:

①安全、坚固。阳台出挑部分的承重结构为悬臂结构,应满足结构抗倾覆的要求,以保证结构安全。阳台栏杆、扶手构造应坚固、耐久,并给人们以足够的安全感。

②适用、美观。阳台挑出长度根据使用要求确定,常取 1.2~2.4 m。阳台地面应设置排水坡度并低于室内地面约 50 mm,以免雨水倒流入室内(图9.24)。阳台栏杆应结合地区气候特点,并满足立面造型的需要。

掌握阳台排水构造要点。

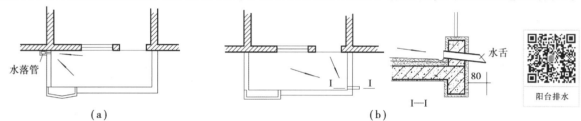

（a）　　　　　　　　　　　　　　　　　　（b）

阳台排水

图9.24　阳台排水处理

9.5.2 阳台的结构布置

阳台承重结构通常是楼板的一部分,应与楼板的结构布置统一考虑,主要采用钢筋混凝土结构。当为凹阳台时,阳台板布置同楼板布置一致即可。挑阳台的结构布置则通常采用以下 3 种方式:

（1）挑梁搭板

挑梁搭板即在阳台两端设置挑梁,挑梁上搁板(图9.25)。此种方式构造简单、施工方便,阳台板与楼板规格一致,是较常采用的一种方式。在处理挑梁与板的关系上有 3 种方式:挑梁外露、设置边梁、设置 L 形挑梁及卡口板。

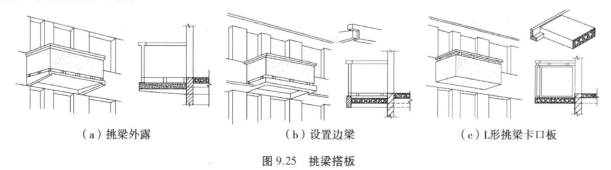

（a）挑梁外露　　　　　　　（b）设置边梁　　　　　　　（c）L形挑梁卡口板

图9.25　挑梁搭板

（2）悬挑阳台板

悬挑阳台板即阳台的承重结构是由楼板挑出的阳台板构成(图9.26)。此种方式阳台板底平整,造型简洁,阳台长度可以任意调整,但施工较麻烦。悬挑阳台板具体的悬挑方式有两种:楼板悬挑阳台板、墙梁(或框架梁)悬挑阳台板。

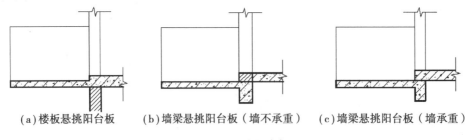

(a)楼板悬挑阳台板　　(b)墙梁悬挑阳台板(墙不承重)　　(c)墙梁悬挑阳台板(墙承重)

图 9.26　悬挑阳台板

9.5.3　阳台栏杆

1)阳台栏杆类型

按阳台栏杆空透的情况不同有实心栏板、空花栏杆和部分空透的混合式栏杆。选择栏杆的类型应结合造型需要、使用要求、气候特点、心理安全等多种因素决定。阳台栏杆使用的材料主要有金属、钢筋混凝土、砖、玻璃等。

2)阳台栏杆尺度

根据《民用建筑设计统一标准》和《住宅设计规范》中规定:临空高度在 24 m 以下时,阳台、外廊栏杆高度不应低于 1.05 m,临空高度在 24 m 及以上(包括中高层住宅)时,栏杆高度不应低于 1.10 m,公共场所栏杆离地面 0.10 m 高度内不宜留空。有儿童活动的场所,栏杆应采用不易攀登的构造,当采用垂直杆件做栏杆时,其杆件间净距不应大于 0.11 m。

3)钢筋混凝土栏杆构造

(1)压顶与栏杆的连接

钢筋混凝土栏杆通常设置钢筋混凝土压顶,并根据立面要求进行饰面处理。预制钢筋混凝土压顶与下部的连接可采用预埋铁件焊接、榫接坐浆、插筋连接和整体预制 4 种方式(图 9.27)。

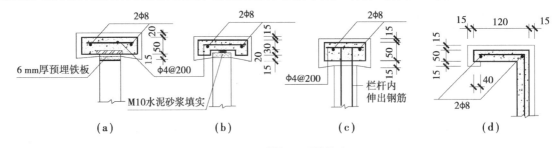

图 9.27　栏杆压顶的做法

(2)栏杆与阳台板的连接

为了阳台排水的需要和防止物品坠落,栏杆与阳台板的连接处需采用 C20 混凝土沿阳台板边现浇挡水带。栏杆与挡水带的连接可采用预埋铁件焊接、榫接坐浆、插筋连接(图 9.28)。

(3)栏板之间的拼接

钢筋混凝土栏板的拼接有两种方式:一是直接拼接法,即在栏板和阳台板预埋铁件相互焊接,如图 9.29(a)所示;二是立柱拼接法,栏板预埋件和立柱内钢筋直接焊接,如图 9.29(b)所示。

(4)压顶与墙的连接

压顶与墙的连接一般做法是在砌墙时预留孔洞,将压顶伸入锚固。采用栏板时,将栏板的上下肋伸入洞内,或在栏板上预留钢筋伸入洞内,用 C20 细石混凝土填实。

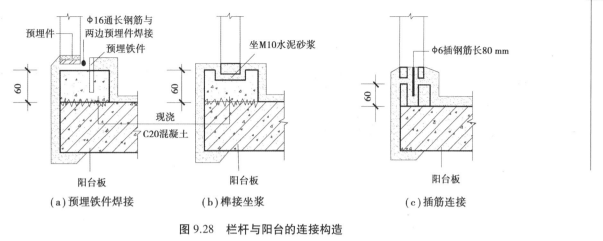

(a) 预埋铁件焊接　　　(b) 榫接坐浆　　　(c) 插筋连接

图 9.28　栏杆与阳台的连接构造

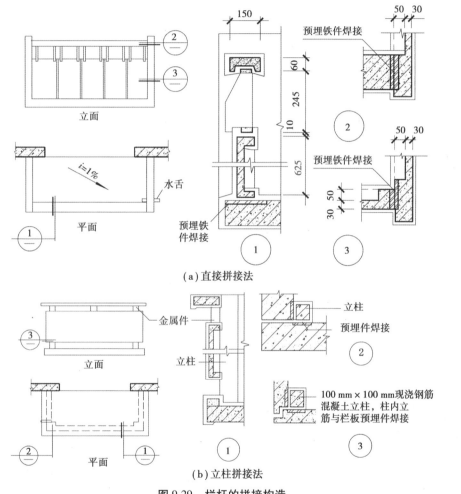

(a) 直接拼接法

(b) 立柱拼接法

图 9.29　栏杆的拼接构造

9.5.4　雨篷构造

　　雨篷通常设在房屋出入口的上方,以便雨天人们在出入口处作短暂停留时不被雨淋,并起到保护门和丰富建筑立面的作用(图 9.30)。由于建筑的性质、出入口的大小和位置、地区气候特点以及立面造型的要求等因素的影响,雨篷的形式可多种多样。

熟悉雨篷的构造种类和设计要点。

雨篷构造

图 9.30　各种形式的雨篷

　　雨篷板支承可采用门过梁悬挑板的方式,也可采用墙或柱支承。最简单的是过梁悬挑板,即悬挑雨篷(图 9.31)。悬挑板板面通常较梁顶面标高低,对于防止雨水浸入墙体有利。为了板面排水的组织和立面造型的需要,板外沿常做加高处理,采用混凝土现浇或砖砌,板面需做防水处理,并在靠墙处做泛水。

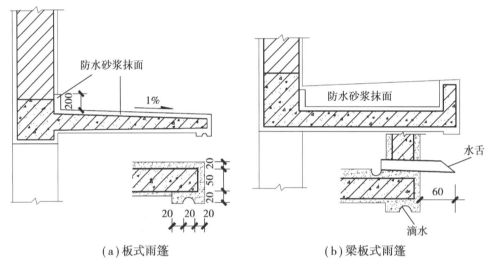

(a)板式雨篷　　　　　　　　(b)梁板式雨篷

图 9.31　过梁悬挑雨篷

　　近年来,金属和玻璃材料的雨篷得到了越来越广泛的应用,它具有设计灵活、轻巧美观等优点,对建筑入口的烘托和建筑立面的美化起到了很好的效果(图 9.32)。

图 9.32　金属玻璃雨篷

复习思考题

(1)绘简图示意楼板层与地坪层构造的异同。

(2)绘简图示意改善和提高楼板隔绝撞击声性能的 3 种主要措施。

(3)钢筋混凝土楼板根据施工方式分为哪 3 种?各有何优缺点。

(4)简述常用预制钢筋混凝土楼板的类型及其特点和适用范围。

(5)简述井式楼板和无梁楼板的特点及适用范围。

(6)简述常用整体地面的种类、优缺点及适用范围。

(7)直接式顶棚分为哪些种类?

(8)绘简图示意预制挑阳台的两种结构布置方式。

(9)阳台栏杆在高度上有何设计要求?

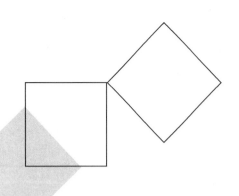

10 楼 梯

本章导读：
- **基本要求**　熟悉楼梯的构造组成和常用形式；掌握楼梯的尺度和计算；掌握钢筋混凝土楼梯的承重方式与构造分类；掌握踏步、栏杆、扶手的细部构造；熟悉室外台阶和坡道的设计要求；了解电梯和自动扶梯的基本常识；熟悉电梯、自动扶梯与土建的配合要求。
- **重点**　楼梯的尺度和计算，钢筋混凝土楼梯的承重方式与构造分类，踏步、栏杆、扶手的细部构造，电梯、自动扶梯与土建的配合要求。
- **难点**　楼梯的计算，钢筋混凝土楼梯的承重方式与构造分类，电梯、自动扶梯与土建的配合要求。

建筑物的竖向交通设施有楼梯、电梯、自动扶梯、台阶、坡道、爬梯等。其中，楼梯使用最为广泛，同时也是人员紧急疏散的唯一通道。电梯广泛应用于高层建筑及医院、酒店等建筑。自动扶梯用于人流量大且使用要求较高的公共建筑，如商场、候机楼等。台阶用于室、内外高差和室内局部高差之间的联系。坡道则用于无障碍交通、货物运输和车库中。爬梯专用于不常用的检修等。

10.1　概述

10.1.1　楼梯的组成

掌握楼梯的组成。

楼梯一般由梯段、平台、栏杆扶手3部分组成，如图10.1所示。

（1）梯段

梯段俗称梯跑，是联系两个不同标高平台的倾斜构件，分为板式梯段和梁板式梯段两种。梯段的踏步步数一般不宜超过18级，但也不宜少于3级。

（2）楼梯平台

按平台所处位置和高度不同，有中间平台和楼层平台之分。两楼层之间的平台称为中间平台。与楼层地面标高齐平的平台称为楼层平台。

楼梯的组成

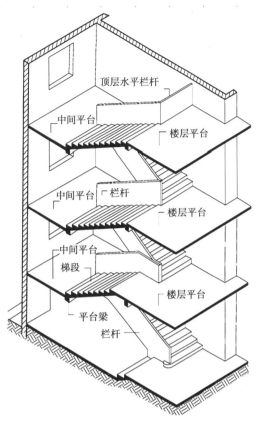

图 10.1　楼梯的组成

（3）栏杆扶手

栏杆扶手是设在梯段及平台边缘的安全保护构件。当梯段宽度不大时,可只在梯段临空面设置;当梯段宽度较大时,非临空面也应加设靠墙扶手;当梯段宽度很大时,则需在梯段中间加设中间扶手。

楼梯作为建筑空间竖向联系的主要部件,其位置应明显,起到提示引导人流的作用,并要充分考虑其造型美观、通行顺畅、行走舒适、坚固安全,同时还应满足施工和经济条件的要求。因此,需要合理地选择楼梯的形式、坡度、材料和构造做法。

10.1.2　楼梯的形式

楼梯的形式多种多样（图 10.2、图 10.3）,它的选择取决于所处位置、形状与大小、层高与层数、人流多少与缓急等因素,设计时需综合权衡这些因素。

楼梯形式是根据楼梯的行进方向及梯段跑数来命名的,主要分为以下几种形式:

①直行单跑楼梯:如图 10.2（a）所示,楼梯沿单一方向前行,无中间平台。由于单跑梯段踏步数不超过 18 级,故仅用于层高不高的建筑。

②直行多跑楼梯:如图 10.2（b）所示,是在直行单跑楼梯的基础上增设了中间平台,将单跑梯段变为多跑梯段。故适用于层高较高的建筑。

③平行双跑楼梯:如图 10.2（c）所示,该楼梯上完一层楼刚好回到原起步方位,比直跑楼梯节约面积并缩短人流行走距离,是最常用的楼梯形式。

④平行双分双合楼梯:如图 10.2（d）、（e）所示,可看作是两个平行双跑楼梯的组合,适用于人流量大的建筑。由于其造型的对称性,也常用作办公类建筑的主要楼梯。图 10.2（d）为平行双分楼梯,楼梯上行过程中是先合后分;图 10.2（e）为平行双合楼梯,上行过程是先合后分。

⑤折行多跑楼梯:如图 10.2(f)、(g)、(h)所示,该楼梯人流导向自由,折角通常为 90°,也可以是钝角和锐角;通常为两跑,也可是更多跑数;主要适用于宾馆、剧场等建筑的大堂和门厅中。

⑥交叉跑楼梯:如图 10.2(i)、(j)所示,又称为剪刀楼梯,可看成直行楼梯的交叉组合,提供了两个方向的交通和疏散,节约空间,加大了通行量,常用于高层塔式住宅和人流量大的公共建筑。

⑦螺旋楼梯:如图 10.2(k)所示,通常围绕一根单柱布置,平面呈圆形,踏步为扇形,内侧宽度很小,坡度较陡,不能作为主要人流交通和疏散楼梯,但由于其造型美观,常作为建筑小品。

⑧弧形楼梯:如图 10.2(l)所示,比螺旋楼梯的半径大,投影不是圆形,是一段弧环,所以扇形踏步的内侧宽度也较大,坡度不至于过陡,通行条件较好。具有明显的导向性和优美的造型,常用于公共建筑的门厅。

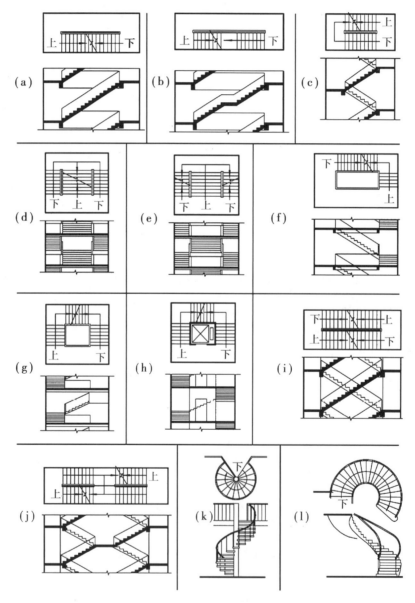

图 10.2　楼梯形式

(a)直行单跑楼梯　　　　(b)直行多跑楼梯　　　　(c)平行双跑楼梯

(d)平行双分楼梯　　　　(e)平行双合楼梯　　　　(f)折行多跑楼梯

(g)交叉跑（剪刀）楼梯　　(h)(i)螺旋形楼梯　　　　(j)弧形楼梯

图 10.3　各种形式的楼梯实例

10.1.3　楼梯的尺度

（1）踏步尺度

楼梯的坡度由踏步高宽比决定。踏步的高宽比需根据人流行走的舒适安全和楼梯间的尺寸面积等因素综合权衡。根据《民用建筑设计统一标准》的规定,对于不同类型的楼梯,其踏步的高、宽尺寸应满足表 10.1 的要求。

（2）梯段尺度

梯段尺度包括梯段宽度和梯段长度两部分。梯段宽度应根据紧急疏散时要求通过的人流股数确定,每股人流按宽约 0.55 m 考虑,同时还需满足各类建筑设计规范中对梯段宽度的限定,如住宅梯段净宽不小于 1.10 m,宿舍梯段净宽不应小于1.20 m,商场梯段净宽不应小于1.40 m等。

梯段长度（L）则是每一梯段的水平投影长度,其值为 $L=b\times(N-1)$,其中 b 为踏步水平投影步宽,N 为梯段踏步数。

了解楼梯的坡度表达方式和常见坡度。

掌握楼梯踏步尺寸。

楼梯的坡度　　梯踏步尺寸

表 10.1　楼梯踏步最小宽度和最大高度　　　　单位:m

楼梯类别		最小宽度	最大高度
住宅楼梯	住宅公共楼梯	0.260	0.175
	住宅套内楼梯	0.220	0.200
宿舍楼梯	小学宿舍楼梯	0.260	0.150
	其他宿舍楼梯	0.270	0.165
老年人建筑楼梯	住宅建筑楼梯	0.300	0.150
	公共建筑楼梯	0.320	0.130
托儿所、幼儿园楼梯		0.260	0.130
小学校等楼梯		0.260	0.150
人流密集且竖向交通繁忙的建筑和大、中学校等楼梯		0.280	0.165
其他建筑楼梯		0.260	0.175
超高层建筑核心筒内楼梯		0.250	0.180
检修及内部服务楼梯		0.220	0.200

楼梯平台
尺寸

（3）平台宽度

掌握楼梯平台宽度。平台宽度分为中间平台宽度 D_1 和楼层平台宽度 D_2。平台宽度不小于梯段宽度，并不小于 1.2 m。剪刀楼梯平台宽度不小于 1.3 m。楼层平台的宽度则应比中间平台更宽松一些，以利于人流分配和停留。开向疏散楼梯或疏散楼梯间的门，当其完全开启时,不应减少楼梯平台的有效宽度（图 10.4）。

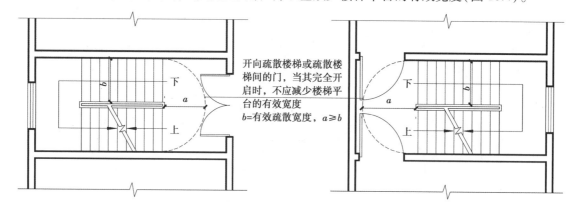

开向疏散楼梯或疏散楼梯间的门，当其完全开启时，不应减少楼梯平台的有效宽度
b=有效疏散宽度，$a \geqslant b$

图 10.4　门与楼梯平台有效宽度的关系

（4）梯井宽度

梯井是指梯段之间形成的空档 C。在平行多跑楼梯中，可无梯井，但为了梯段施工和平台转弯缓冲，以设梯井为宜。梯井宽度通常取 60~200 mm，若大于 110 mm，则应该设置防儿童攀爬措施。

（5）栏杆扶手高度

栏杆扶手高度应从踏步前缘线垂直量至扶手顶面，不宜小于 0.90 m，供儿童使用的楼梯应在 500~600 mm 高度增设扶手（图 10.5）。当楼梯栏杆水平段长度>0.50 m 时，扶手高度应≥1.05 m。室外楼梯的栏杆因为临空，需要加强防护。当临空高度<24 m 时，栏杆高度应≥1.05 m，当临空高度≥24 m 时，栏杆高度应≥1.10 m。

（6）楼梯净空高度

楼梯各部位的净空高度应保证人流通行和家具搬运，楼梯平台上部及下部过道处的净高不应小于 2 m，梯段净高不宜小于 2.20 m（图 10.6）。

当在平行双跑楼梯底层中间平台下需设置通道时，为保证平台下净高满足通行要求，一般可采用以下方式解决：

①在底层变作长短跑梯段。起步第一跑为长跑，以提高中间平台标高，如图 10.7（a）所示。这种方式仅在楼梯间进深富余时适用。

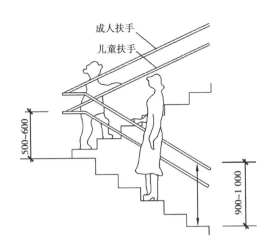

图 10.5 栏杆扶手高度位置

图 10.6 楼梯净空高度

②局部降低底层中间平台下地坪标高,使其低于底层室内地坪标高,以满足净空要求,如图 10.7(b)所示。此种方式常结合底层地面架空处理,解决底层防潮问题。

③综合上两种方式,采取长短跑梯段的同时,又降低底层中间平台下地坪标高,如图10.7(c)所示。

④底层用直行楼梯直接从室外上二层,如图 10.7(d)所示。这种方式常用于住宅建筑。

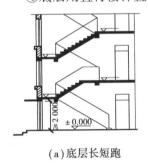（a）底层长短跑 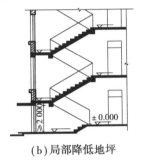（b）局部降低地坪 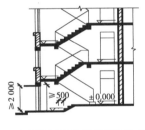（c）底层长短跑并局部降低地坪 （d）底层直跑

图 10.7 底层中间平台下做出入口的处理方式(单位:mm)

10.1.4 楼梯的计算

掌握楼梯计算的过程和方法。

在进行楼梯构造设计时,应对楼梯各细部尺寸进行详细的计算。现以常用的平行双跑楼梯为例,说明楼梯尺寸的计算方法(图10.8)。具体计算步骤如下:

①根据层高 H 和初选步高 h 确定每层步数 N,$N=H/h$。为了减少构件规格,一般应尽量采用等跑梯段,因此 N 宜为偶数。如所求出 N 为奇数或非整数,可反过来调整步高 h。

②根据步数 N 和初选步宽 b 决定梯段水平投影长度 L,$L=(0.5N-1)\times b$。

③确定是否设梯井。如楼梯间宽度较富余,可在两梯段之间设梯井。供少年儿童使用的楼梯梯井应≤200 mm,以利安全。

④根据楼梯间开间净宽 A 和梯井宽 C 确定梯段宽度 a,$a=(A-C)/2$。同时检验其通行能力是否满足紧急疏散时人流股数要求,如不能满足,则应对梯井宽 C 或楼梯间开间净宽 A 进行调整。

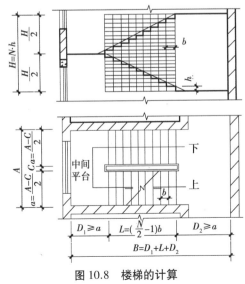

图 10.8 楼梯的计算

⑤根据初选中间平台宽 $D_1(D_1 \geq a)$ 和楼层平台宽 $D_2(D_2 > a)$ 以及梯段水平投影长度 L 检验楼梯间进深净长度 B,$D_1 + L + D_2 = B$。如不能满足,可对 L 值进行调整(即调整 b 值)。必要时,则需调整 B 值。

在 B 值一定的情况下,如尺寸有富余,一般可加宽 b 值以减缓坡度或加宽 D_2 值以利于楼层平台分配人流。

楼梯绘制时需要注意不同楼层梯段、栏杆扶手的绘制特点,图10.9为楼梯各层平面图示。

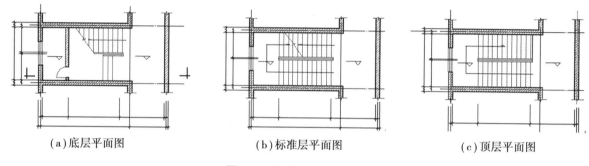

(a)底层平面图　　　　(b)标准层平面图　　　　(c)顶层平面图

图10.9　楼梯各层平面图示

10.2　钢筋混凝土楼梯构造

钢筋混凝土楼梯具有坚固耐久、节约木材、防火性能好、可塑性强等优点,得到了广泛应用。按其施工方式可分为预制装配式和现浇整体式。

10.2.1　预制装配式钢筋混凝土楼梯

预制装配式有利于节约模板、提高施工速度,使用较为普遍。按其构造方式可分为墙承式、墙悬臂式和梁承式等类型。

1)墙承式

墙承式钢筋混凝土楼梯系指预制钢筋混凝土踏步板直接搁置在墙上的一种楼梯形式(图10.10)。其踏步板一般采用一字形、L形或 ⌐ 形断面。

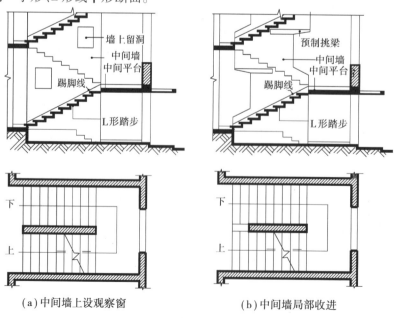

(a)中间墙上设观察窗　　　　(b)中间墙局部收进

图10.10　预制装配墙承式钢筋混凝土楼梯

此类楼梯由于踏步两端均有墙体支承，中间没有梯井且不必设栏杆，需要时设靠墙扶手。但由于每块踏步板直接安装入墙体，对墙体砌筑质量和施工速度影响较大。

该楼梯梯段之间的墙，阻挡了视线，上下人流易相撞。通常在中间墙上开设观察口［图10.10（a）］或将中间墙两端局部收进［图10.10（b）］，以使空间通透，有利于增加通视条件。

2）墙悬臂式

墙悬臂式钢筋混凝土楼梯系指预制钢筋混凝土踏步板一端嵌固于楼梯间侧墙上，另一端凌空悬挑的楼梯形式（图10.11）。

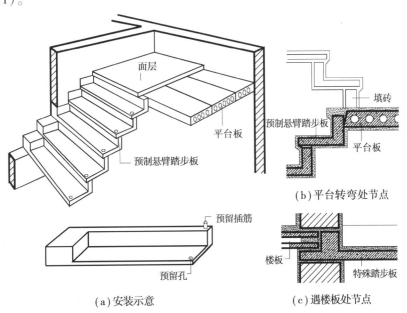

（b）平台转弯处节点

（a）安装示意　　　（c）遇楼板处节点

图10.11　预制装配墙悬臂式钢筋混凝土楼梯

此类楼梯无平台梁和梯斜梁，也无中间墙，楼梯间空间轻巧空透，结构占空间少。但整体刚度极差，不能用于有抗震设防要求的地区，且施工比较麻烦。

该楼梯踏步板一般采用 L 形或 ˥ 形带肋断面形式，其入墙嵌固端一般做成矩形断面，嵌入深度不小于 240 mm，砌墙砖的标号不小于 MU10，砌筑砂浆标号不小于 M5。为了加强踏步板之间的整体性，可在踏步板悬臂端留孔，用插筋套接，并用高标号水泥砂浆嵌固。

3）梁承式

梁承式钢筋混凝土楼梯系指梯段由平台梁支承的楼梯构造方式。预制构件分为梯段、平台梁、平台板 3 部分（图10.12）。

（1）梯段

梯段按其受力和构造分为梁板式梯段和板式梯段两种。

①梁板式梯段：由梯斜梁和踏步板组成。一般在踏步板两端各设一根梯斜梁，踏步板支承在梯斜梁上，梯斜梁支承在平台梁上，如图10.12（a）所示。

踏步板断面形式有一字形、L 形、˥ 形、三角形等，断面厚度为 40~80 mm（图10.13）。

梯斜梁有锯齿形和矩形两种，前者用于搁置一字形、L 形、˥ 断面踏步板，后者用于搁置三角形断面踏步板（图10.14）。梯斜梁断面有效高度一般按 $L/12$ 估算（L 为梯段水平投影长度）。

②板式梯段：为整块或数块带踏步条板，上下端直接支承在平台梁上，如图10.12（b）所示。由于没有梯斜梁，梯段底面平整，增大了梯段和平台下净空，其有效断面厚度可按 $L/20 \sim L/30$ 估算。

为了减轻梯段板自重，可做成空心构件，有横向抽孔和纵向抽孔两种方式。横向抽孔较纵向抽孔合理易行，较为常用（图10.15）。

熟悉墙悬臂式楼梯的构造组成。

掌握预制装配梁承式楼梯构造。

熟悉板式梯段的构造组成。

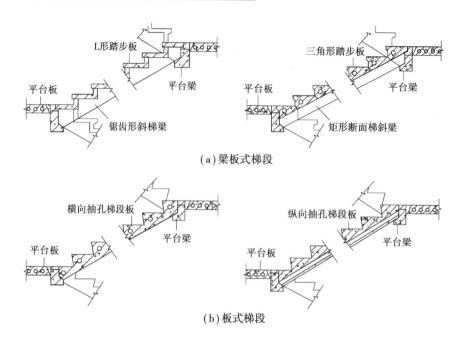

（a）梁板式梯段

（b）板式梯段

图 10.12　预制装配梁承式钢筋混凝土楼梯

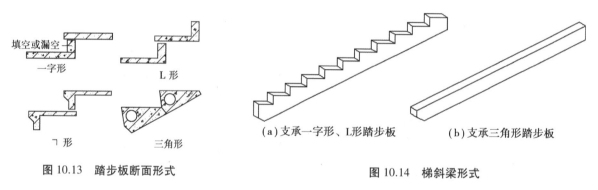

图 10.13　踏步板断面形式

图 10.14　梯斜梁形式

（2）平台梁

为了便于支承梯斜梁或梯段板，减少平台梁所占结构高度，一般将平台梁做成 L 形断面（图 10.16）。其构造高度按 $L/12$ 估算（L 为平台梁跨度）。

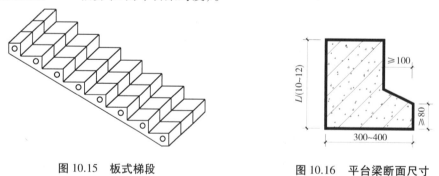

图 10.15　板式梯段

图 10.16　平台梁断面尺寸

（3）平台板

平台板可根据需要采用钢筋混凝土空心板、槽板或平板。图 10.17 为平台板布置方式。

4）构件连接

预制装配楼梯各构件之间的连接，对提高楼梯的整体性，保证其安全坚固有重要作用。

①踏步板与梯斜梁连接［图 10.18（a）］：一般采用坐浆连接，如需加强，可辅助插筋连接。

②梯斜梁或梯段板与平台梁连接［图 10.18（b）］：除坐浆外，还应做预埋钢板焊接。

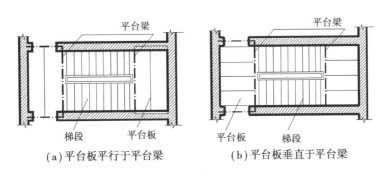

(a)平台板平行于平台梁　　　　(b)平台板垂直于平台梁

图 10.17　平台板布置方式

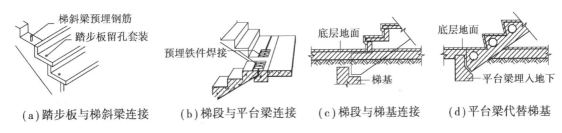

(a)踏步板与梯斜梁连接　(b)梯段与平台梁连接　(c)梯段与梯基连接　(d)平台梁代替梯基

图 10.18　构件连接

③梯斜梁或梯段板与梯基连接[图 10.18(c)、(d)]:梯斜梁或梯段板下应做梯基或平台梁。

10.2.2　现浇整体式钢筋混凝土楼梯

现浇整体式钢筋混凝土楼梯结构整体性好,能适应各种楼梯间平面和楼梯形式,但需要现场支模、浇注,施工周期较长,根据受力特征和构造组成分为梁承式、梁悬臂式、现浇扭板式等类型。

1)梁承式

同预制梁承式楼梯相似,现浇梁承式楼梯的梯段支承在平台梁上,且与梯段现浇成整体。梯段可采用梁板式梯段,梯斜梁可上翻或下翻形成梯帮,如图 10.19(a)、(b)所示;也可采用板式梯段,如图 10.19(c)所示,施工简便。

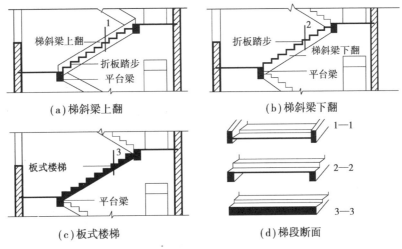

(a)梯斜梁上翻　　　　　　(b)梯斜梁下翻

(c)板式楼梯　　　　　　(d)梯段断面

图 10.19　现浇梁承式钢筋混凝土楼梯

在砌体结构中,平台梁支承在楼梯间墙上,构造简单。在框架结构中,平台梁通常支承在由框架梁支承的短柱上[图 10.20(a)]。还可以采用平台板和梯段板联合成的 Z 形大梯段的方式[图 10.20(b)],将平台梁退后由框架梁或增设层间小梁支承。

（a）增设短柱　　　　　　（b）Z形大梯段

图 10.20　楼梯在钢筋混凝土框架结构中的布置

2）梁悬臂式

梁悬臂式楼梯指踏步板从梯斜梁两边或一边悬挑的楼梯形式，常用于框架结构建筑中或室外露天楼梯。

这种楼梯一般为单梁或双梁悬臂支承踏步板和平台板。单梁悬臂常用于中小型楼梯或小品景观楼梯，双梁悬臂则用于梯段宽度大、人流量大的大型楼梯。踏步板断面形式有平板式、折板式和三角形板式（图 10.21）。现浇梁悬臂式钢筋混凝土楼梯通常采用整体现浇方式，但为了减少现场支模，也可采用梁现浇、踏步板预制装配的施工方式。这时，斜梁与踏步板及踏步板之间常采用预埋钢板焊接。

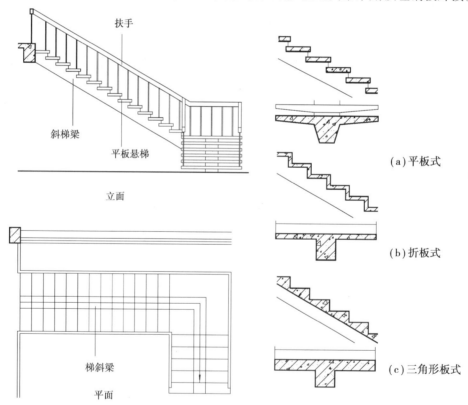

（a）平板式

（b）折板式

（c）三角形板式

图 10.21　现浇梁悬臂式钢筋混凝土楼梯及踏步板断面形式

3）现浇扭板式

现浇扭板式钢筋混凝土楼梯底面平顺，结构占空间少，造型美观。但由于板跨大，受力复杂，结构设计和施工难度较大，钢筋和混凝土用量也较大。图 10.22 为现浇扭板式钢筋混凝土弧形楼梯，一般应用于公共建筑的大厅中。为了使梯段边沿线条轻盈，常在靠近边沿处局部减薄出挑。

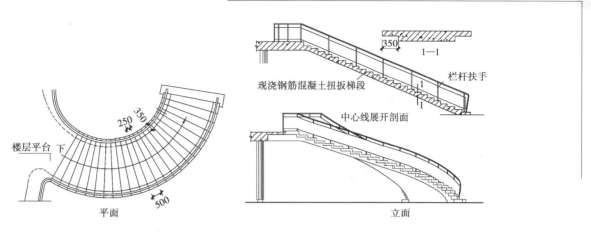

图 10.22　现浇扭板式钢筋混凝土楼梯(单位:mm)

10.3　踏步和栏杆、扶手构造

踏步面层装修和栏杆扶手处理的好坏直接影响楼梯的使用安全和美观,在设计中应引起重视。

10.3.1　踏步构造

掌握踏步
面层和防
滑的构造
方法。

楼梯踏步面层
及防滑处理

1)踏步面层

楼梯踏步面层装修做法与楼层面层装修做法基本相同。但考虑楼梯人流量大、使用率高等因素,踏步面层装修做法应选择耐磨、美观、不起尘的材料。常用的有水泥豆石面层、水磨石面层、缸砖面层、石材面层、橡胶面层等(图 10.23),还可在面层上铺设地毯。

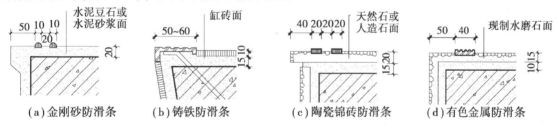

图 10.23　踏步面层及防滑处理(单位:mm)

2)踏步防滑处理

在踏步上设置防滑条的目的在于避免行人滑倒,并起到保护踏步阳角的作用。在人流量较大的楼梯中均应设置,其设置位置靠近踏步阳角处。常用的防滑条材料有:水泥铁屑、金刚砂、金属条(铸铁、铝条、铜条)、陶瓷锦砖及带防滑条缸砖等(图 10.23)。需要注意的是:防滑条应突出踏步面 2~3 mm,但不能太高,做得太高,反而行走不便。

10.3.2　栏杆与扶手构造

1)栏杆形式与构造

栏杆形式可分为空花式、栏板式、混合式等类型(图 10.24)。栏杆形式应根据材料、经济、装修标准和使用对象的不同进行合理的选择和设计。

（a）空花式　　　　　（b）栏板式　　　　　（c）混合式

图 10.24　栏杆的形式

（1）空花式

空花式栏杆以栏杆竖杆作为主要受力构件，常采用钢材制作，也可采用木材、铝型材、铜和不锈钢等制作，具有质量轻、空透轻巧的特点，是楼梯栏杆的主要形式，如图 10.25（a）所示。

在构造设计中应保证其竖杆具有足够的强度以抵抗侧向冲击力，其杆件形成的空花尺寸不宜过大，以利安全，特别是供少年儿童使用的楼梯，竖杆间净距不应大于 110 mm。

（2）栏板式

栏板式栏杆常采用砖、钢丝网水泥抹灰、钢筋混凝土等形成实心栏板。相比空花式安全性更好，但厚度增加，影响梯段有效宽度，并增加自重。当前，多采用安全玻璃做栏板来减轻自重、厚度，并提高栏板的通透和轻盈感，如图 10.24（b）所示。

（3）混合式

混合式栏杆是指空花式和栏板式两种栏杆形式的组合，栏杆竖杆作为主要抗侧力构件，栏板则作为防护和美观装饰构件。竖杆常采用钢材或不锈钢等，栏板部分常采用轻质美观材料制作，如木板、铝板、有机玻璃板和钢化玻璃板等，如图 10.24（c）所示。

2）扶手形式

了解栏杆扶手交接处的关系。楼梯扶手常用木材、塑料、金属管材（钢管、铝合金管、铜管和不锈钢管等）制作。

扶手断面形式和尺寸的选择既要考虑人休尺度和使用要求，又要考虑与楼梯的尺度关系和加工制作可能性。图 10.25 为几种常见扶手断面形式和尺度。

楼梯扶手的构造

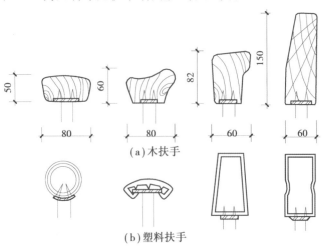

（a）木扶手

（b）塑料扶手

图 10.25　常见扶手断面形式及尺寸

3) 栏杆扶手连接构造

(1) 栏杆与扶手连接

木材或塑料扶手通过竖杆顶部的通长扁钢与扶手底面或侧面槽口榫接,用木螺丝固定(图 10.25)。金属管材扶手与栏杆竖杆一般采用焊接或铆接。

(2) 栏杆与梯段、平台连接

栏杆竖杆与梯段、平台的连接一般在梯段和平台上预埋钢板焊接或预留孔插接。为了保护栏杆免受锈蚀和增强美观,常在竖杆下部装设套环,覆盖住栏杆与梯段或平台的接头处(图10.26)。

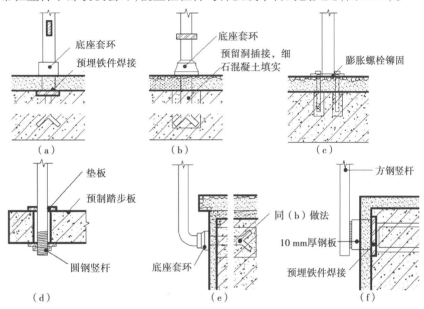

图 10.26 栏杆与梯段、平台连接构造

(3) 扶手与墙面连接

当直接在墙上装设扶手时,扶手内缘应与墙面保持 50 mm 左右的距离。一般在砖墙上留洞,将扶手连接杆件伸入洞内,用细石混凝土嵌固,如图 10.27(a)所示。当扶手与钢筋混凝土墙或柱连接时,一般采取预埋钢板焊接,如图 10.27(b)所示。在栏杆扶手结束处与墙、柱面相交,也应有可靠连接,如图 10.27(c)、(d)所示。

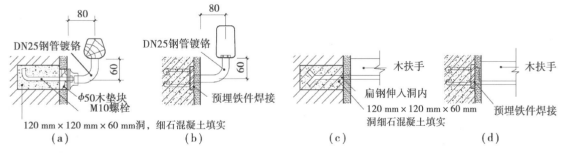

图 10.27 扶手与墙面连接构造

(4) 楼梯起步处理

在底层第一跑梯段起步处,为增强栏杆刚度和美观,可以对第一级踏步和栏杆扶手进行特殊处理(图10.28)。

(5) 梯段转折处栏杆扶手处理

在梯段转折处,由于梯段间的高差关系,为了保持栏杆高度一致和扶手的连续,需根据不同情况进行处理(图10.29)。

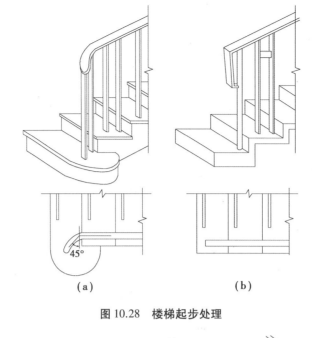

图 10.28　楼梯起步处理

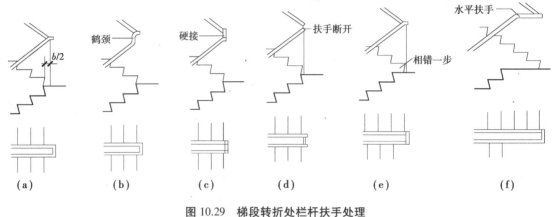

图 10.29　梯段转折处栏杆扶手处理

10.4　室外台阶与坡道

　　室外台阶与坡道是建筑出入口处室内外高差之间的交通联系部件。除考虑人流量大应合理选择坡度和面层材料外,还需要考虑无障碍设计。

熟悉台阶构造。

10.4.1　台阶构造

台阶的构造

1) 台阶尺度

　　台阶处于室外,其踏步尺寸应使坡度平缓,以提高行走舒适度。其踏步高一般在 100~150 mm,踏步宽在 300~400 mm,步数根据室内外高差确定。在台阶与建筑出入口大门之间,常设一缓冲平台,作为室内外空间的过渡。平台深度一般不应小于 1.00 m,有无障碍设计要求时,平台深度不应小于 1.50 m。平台需做3%左右的排水坡度,以利于雨水排除,如图 10.30 所示。

2）台阶面层

由于台阶位于易受雨水侵蚀的环境之中，需慎重考虑防滑和抗风化问题。其面层材料应选择防滑和耐久的材料，如水泥石屑、斩假石（剁斧石）、天然石材、防滑地面砖等。对于人流量大的建筑台阶，还宜在台阶平台处设刮泥槽。需注意刮泥槽的刮齿应垂直于人流方向，如图10.30所示。

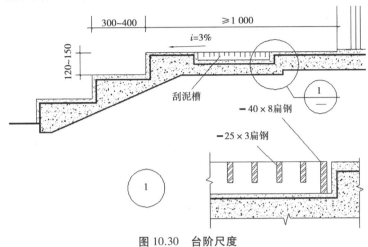

图 10.30　台阶尺度

3）台阶垫层

步数较少的台阶，其垫层做法与地面垫层做法类似，一般采用素土夯实后按台阶形状尺寸做C15混凝土垫层或砖石垫层。标准较高的或地基土质较差的还可在垫层下加铺一层碎砖或碎石层。对于步数较多或地基土质太差的台阶，可根据情况架空成钢筋混凝土台阶。严寒地区的台阶还需考虑地基土冻胀因素，可用含水率低的砂石垫层换土至冰冻线以下。图10.31为几种台阶做法示例。

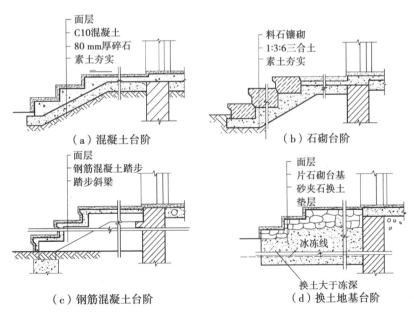

图 10.31　台阶构造示例

10.4.2　坡道构造

在需要进行无障碍设计的建筑物出入口，应留有不小于1 500 mm×1 500 mm平坦的轮椅回转面积。室内外的高差处理除用台阶联系外，还应采用坡道连接。

（1）坡道尺度

作为无障碍联系坡道，其宽度不应小于 1 200 mm，坡道的坡度、坡段高度和水平长度的最大容许值见表 10.2。当长度超过时，需设休息平台，平台深度不小于 1 500 mm（图 10.32）。在坡道的起点和终点处应留有深度不小于 1 500 mm 的轮椅缓冲区。

表 10.2　每段坡道的坡度、坡段高度和水平长度的最大容许值　　　　　单位:mm

坡　　度	1/20	1/16	1/12	1/10	1/8	1/6
坡段最大高度	1 500	1 000	750	600	350	200
坡段水平长度	30 000	16 000	9 000	6 000	2 800	1 200

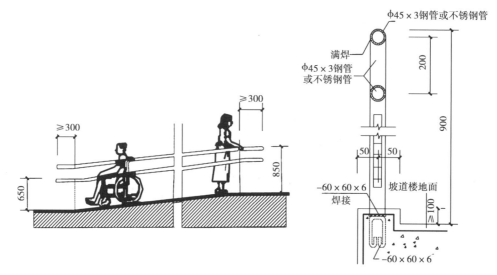

图 10.32　坡道扶手

（2）坡道扶手

坡道两侧宜在 900 mm 和 650 mm 高度处设上下两层扶手，扶手应安装牢固，能承受身体重量，扶手的形状要易于抓握。坡道起点和终点处的扶手应水平延伸 300 mm 以上。坡道侧面临空时，栏杆下端宜设高度不小于 50 mm 的安全挡台，如图 10.32 所示。

（3）坡道地面

坡道地面应平整，面层宜选用防滑及不易松动的材料，构造做法如图 10.33 所示。

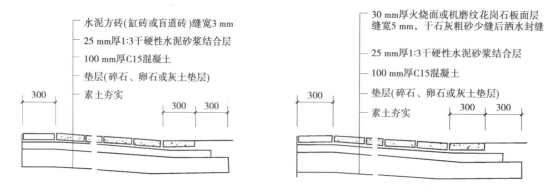

图 10.33　坡道地面构造做法

10.5　电梯与自动扶梯

10.5.1　电梯

1) 电梯的类型

（1）按使用性质分

①乘客电梯:简称客梯,为运送乘客而设计的电梯。

②载货电梯:简称货梯,通常有人伴随,主要为运送货物而设计的电梯。

③客货电梯:简称客货梯,以运送乘客为主,但也可运送货物的电梯。

④病床电梯:也称为医用电梯,为运送病床包括病人及医疗设备而设计的电梯。

⑤杂物电梯:简称杂物梯,服务于规定楼层的固定式升降设备,主要运送图书、资料、食品和杂物等的提升装置,由于尺寸和结构形式的关系,人不能进入轿厢内。

（2）按电梯行驶速度分

电梯速度与轿厢容量、建筑的规模和层数有关,通常分为低速、中速和高速 3 类:高速电梯,速度在 5~10 m/s;中速电梯,速度在 2.5~5 m/s;低速电梯,速度在 2.5 m/s 以下。

（3）消防电梯

消防电梯用于发生火灾、爆炸等紧急情况下作消防人员紧急救援使用。消防电梯应设前室,其井道和机房应与相邻电梯隔开,从首层至顶层的运行时间不应超过 60 s。

（4）观光电梯

观光电梯是把竖向交通工具和登高流动观景相结合的电梯。电梯从封闭的井道中解脱出来,透明的轿厢使电梯内外景观相互流通。

电梯的组成及
土建配合要点

2) 电梯的组成

①电梯井道:不同性质的电梯,其井道根据需要有各种井道尺寸,以配合各种电梯轿厢供选用。井道壁多为钢筋混凝土井壁或框架填充墙井壁。

②电梯机房:机房和井道的平面相对位置允许机房任意向一个或两个相邻方向伸出,并满足机房有关设备安装的要求。

③井道地坑:井道地坑在最底层平面标高下不小于 1.4 m,作为轿厢下降时所需的缓冲器的安装空间。具体尺寸须根据电梯选型和电梯生产厂家土建要求决定。

④组成电梯的有关部件:

a.轿厢:是直接载人、运货的厢体;

b.井壁导轨和导轨支架:是支承、固定厢上下升降的轨道;

c.牵引轮及其钢支架、钢丝绳、平衡锤、轿厢开关门、检修起重吊钩等;

d.有关电器部件:交流、直流电动机,控制柜,继电器,选层器,动力照明,电源开关,厅外层数指示灯和厅外上下召唤盒开关等。

3) 土建构造

机房净高一般不小于 2.8 m,应设置空调和通风设施。机房楼板平坦整洁,能承受 6 kPa 的均布荷载。机房地面应预留孔洞,顶部应预留安装吊钩。通向机房的通道和楼梯宽度不小于1.2 m,楼梯坡度不大于 45°。

井道地坑高度和顶层高度应满足缓冲要求,其高度主要和电梯速度有关,设计中应根据电梯参数确定。安装导轨支架可预留孔洞,也可预埋铁件焊接。砌体井道间隔 2 m 左右需设圈梁一道,方便导轨支架的安装。电梯土建构造如图 10.34 所示。

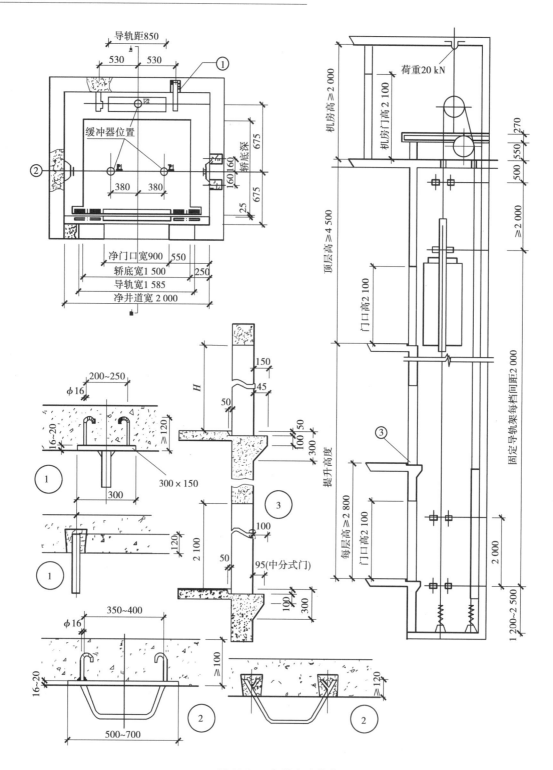

图 10.34　电梯土建构造

10.5.2　自动扶梯

1）原理及参数

自动扶梯是采用机电系统技术,由电动马达变速器以及安全制动器所组成的推动单元拖动两条环链,而每级踏板都与环链连接,通过轧轮的滚动,踏板便沿主构架中的轨道循环运转,同时扶手带以相应的速度与踏板同步运转(图10.35)。

自动扶梯的提升高度通常为3~10 m;速度在0.45~0.75 m/s,常用速度为0.5~0.6 m/s;倾角有27.3°、30°、35°几种,其中30°为常用角度;宽度一般有600、800、900、1 200 mm几种;理论载客量可达4 000~10 000人次/h。

2)土建配合要求

自动扶梯的土建配合工作主要包括洞口留设和使用安全两方面。

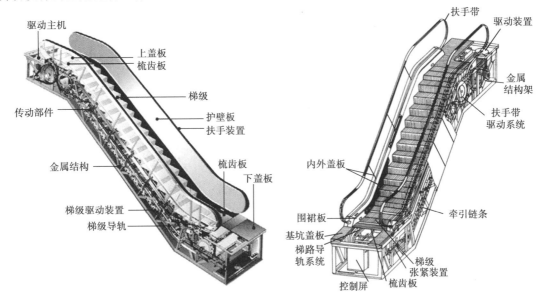

图10.35　自动扶梯构造示意图

洞口留设首先需要计算扶梯的尺寸,主要是其梯长的计算,应结合楼层高度、扶梯坡度以及扶梯两端的机械设备要求进行统一考虑(图10.36);其次,因扶梯的长度通常超过常规框架结构的跨度,涉及结构断梁等因素,还需要协调结构布置。

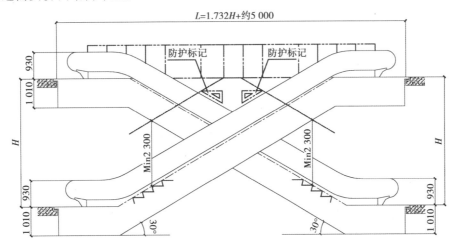

图10.36　电梯剖面示意图(单位:mm)

为保证自动扶梯乘客的出入畅通和使用安全,扶梯出入口处的宽度不应小于2.5 m;扶手带顶面距自动扶梯踏板面前缘的垂直高度不应小于0.90 m;扶手带外边至任何障碍物不应小于0.50 m,否则应采取措施防止障碍物引起人员伤害;自动扶梯的梯级上空的垂直净高不应小于2.30 m,图10.37为自动扶梯使用安全示意图。

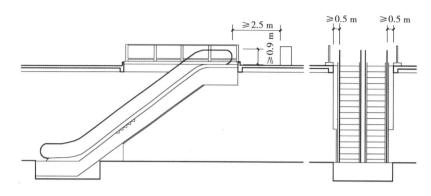

图 10.37　电梯使用安全示意图

简答题

（1）楼梯主要由哪几部分组成？各部分的设计要求是什么？

（2）请列举至少 8 种形式的楼梯，并分析其特征。

（3）楼梯踏步的高度与宽度有何要求？

（4）楼梯的净高一般指什么？有何要求？

（5）当底层平台下做出入口时，为增加净高，常采取哪些措施？

（6）预制装配式和现浇整体式钢筋混凝土楼梯的承重方式各有哪几种？其特点是什么？

（7）常用的预制踏步板形式有哪几种？

（8）请绘简图示意靠墙扶手与墙体的连接方式。

（9）请绘简图示意栏杆立杆与梯段的连接方式。

（10）无障碍坡道的设计要求有哪些？

（11）电梯按使用性质可分为哪几种类型？

（12）简述自动扶梯的土建配合要求。

综合训练题

如图 1~图 3 所示，现有一栋 15 层商住楼，一层为商业铺面，2—15 层为住宅，商业剖面层高 4.5 m，住宅层高 3 m，核心筒内有两部电梯，其中一部为担架电梯，楼梯间轴线尺寸为 2.7 m×5.0 m，请设计该楼梯。

要求：①列出完整计算过程；②绘制一层、二层、三层平面图及该部分剖面图；③剖面图按照齐步、不埋步的现浇楼梯绘制。

（1）基础知识：

①楼梯踏步尺寸；

②楼梯梯段和平台宽度要求；

③楼梯净高要求；

④楼梯间疏散门开启方向。

（2）学习难点：

①在同一楼梯间内，层高发生变化后的楼梯计算；

②梯段的支承方式选择及梯段的画法。

（3）学习进阶：

①如果因甲方要求，商业铺面层高需要调整至 4.8 m；5.1 m；5.4 m 及 6 m，请分别给出相应解决方案，并绘制剖面草图示意。

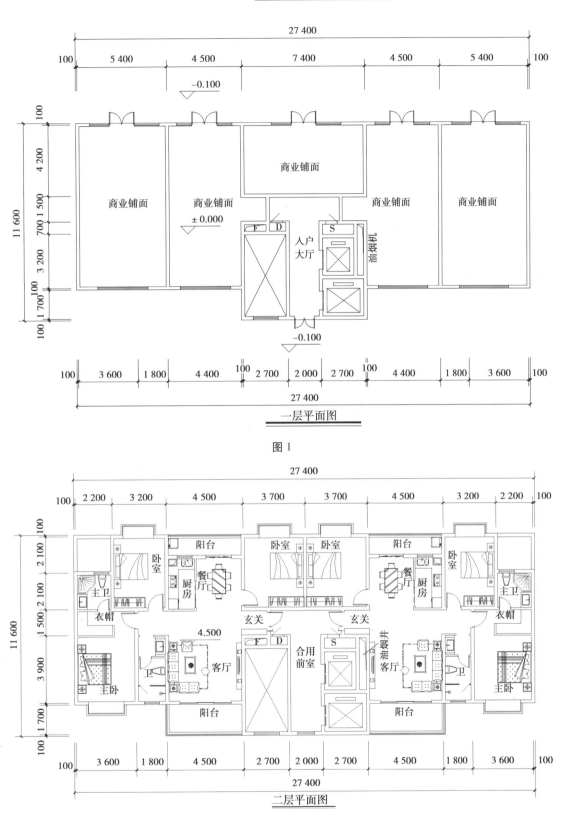

图 1

图 2

②如果该楼梯采用装配式楼梯,请对楼梯构件进行合理划分,并绘制剖面图。

③根据住宅楼梯的特点,请选择合适的楼梯栏杆做法。

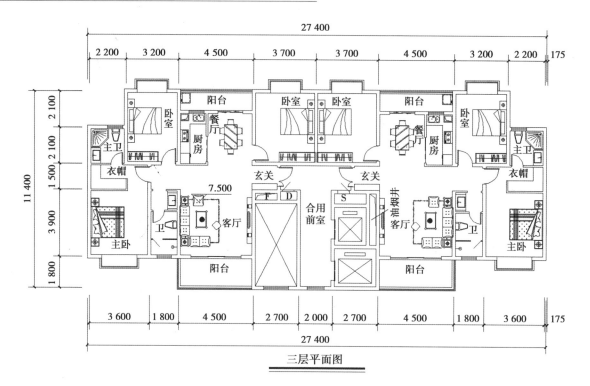

三层平面图

图 3

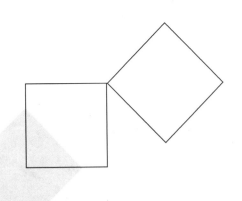

11

屋　顶

本章导读:

● **基本要求**　了解屋顶的类型和设计要求;熟悉屋面防水的等级和设防要求;掌握屋面排水的找坡方式和排水方式;熟悉屋面排水组织设计的主要内容;掌握卷材防水屋面的材料选择、构造层次和细部做法;了解涂膜防水屋面的构造层次;掌握屋面保温的构造层次和做法;了解屋面隔热的常用种类。

● **重点**　屋面排水组织设计,卷材防水屋面的构造层次和做法,屋面保温构造层次和做法。

● **难点**　排水组织设计的步骤,屋面保温构造原理和层次。

　　屋顶是房屋的重要组成部分,其中防水是屋顶构造设计的核心。防水从两方面着手:一是迅速排除屋面雨水,二是防止雨水渗漏。防渗漏的原理和方法体现在屋面的构造层次与屋顶的细部构造做法两个方面。屋顶的另一个功能是保温隔热,本章要介绍其基本原理和保温隔热的各种构造方案。

11.1　屋顶的类型及设计要求

　　屋顶是建筑最上部的外围护结构,应满足相应的使用功能要求,为建筑提供适宜的内部空间环境;屋顶也是房屋顶部的承重结构,受到材料、结构、施工条件等因素的制约;屋顶又是建筑体量的一部分,其形式对建筑物的造型有很大影响。因此,屋顶设计在满足基本功能要求的同时,还需注意美观方面等要求。

屋顶的类型及设计要求

熟悉屋顶的类型和设计要求。

11.1.1　屋顶的类型

　　按使用的材料不同,屋顶可分为钢筋混凝土屋顶、瓦屋顶、金属板屋顶、玻璃采光屋顶等;按屋顶的外形不同,又可分为平屋顶、坡屋顶、其他形式的屋顶。

屋顶的形式

1)平屋顶

　　大量性民用建筑如采用与楼盖基本类同的屋顶结构,就形成平屋顶。平屋顶易于协调统一建筑与结构的关系,节约材料,并可供多种利用,如设露台屋顶花园、屋顶游泳池等(图 11.1)。

　　平屋顶也有一定的排水坡度,其排水坡度根据屋顶类型的不同有不同取值,但至少不应小于 0.5%。

了解屋顶
的形式和
特性。

（a）屋顶花园

（b）屋顶游泳池

图 11.1　平屋顶

老虎窗

2）坡屋顶

坡屋顶是指屋面坡度较陡的屋顶，在我国有着悠久的历史，广泛运用于民居等建筑，即使是现代建筑，在考虑到景观环境或建筑风格的要求时也常采用坡屋顶。

坡屋顶的常见形式有：单坡、双坡屋顶，硬山及悬山屋顶，四坡歇山及庑殿屋顶，圆形或多角形攒尖屋顶等（图 11.2）。

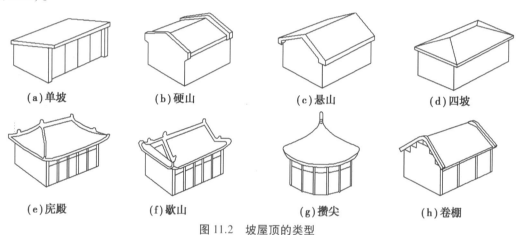

（a）单坡　　　　（b）硬山　　　　（c）悬山　　　　（d）四坡

（e）庑殿　　　　（f）歇山　　　　（g）攒尖　　　　（h）卷棚

图 11.2　坡屋顶的类型

3）其他形式的屋顶

随着建筑科学技术的发展，出现了许多新型结构的屋顶，如拱屋顶、折板屋顶、薄壳屋顶、悬索屋顶、网架屋顶等（图 11.3）。这些屋顶的结构形式独特，使得建筑物的造型更加丰富多彩。

（a）拱屋顶　　　　（b）悬索屋顶　　　　（c）折板屋顶

（d）薄壳屋顶

图 11.3　其他形式的屋顶实例

11.1.2 屋面的设计要求

屋面是屋顶上部防水、保温隔热等构造层的总称。屋面设计应遵照"保证功能、构造合理、防排结合、优选用材、美观耐用"的原则,设计时应考虑其防水、保温隔热、结构、建筑艺术等方面的要求。

1) 防水要求

作为建筑最上部的外围护结构,屋面应具有良好的排水功能和阻止水侵入建筑物内的作用。防水则是利用防水材料的致密性、憎水性构成一道封闭的防线,隔绝水的渗透。

屋面防水是一项综合性技术,它涉及建筑及结构形式、防水材料、屋面坡度、屋面构造处理等问题,需综合考虑。其防水设计应遵循"合理设防、防排结合、因地制宜、综合治理"的原则。

我国现行的《屋面工程技术规程》(GB 50345—2012)根据建筑物的类别、重要程度、使用功能要求确定防水等级,将屋面防水划分为两个等级,并按相应等级进行防水设防(表 11.1)。此外,对防水有特殊要求的建筑屋面,还应进行专项防水设计。

表 11.1 屋面防水等级和设防要求

防水等级	建筑类别	设防要求
Ⅰ级	重要建筑和高层建筑	两道防水设防
Ⅱ级	一般建筑	一道防水设防

2) 建筑艺术要求

屋顶是建筑外部形体的重要组成部分,其形式对建筑的造型极具影响,中国传统建筑的重要特征之一就是其变化多样的屋顶外形和装修精美的屋顶细部。现代建筑也应注重屋顶形式及其细部的设计,以满足人们对建筑艺术方面的需求。

3) 其他方面要求

除了上述方面的要求外,日新月异的建筑技术发展对屋面提出了更多的要求。如利用屋面或露台进行园林绿化设计,提高屋顶的保温隔热性能,改善建筑周边的生态环境;又如现代超高层建筑在屋顶上设置直升飞机停机坪等设施来满足和提高建筑的消防扑救和安全疏散能力;再如某些大面积玻璃幕墙的建筑需要在屋顶设置擦窗机设备及轨道;屋面系统所用材料的燃烧性能和耐火极限必须符合《建筑设计防火规范》(GB 50016—2014)的有关规定,须采取必要的防火构造措施,使其具有阻止火势蔓延的性能;某些薄膜结构的屋顶须采用隔声减振措施来避免雨水滴在屋顶上所产生的噪声影响;北方许多新建"节能型"居住建筑要求利用屋顶安装太阳能集热器等。

因此,在屋面设计时应充分考虑各方面的要求,协调好各要求之间的关系,从而设计出更合理的屋面形式,最大限度地发挥其综合效益。

11.2 屋面排水设计

"防排结合"是屋面设计的一条基本原则。屋面排水利用水向下流的特性,不使水在防水层上积滞,尽快排除。它减轻了屋面防水层的负担,减少了屋面渗漏的可能。为了迅速排除屋面雨水,需进行周密的排水设计,其内容包括:选择屋面排水坡度、确定排水方式、屋面排水组织设计。

11.2.1 屋面排水坡度

熟悉排水坡度的表示方法,掌握排水坡度的形成方法。

排水坡度的选择与形成

1) 排水坡度的表示方法

常用的坡度表示方法有斜率法、百分比法和角度法(图 11.4)。斜率法以屋面倾斜面的垂直投影长度与水平投影长度之比来表示;百分比法以屋面倾斜面的垂直投影长度与水平投影长度之比的百分比值来表示;角度法以倾斜面与水平面所成夹角的大小来表示。坡屋面多采用斜率法,平屋面多采用百分比法,角度法应用较少。

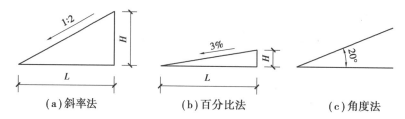

(a)斜率法　　　　　(b)百分比法　　　　　(c)角度法

图 11.4　排水坡度的表示方法

2)影响屋顶排水坡度大小的因素

屋面排水坡度太小容易漏水,坡度太大则多用材料,浪费空间。要使屋面坡度恰当,需考虑所采用的屋面防水材料和当地降水量等因素的影响。

（1）防水材料尺寸的影响

防水材料的尺寸小,接缝必然较多,容易产生缝隙渗漏,因而屋面应有较大的排水坡度,以便将屋面积水迅速排除。坡屋面的防水材料多为瓦材(如小青瓦、机制平瓦、琉璃筒瓦等),其覆盖面积较小,故屋面坡度较陡。如果屋面的防水材料覆盖面积大,接缝少而且严密,屋面的排水坡度就可以小一些。平屋面的防水材料多为各种卷材、涂膜等,故其排水坡度通常较小。

（2）年降水量的影响

降水量大的地区,屋面渗漏的可能性较大,屋面的排水坡度应适当加大;反之,屋面排水坡度则可小一些。

（3）其他因素的影响

屋面的排水坡度还受到他一些因素的影响,如屋面排水的路线较长,屋顶有上人活动的要求,屋面蓄水等,屋面排水坡度宜适当减小;反之,则可以取较大的排水坡度。

3)屋顶排水坡度的形成方法

屋顶排水坡度的形成主要有材料找坡和结构找坡两种做法(图 11.5)。

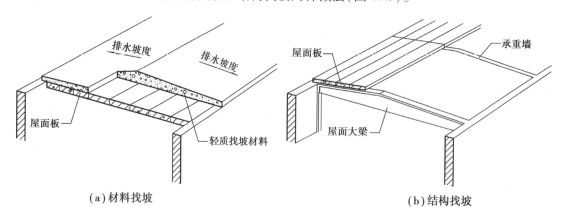

(a)材料找坡　　　　　　　　　　　　　　(b)结构找坡

图 11.5　屋顶排水坡度的形成

（1）材料找坡

材料找坡是指屋面坡度由垫坡材料形成,一般用于坡向长度较小的屋面。为了减较屋面荷载,宜选用轻质材料或保温材料找坡,如水泥炉渣、陶粒混凝土等。找坡层的厚度最薄处一般不宜小于 20 mm,坡度宜为 2%。

（2）结构找坡

结构找坡是屋顶结构自身应带有排水坡度，例如在上表面倾斜的屋架或屋面梁上安放屋面板，屋顶表面则呈倾斜坡面；或在顶面倾斜的山墙上搁置屋面板形成找坡。坡度不应小于3%。

材料找坡的屋面板可以水平放置，天棚面平整，但材料找坡增加屋面荷载，材料和人工消耗较多；结构找坡无须在屋面上另加找坡材料，构造简单，不增加荷载，但天棚顶倾斜，室内空间不够规整。这两种方法在工程实践中均有广泛的运用。

11.2.2　屋面排水方式

1）排水方式的类型

了解不同的屋面排水方式及檐口构造。

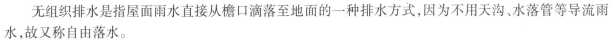

屋面排水方式分为无组织排水和有组织排水两大类。

（1）无组织排水

无组织排水是指屋面雨水直接从檐口滴落至地面的一种排水方式，因为不用天沟、水落管等导流雨水，故又称自由落水。

无组织排水具有构造简单、造价低廉的优点。但当刮大风下大雨时，易使从檐口落下的雨水浸湿到墙面上，降低外墙的坚固耐久性。故这种方法可适用于低层建筑及或檐高小于10 m的屋面，对于屋面汇水面积较大的多跨建筑或高层建筑都不应采用。

（2）有组织排水

有组织排水是指屋面雨水有组织地流经天沟、檐沟、水落口、水落管等排水装置，系统地将屋面雨水排至地面或地下管沟的一种排水方式。其优缺点与无组织排水正好相反，由于优点较多，在建筑工程中得到广泛应用。在有条件的情况下，宜采用雨水收集系统。

2）有组织排水常用方案

在工程实践中，由于具体条件的不同，有多种有组织排水方案，现按外排水、内排水、内外排水3种情况归纳成几种不同的排水方案（图11.6）。

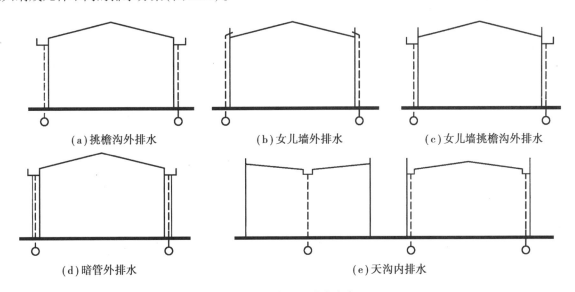

（a）挑檐沟外排水　　（b）女儿墙外排水　　（c）女儿墙挑檐沟外排水

（d）暗管外排水　　（e）天沟内排水

图11.6　有组织排水方案

（1）外排水

外排水是指屋面雨水通过檐沟、水落口由设置于建筑外部的水落管直接排到室外地面上的一种排水方案。其优点是构造简单，水落管不进入室内，不影响室内空间的使用和美观。外排水方案可以归纳为以下几种：

①挑檐沟外排水。屋面雨水汇集到悬挑在墙外的檐沟内，再由水落管排下，如图11.6(a)所示。此种方案排水通畅，设计时挑檐沟的高度可视建筑体型而定。

②女儿墙外排水。由于建筑造型所需不希望出现挑檐时，通常将外墙升起封住屋面，高于屋面的这部分外墙称为女儿墙。此方案的特点是屋面雨水需穿过女儿墙流入室外的水落管，如图11.6(b)所示。

③女儿墙挑檐沟外排水。图11.6(c)为女儿墙挑檐沟外排水，其特点是在屋檐部位既有女儿墙，又有挑檐沟。蓄水屋面常采用这种形式，利用女儿墙作为蓄水仓壁，利用挑檐沟汇集从蓄水池中溢出的多余雨水。

④暗管外排水。明装水落管对建筑立面的美观有所影响，故在一些重要的公共建筑中，常采用暗装水落管的方式，将水落管隐藏在假柱或空心墙中，如图11.6(d)所示。假柱可处理成建筑立面上的竖向线条。

（2）内排水

内排水是指屋面雨水通过天沟由设置于建筑内部的水落管排入地下雨水管网的一种排水方案，如图11.6(e)所示。其优点是维修方便，不破坏建筑立面造型，不易受冬季室外低温的影响，但其水落管在室内接头多，构造复杂，易渗漏，主要用于不易采用外排水的建筑屋面，如高层及多跨建筑等。

此外，还可以根据具体条件，采用内外排水相结合的方式。如多跨厂房因相邻两坡屋面相交，故只能采用天沟内排水的方式排出屋面雨水；而位于两端的天沟则宜采用外排水的方式将屋面雨水排出室外。

3）排水方式的选择

屋面排水方式的选择，应根据建筑物屋面形式、气候条件、使用功能、质量等级等因素确定。一般可遵循下述原则进行选择：

①低层建筑及檐高小于10 m的屋面，可采用无组织排水。

②积灰多的屋面应采用无组织排水。如铸工车间、炼钢车间这类工业厂房在生产过程中散发大量粉尘积于屋面，下雨时被冲进天沟易造成管道堵塞，故这类屋面不宜采用有组织排水。

③有腐蚀性介质的工业建筑也不宜采用有组织排水。如铜冶炼车间、某些化工厂房等，生产过程中散发的大量腐蚀性介质，会使铸铁水落装置等遭受侵蚀，故这类厂房也不宜采用有组织排水。

④除严寒和寒冷地区外，多层建筑屋面宜采用有组织外排水。

⑤高层建筑屋面宜采用有组织内排水，便于排水系统的安装维护和建筑外立面的美观。

⑥多跨及汇水面积较大的屋面宜采用天沟内排水，天沟找坡较长时，宜采用中间内排水和两端外排水。

⑦暴雨强度较大地区的大型屋面，宜采用虹吸式有组织排水系统。

⑧湿陷性黄土地区宜采用有组织排水，并应将雨雪水直接排至排水管网。

屋顶排水组织设计

11.2.3 屋面排水组织设计

排水组织设计就是根据屋面形式及使用功能要求，确定屋面的排水方式及排水坡度，明确是采用有组织排水还是无组织排水。如采用有组织排水设计，要根据所在地区的气候条件、雨水流量、暴雨强度、降雨历时及排水分区，确定屋面排水走向；通过计算确定屋面檐沟、天沟所需要的宽度和深度，并合理地确定水落口和水落管的规格、数量和位置，最后将它们标绘在屋顶平面图上。

在进行屋面有组织排水设计时，除了应符合现行国家标准《建筑给水排水设计标准》（GB 50015—2009）的有关规定外，还需注意下述事项：

（1）划分排水区域

在屋面排水组织设计时，首先应根据屋面形式、屋面面积、屋面高低层的设置等情况，将屋面划分成若干排水区域，根据排水区域确定屋面排水线路，排水线路的设置应在确保屋面排水通畅的前提下，做到长度合理。

（2）确定排水坡面的数目及排水坡度

屋面流水线路不宜过长，因而对于屋面宽度较小的建筑可采用单坡排水；但屋面宽度较大，如 12 m以上时宜采用双坡排水（图 11.7）。坡屋面则应结合其造型要求，选择单坡、双坡或四坡排水。

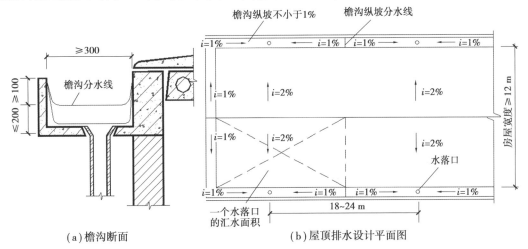

（a）檐沟断面　　　　　　（b）屋顶排水设计平面图

图 11.7　有组织排水设计

对于普通的平屋面，采用结构找坡时其排水坡度通常不应小于 3%，而采用材料找坡时其坡度则宜为2%。对于其他类型的屋面，则根据类别确定合理的排水坡度，如蓄水隔热屋面的排水坡度不宜大于0.5%，架空隔热屋面的排水坡度不宜大于 5%。

（3）确定檐沟、天沟断面大小及纵向坡度

檐沟、天沟的功能是汇集和迅速排除屋面雨水，故其断面大小应恰当，沟底沿长度方向应设纵向排水坡度。

檐沟、天沟的断面，应根据屋面汇水面积的雨水流量经计算确定。当采用重力式排水时，通常每个水落口的汇水面积宜为 150～200 m²。为了便于屋面排水和防水层的施工，钢筋混凝土檐沟、天沟的净宽不应小于 300 mm；分水线处最小深度不应小于 100 mm，如深度过小，则雨水易由天沟边溢出，导致屋面渗漏；同时，为了避免排水线路过长，沟底水落差不得超过 200 mm，如图 11.7（a）所示。

为了避免沟底凹凸不平或倒坡，造成沟中排水不畅或积水，对于采用材料找坡的钢筋混凝土檐沟、天沟内的纵向坡度不应小于 1%；对于采用结构找坡的金属檐沟、天沟内的纵向坡度宜为 0.5%。

（4）水落管的规格及间距

水落管根据材料分为铸铁、塑料、镀锌铁皮、钢管等多种，根据建筑物的耐久等级加以选择。最常采用的是塑料和铸铁水落管，其管径有 75 mm，100 mm，125 mm，150 mm，200 mm 等规格，具体管径大小需经过计算确定。水落管的数量与水落口相等，水落管的最大间距应同时予以控制。水落管的间距过大，会导致沟内排水路线过长，大雨时雨水易溢向屋面引起渗漏或从檐沟外侧涌出，因而一般情况下水落口间距不宜超过 24 m。

考虑上述各事项后，即可较为顺利地绘制屋顶平面图。图 11.7（b）为屋顶平面图示例，该屋面采用双坡排水、檐沟外排水方案，排水分区为交叉虚线所示范围，该范围也是每个水落口和水落管所担负的排水面积。天沟的纵坡坡度为 1%，箭头指示沟内的水流方向，两个水落管的间距宜控制在 18～24 m，分水线位于天沟纵坡的最高处，距沟底的距离可根据坡度的大小算出，并可在檐沟剖面图中反映出来。

11.3　卷材防水屋面

卷材防水屋面是利用防水卷材与黏结剂结合，形成连续致密的构造层来防水的一种屋面。由于其防水层具有一定的延伸性和适应变形的能力，又被称作柔性防水屋面。

掌握卷材防水屋面的构造层次和构造做法。

卷材防水屋面较能适应温度、振动、不均匀沉陷等因素的变化作用,严格遵守施工操作规程能保证防水质量,整体性好,不易渗漏。但施工操作较为复杂,技术要求较高。卷材防水屋面适用防水等级为Ⅰ、Ⅱ级的屋面防水。

11.3.1 卷材防水屋面材料

1)卷材

目前常见的防水卷材主要有高聚物改性沥青防水卷材和合成高分子防水卷材两大类。

(1)高聚物改性沥青类防水卷材

高聚物改性沥青类防水卷材是以高分子聚合物改性石油沥青为涂盖层,聚酯毡、玻纤毡或聚酯玻纤复合为胎基,细砂、矿物粉料或塑料膜为隔离材料,制成的防水卷材。厚度一般为 3 mm,4 mm,5 mm,以沥青基为主体。如弹性体改性沥青防水卷材(即 SBS)、塑性体改性沥青防水卷材(即 APP)、改性沥青聚乙烯胎防水卷材(即 PEE)、丁苯橡胶改性沥青卷材等。

(2)合成高分子防水卷材

合成高分子防水卷材是以合成橡胶、合成树脂或两者共混为基料,加入适量的助剂和填料,经混炼、压延或挤出等工序加工而成的防水卷材。常见的有三元乙丙橡胶防水卷材(即 EPDM)、氯化聚乙烯防水卷材、聚氯乙烯防水卷材、氯丁橡胶防水卷材、聚乙烯橡胶防水卷材等。

合成高分子防水卷材具有质量小(2 kg/m^2),适用温度范围宽($-20 \sim 80$ ℃),耐候性好,抗拉强度高($2 \sim 18.2$ MPa),延伸率大等优点,近年来已逐渐在国内的各种防水工程中得到推广应用。

2)卷材胶粘剂

用于高聚物改性沥青防水卷材和合成高分子防水卷材的胶粘剂主要为各种与卷材配套使用的各种溶剂型胶粘剂,如适用于改性沥青类卷材的 RA-86 型氯丁胶粘结剂、SBS 改性沥青粘结剂,三元乙丙橡胶卷材所用的聚氨酯底胶基层处理剂、CX-404 氯丁橡胶胶粘剂,氯化聚乙烯橡胶卷材所用的 LYX-603 胶粘剂等。

11.3.2 卷材防水屋面构造

1)构造组成

卷材防水屋面具有多层次构造的特点,其构造组成分为基本层次和辅助层次两类。

(1)基本构造层次

掌握卷材屋面的构造层次。

卷材防水屋面的基本构造层次(自下而上)按其作用分别为结构层、找平层、结合层、防水层、保护层(图 11.8)。

①结构层:多为刚度好、变形小的各类钢筋混凝土屋面板。

②找平层:卷材防水层要求铺贴在坚固而平整的基层上,以防止卷材凹陷或断裂,因而在铺设卷材以前都应先做找平层。找平层应具有一定的厚度和强度,其厚度和技术要求应符合表 11.2 的规定。为防止找平层变形和开裂而波及卷材防水层,预制屋面板上和保温层上设置的找平层应留设分格缝,使裂缝集中到分格缝中,减少找平层大面积开裂。分格缝的宽度宜为 5 ~ 20 mm,纵横缝的间距不宜大于 6 m。屋面板为预制装配式时,分格缝应设在预制板的端缝处,其上部应覆盖一层 200~300 mm 宽的附加卷材,用黏结剂单边点贴,如图 11.9 所示。由于整体现浇屋面板上部设置的找平层与结构同步变形,故其找平层可不设分格缝。

表 11.2 找平层厚度和技术要求

找平层分类	适用的基层	厚度(mm)	技术要求
水泥砂浆	整体现浇混凝土板	15~20	1:2.5 水泥砂浆
	整体材料保温层	20~25	
细石混凝土	装配式混凝土板	30~35	C20 混凝土,宜加钢筋网片
	板状材料保温层		C20 混凝土

注:采用随浇随用原浆找平和压光的整体现浇混凝土屋面板,其表面平整度符合要求时,可以不做找平层。

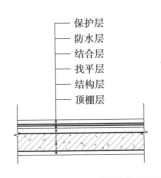

图 11.8 卷材防水屋面的基本构造层次

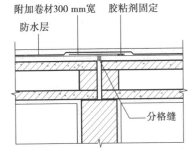

图 11.9 卷材防水屋面分格缝构造

③结合层:结合层的作用是在卷材与基层间形成一层胶质薄膜,使卷材与基层胶结牢固。高聚物改性沥青类卷材和高分子卷材通常采用配套的卷材胶粘剂和基层处理剂作结合层。

④防水层:在防水卷材类型的选择上,需要考虑以下几个方面的内容:

a.应根据当地历年最高气温、最低气温、屋面坡度和使用条件等因素,选择耐热度、低温柔性相适应的卷材;

b.应根据地基变形程度、结构形式、当地年温差、日温差和振动等因素,选择拉伸性能相适应的卷材;

c.应根据屋面卷材的暴露程度,选择耐紫外线、耐老化、耐霉烂相适应的卷材;

d.种植隔热屋面的防水层,应选择耐根穿刺防水卷材。

在防水卷材厚度的选用上,需要根据屋面的防水等级、防水卷材的类型来确定,每道卷材防水层的厚度选用应符合表 11.3 的规定。

表 11.3 每道卷材防水层最小厚度

防水等级	设防要求	合成高分子防水卷材	高聚物改性沥青防水卷材		
			聚酯胎、玻纤胎、聚乙烯胎	自粘聚酯胎	自粘无胎
Ⅰ 级	二道防水设防	1.2 mm	3 mm	2mm	1.5 mm
Ⅱ 级	一道防水设防	1.5 mm	4 mm	3 mm	2.0 mm

在卷材防水层的施工上,其铺贴顺序和方向应符合下列规定:

a.卷材防水层施工应先进行细部防水构造处理,然后由屋面最低标高处向上铺贴;

b.檐沟、天沟卷材施工时,宜顺檐沟、天沟方向铺贴,搭接缝应顺流水方向;

c.卷材宜平行屋脊铺贴,上下层卷材不得相互垂直铺贴。

防水卷材的接缝处均应采用搭接缝,根据卷材类型和铺贴方式,应有 50~100 mm 的搭接宽度,且搭接缝的设置应尽量相互错开,避免接缝重叠,消除渗漏隐患。

防水卷材的铺贴方式比较多,主要有冷粘法、热粘法、热熔法、自粘法、焊接法和机械固定法等方式。无论采取哪种方式均应符合相应的施工要求。

⑤保护层:设置保护层的目的是保护卷材防水层,使卷材不因太阳直射和外界作用而迅速老化和损坏,从而延长防水层的使用年限。保护层的构造做法视屋面的利用情况而定。

不上人时,高聚物改性沥青卷材防水屋面一般在防水层上撒粒径 1.5~2 mm 的石粒或砂粒作为保护层;高分子卷材如三元乙丙橡胶防水屋面等通常是在卷材面上涂刷水溶型或溶剂型的浅色保护着色剂,如氯丁银粉胶等,如图 11.10 所示。

上人屋面的保护层又是屋面的面层,故要求保护层平整耐磨。其做法通常是在防水层上先铺设 10 mm 厚低强度等级砂浆隔离层,其上再现浇 40 mm 厚 C20 细石混凝土或用 20 mm 厚聚合物砂浆铺贴缸砖、大阶砖、混凝土板等块材。块材或整体保护层均宜设分格缝,其纵横缝间距不宜大于 6 m,且应尽量与找平层的分格缝错开,分格缝宽度宜为 20 mm,缝内用密封材料嵌填。上人屋面做屋顶花园时,水池、花台等构造均应在屋面保护层上设置。图 11.11 为上人屋面保护层的做法。

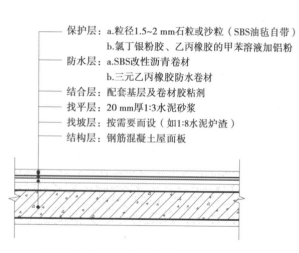

图 11.10 不上人卷材防水屋面保护层做法

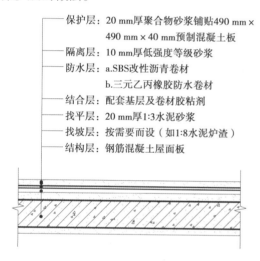

图 11.11 上人卷材防水屋面保护层做法

（2）辅助构造层次

辅助构造层次是为了满足房屋的使用要求,或提高屋面的性能而补充设置的构造层次,如保温层、隔热层、隔汽层、找坡层、隔离层等。

其中,保温、隔热层是为防止冬季建筑室内过冷或夏季建筑室内过热而设;隔汽层则是为防止潮气侵入屋面保温层,使其保温功能失效而设;找坡层是材料找坡屋面是形成所需排水坡度而设;隔离层是为消除相邻两种材料之间黏结力、机械咬合力、化学反应等不利影响而设;等等。有关构造做法将在后面的章节中进行介绍。

2）细部构造

卷材防水层是一个封闭的整体,但屋面上不可避免要开设孔洞,且有管道等构件突出屋面,或屋面边缘封闭不牢等,这些都可能会破坏卷材屋面的整体性,形成易出现渗漏的薄弱环节。调查表明,屋面渗漏中 70%是由于细部构造的防水处理不当引起的。因此,细部构造设计是屋面防水设计的重点。屋面细部是指屋面上的泛水、檐口、檐沟和天沟、水落口、变形缝等部位。

（1）泛水构造

泛水是指屋面与所有垂直墙面相交处的防水处理。女儿墙、烟囱、变形缝、检修孔、立管等垂直壁面与屋面的相交部位,均需做泛水处理,防止交接缝出现漏水。泛水的做法及构造要点如下:

①将屋面的卷材防水层继续铺至垂直面上,形成卷材泛水,其上再加铺一层附加卷材,泛水高度不得小于 250 mm。

②屋面与垂直面交接处,将卷材下的砂浆找平层按卷材类型抹成半径为 20~50 mm 的圆弧形,且整齐平顺,上刷卷材黏结剂,使卷材铺贴牢实,以免卷材架空或折断。

③做好泛水上口的卷材收头固定,防止卷材在垂直墙面上下滑。一般做法是:卷材收头直接铺至女儿墙压顶下,用压条钉压固定并密封材料封闭严密,压顶应做防水处理[图 11.12(a)];也可在垂直墙中凿出通长凹槽,将卷材收头压入凹槽内,用防水压条钉压后再用密封材料嵌填封严,外抹水泥砂浆保护。凹槽上部的墙体亦应做防水处理[图 11.12(b)];墙体为混凝土时,卷材收头可采用金属压条钉压,并用密封材料封固[图 11.12(c)]。

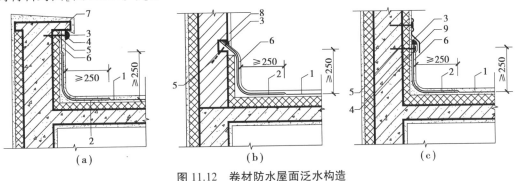

图 11.12 卷材防水屋面泛水构造
1—防水层;2—附加层;3—密封材料;4—金属压条;
5—水泥钉;6—保护层;7—压顶;8—防水处理;9—金属盖板

(2)挑檐口构造

挑檐口分为无组织排水和有组织排水两种做法。其防水构造要点是做好卷材的收头,使屋顶的四周卷材封闭,避免雨水渗入。

①无组织排水挑檐口不宜直接采用屋面板外挑,因其温度变形大,易使檐口抹灰砂浆开裂,引起"爬水"和"尿墙"现象。比较理想的是采用与圈梁整浇的混凝土挑板。挑檐口的做法及构造要点是:在屋面檐口 800 mm 范围内的卷材应满粘,卷材收头应采用金属压条钉压,并应用密封材料封严。檐口下端应做鹰嘴和滴水槽(图 11.13)。

②有组织排水的挑檐口常常将檐沟布置在出挑部位,现浇钢筋混凝土檐沟板可与圈梁连成整体(图 11.14)。预制檐沟板则须搁置在钢筋混凝土屋架挑牛腿上。挑檐沟的做法及构造要点是:

a.檐沟的防水层下应增设附加层,附加层伸入屋面的宽度不应小于 250 mm;

b.檐沟防水层和附加层应由沟底翻上至外侧顶部,卷材收头应用金属压条钉压,并应用密封材料封严。

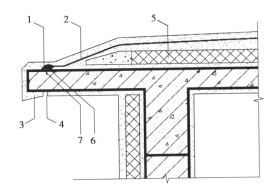

图 11.13 无组织排水挑檐口防水构造
1—密封材料;2—防水层;3—鹰嘴;4—滴水槽;
5—保温层;6—金属压条;7—水泥钉

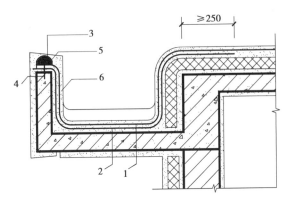

图 11.14 有组织排水挑檐口泛水构造
1—防水层;2—附加层;3—密封材料;
4—水泥钉;5—金属压条;6—保护层

c.檐沟内转角部位的找平层应抹成圆弧形,以防卷材断裂;

d.檐沟外侧下端应做鹰嘴和滴水槽;

e.檐沟外侧高于屋面结构板时,应设置溢水口。

(3)天沟构造

在跨度不大的平屋面中,当采用女儿墙外排水时,常利用倾斜的屋面板与女儿墙间的夹角做成三角形断面天沟,其泛水做法与前述做法相同,如图 11.15(a)所示。沿天沟长向需用轻质材料垫成 0.5%～1%的纵坡,使天沟内的雨水迅速排入水落口。图 11.15(b)为三角形天沟纵坡的平面示意图。

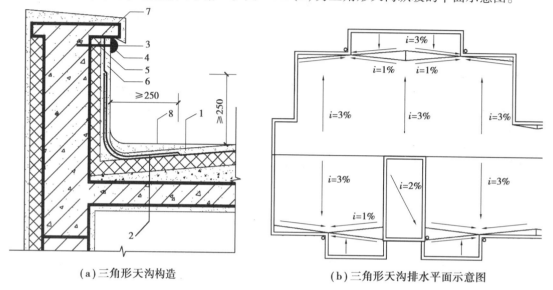

(a)三角形天沟构造　　　　　　　　　(b)三角形天沟排水平面示意图

图 11.15　女儿墙外排水的三角形天沟

1—防水层;2—附加层;3—密封材料;4—金属压条;

5—水泥钉;6—保护层;7—压顶;8—天沟纵坡分水线

(4)水落口构造

水落口是用来将屋面雨水排至水落管而在檐口处或檐沟内开设的洞口。构造上要求排水通畅,不易堵塞和渗漏。有组织外排水最常用的有檐沟及女儿墙水落口两种形式,有组织内排水的水落口则设在天沟上,构造与外排水檐沟式的相同。

水落口通常为定型产品,分为直式和横式两类。直式适用于中间天沟、挑檐沟和女儿墙内排水天沟;横式适用于女儿墙外排水天沟。

①直式水落口有多种型号,根据降雨量和汇水面积加以选择(图 11.16)。常用的 65 型铸铁水落口主要由短管、环形筒、导流槽和顶盖组成。短管呈漏斗形,安装在天沟底板或屋面板上,水落口周围半径 250 mm 范围内坡度不应小于 5%,防水层下应增设涂膜附加层;防水层和附加层伸入水落口杯内不应小于 50 mm,并应黏结牢固。环形筒与导流槽的接缝需由密封材料嵌封。顶盖底座有放射状格片,用以加速水流和遮挡杂物。

②横式水落口呈 90°弯曲状,由弯曲套管和铁箅两部分组成。弯曲套管置于女儿墙预留孔洞中,屋面防水层及泛水的卷材应铺贴到套管内壁四周,铺入深度不少于 50 mm,套管口用铸铁箅遮盖,以防污物堵塞水口。构造做法如图 11.17 所示。

水落口的材质过去多为铸铁,金属水落口虽然管壁较厚、强度较高,但易锈不美观;而硬质聚氯乙烯塑料(PVC)管具有质轻、不锈、色彩多样等优点,近年来越来越多地得到运用。

(5)屋面变形缝构造

屋面变形缝的构造处理原则是既不能影响屋面的变形,又要防止雨水经由变形缝处渗入室内。屋面变形缝按建筑设计可设于同层等高屋面上,也可设在高低屋面的交接处。

等高屋面变形缝的做法是:在变形缝两边的屋面板上砌筑或现浇矮墙,在防水层下增设附加层,附加

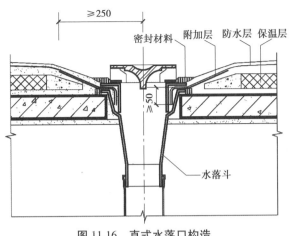

图 11.16　直式水落口构造

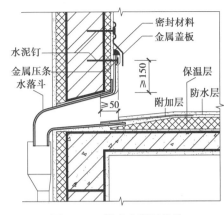

图 11.17　横式水落口构造

层在平面和立面的宽度不应小于 250 mm,且铺贴至泛水墙的顶部;变形缝内应预填不燃保温材料,上部应采用防水卷材封盖,并放置衬垫材料,再在其上干铺一层卷材。变形缝顶部宜加扣镀锌铁皮盖板,或采用混凝土盖板压顶。如图 11.18 所示。

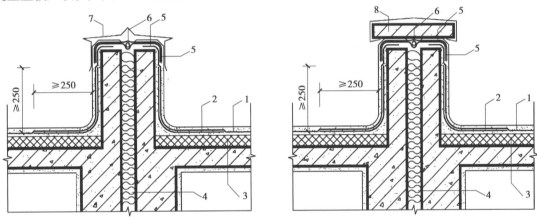

图 11.18　等高屋面变形缝构造

1—防水层;2—附加层;3—保温层;4—保温材料;

5—卷材盖缝;6—衬垫材料;7—金属盖板;8—混凝土盖板

高低屋面变形缝则是在低侧屋面板上砌筑或现浇矮墙。当变形缝宽度较小时,可用镀锌铁皮盖缝并固定在高侧墙上,做法同泛水构造;也可以从高侧墙上悬挑钢筋混凝土板盖缝。如图 11.19 所示。

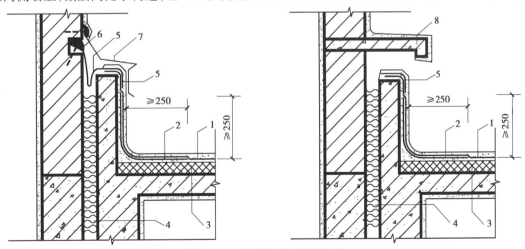

图 11.19　高低屋面变形缝构造

1—防水层;2—附加层;3—保温层;4—保温材料;

5—卷材盖缝;6—密封材料;7—金属盖板;8—混凝土盖板

(6)屋面出入口构造

不上人屋面须设屋面垂直出入口,又称检修孔。垂直出入口四周的孔壁可用砖立砌,也可在现浇屋面板时将混凝土上翻制成,在防水层下增设附加层,附加层在平面和立面的宽度不应小于250 mm,防水层收头应在混凝土压顶圈下,如图11.20所示。

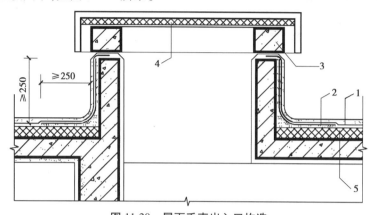

图 11.20　屋面垂直出入口构造
1—防水层;2—附加层;3—混凝土压顶圈;
4—上人孔盖;5—保温层

出屋面楼梯间一般须设屋顶水平出入口,如不能保证顶部楼梯间的室内地坪高出室外,就要在出入口设挡水的门坎。水平出入口泛水处应增设附加层护墙,附加层在平面上的宽度不应小于250 mm,且收头应压在混凝土踏步下,如图11.21所示。

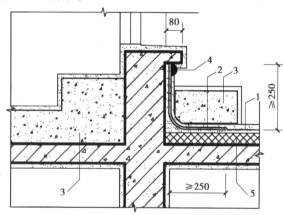

图 11.21　屋面水平出入口构造
1—防水层;2—附加层;3—混凝土踏步;
4—密封材料;5—保温层

11.4　涂膜防水屋面

涂膜防水屋面是将防水材料刷在屋面基层上,利用涂料干燥或固化以后的不透水性来达到防水的目的。涂膜防水屋面具有防水、抗渗、黏结力强、耐腐蚀、耐老化、延伸率大、弹性好、不延燃、施工方便等诸多优点,已广泛用于建筑各部位的防水工程中。

涂膜防水主要适用于防水等级为Ⅱ级的屋面防水,也可用作Ⅰ级屋面多道防水设防中的一道防水。

11.4.1　涂膜防水屋面材料

涂膜防水层主要由各种防水涂料和胎体增强材料组成。

1)防水涂料

防水涂料的种类很多,按其溶剂或稀释剂的类型不同可分为溶剂型、水乳型等;按施工时涂料液化方法的不同则可分为热熔型、常温型等;按成膜的方式不同则有反应固化型、挥发固化型等;按主要成膜物质不同可分为高聚物改性沥青防水涂料、合成高分子防水涂料、聚合物水泥防水涂料等。

(1)高聚物改性沥青防水涂料

高聚物改性沥青防水涂料是以石油沥青为基料,用高分子聚合物进行改性,配制成的水乳型或溶剂型防水涂料,如氯丁橡胶改性沥青涂料、丁基橡胶改性沥青涂料、丁苯橡胶改性沥青涂料、SBS改性沥青涂料和APP改性沥青涂料等。

(2)合成高分子防水涂料

合成高分子防水涂料是以合成橡胶或合成树脂为主要成膜物质,配制成的单组分或多组分防水涂料。根据成膜机理分为反应固化型、挥发固化型两类。常用的品种有丙烯酸防水涂料、聚氨酯防水涂料、硅橡胶防水涂料等。

(3)聚合物水泥防水涂料

聚合物水泥防水涂料(又称JS复合防水涂料)是以丙烯酸酯、乙烯-乙酸乙烯酯等聚合物乳液和水泥为主要原料,加入填料及其他助剂配制而成,经水分挥发和水泥水化反应固化成膜的双组分水性防水涂料。它是一种既具有合成高分子聚合物材料弹性高、又具有无机材料耐久性好的防水材料。

2)胎体增强材料

某些防水涂料(如氯丁橡胶沥青涂料)需要与胎体增强材料(即所谓的布)配合,以增强涂层的贴附覆盖能力和抗变形能力,延长防水层的使用年限。目前常用的胎体增强材料有0.1 mm×6 mm×4 mm或0.1 mm×7 mm×7 mm的聚酯无纺布、化纤无纺布、玻纤网格布等。

需要注意的是,胎体增强材料的选择,既要考虑施工操作性和与防水涂料的相容性,更应考虑铺设胎体后涂膜防水层的受力性能。如聚氨酯涂膜防水层中不应在夹入玻纤网格布,否则反而会降低涂膜的抗裂性,易使屋面开裂漏水。

11.4.2 涂膜防水屋面构造

1)构造组成

涂膜防水屋面的基本构造层次(自下而上)按其作用分为顶棚层、结构层、找平层、基层处理剂、涂膜防水层、保护层,如图11.22所示。

(1)结构层

结构层可以是常见的钢筋混凝土屋面板,也可以是各种构件式的轻型屋面,如钢丝网水泥瓦、预应力V形折板等。当采用预制钢筋混凝土板时,板缝须用嵌缝材料嵌严,嵌缝油膏深度应大于20 mm,下部用C20细石混凝土灌实。

(2)找平层

与卷材防水屋面相同,涂膜防水层的基层宜设找平层,且找平层上也宜留分格缝。找平层的厚度和技术要求、分格缝的构造处理也与卷材防水屋面相同。

与卷材防水层相比,涂膜防水层对找平层的平整度要求更为严格,否则涂膜防水层的厚度得不到保证,容易降低涂膜防水层的防水可靠性和耐久性。同时,由于涂膜防水层是满粘于找平层,找平层开裂或强度不足也易引起防水层的开裂,因此,涂膜防水层的找平层还应有足够的强度和尽可能避免裂缝的要求。涂膜防水层的找平层宜采用掺膨胀剂的细石混凝土,强度等级不低于C20,厚度不少于30 mm,宜为40 mm。

(3)基层处理剂

基层处理剂是指在涂膜防水层施工前,预先涂刷在基层上的涂料。涂刷基层处理剂的目的是:a.堵

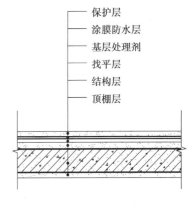

图11.22 涂膜防水屋面的
基本构造层次

保护层
涂膜防水层
基层处理剂
找平层
结构层
顶棚层

塞基层毛细孔,使基层的潮湿水蒸气不易向上渗透至防水层,减少防水层起鼓;b.增强基层与防水层的黏结力;c.将基层表面的尘土清洗干净,以便于黏结。

基层处理剂的种类大致有3种:

①稀释的涂料:若使用水乳型防水涂料,可用掺 0.2%～0.5% 乳化剂的水溶液或软化水将涂料稀释,其用量比例一般为:防水涂料∶乳化剂水溶液(或软水)=1∶(0.5～1);

②涂料薄涂:若为溶剂型防水涂料,由于其对水泥砂浆或混凝土毛细孔的渗透能力比水乳型防水涂料强,可直接用涂料薄涂作基层处理,如涂料较稠,可用相应的溶剂稀释后使用。

③掺配的溶液:如高聚物改性沥青防水涂料也可用以煤油∶30 号沥青=60∶40 的比例配制而成的溶液作为基层处理剂。

因此,基层处理剂的选择应与涂膜防水涂料的材性相容,使用前调制配合并搅拌均匀。涂刷时应用刷子用力薄涂,使其渗入基层表面的毛细孔中。特别在较为干燥的屋面上进行溶剂型防水涂料施工时,使用基层处理剂打底后再进行防水涂料涂刷效果更好。

(4)涂膜防水层

防水涂料的类型很多,在选择上同样需考虑到温度、变形、暴露程度等因素,选择相适应的涂料。

在防水层厚度的选用上,需要根据屋面的防水等级、防水涂料的类型来确定,每道涂膜防水层的最小厚度应满足表 11.4 的要求。

表 11.4　每道涂膜防水层最小厚度　　　　　　　　　　　　　　　　单位:mm

防水等级	设防要求	合成高分子防水涂膜	聚合物水泥防水涂膜	高聚物改性沥青防水涂膜
Ⅰ级	二道防水设防	1.5	1.5	2.0
Ⅱ级	一道防水设防	2.0	2.0	3.0

涂膜防水层施工前,应先对水落口、天沟、檐沟、泛水、伸出屋面管道根部等节点部位进行增强处理,一般涂刷加铺胎体增强材料的涂料进行增强处理。

涂膜防水层的施工除了应遵循"先高后低,先远后近"的原则外,还应符合下列规定:

a.防水涂料应多遍均匀涂布,涂膜总厚度应符合表 11.4 的要求。

b.当涂膜中需要夹铺增强材料时,宜边涂布边铺胎体。胎体应铺贴平整,排除气泡,并应与涂料黏结牢固。在胎体上涂布涂料时,应使涂料浸透胎体,并应覆盖完全,不得有胎体外露现象,最上面的涂膜厚度不应小于 1.0 mm。

c.涂膜施工应先涂布排水较集中的水落口、天沟、檐沟等节点部位,再进行大面积涂布。

d.屋面转角及立面的涂膜应薄涂多遍,不得流淌和堆积。

涂膜防水层的涂布方式主要有滚涂、刮涂、喷涂、刷涂等方式,具体采用何种方式应根据不同的防水涂料及不同节点部位进行选择,且应符合相应的施工要求。

(5)保护层

在涂膜防水层上应设置保护层,以避免太阳直射导致的防水膜过早老化;同时还可以提高涂膜防水层的耐穿刺、耐外力损伤的能力,从而提高涂膜防水层的耐久性。

不上人屋面的保护层可以采用同类的防水涂料为基料,加入适量的颜色或银粉作为着色保护涂料;也可以在防水涂料涂布完未干之前均匀撒上细黄沙,或石英砂,或云母粉之类的材料作保护层。

上人屋面的保护层应按地面来设计。根据具体使用功能,保护层可采用水泥砂浆、细石混凝土或块材等刚性保护层。需要注意的是,在防水涂膜与刚性保护层之间应设置隔离层,且保护层与女儿墙之间应预留空隙,并嵌填密封材料,以防保护层因伸缩变形将涂膜防水层破坏而造成渗漏。

2)细部构造

与卷材防水屋面一样,涂膜防水屋面也需处理好泛水、天沟、檐沟、檐口、水落口等细部构造。

涂膜防水屋面的细部构造要求及做法基本类同于卷材防水屋面,有所不同的是,涂膜防水屋面檐口、泛水等细部构造的涂膜收头,应采用防水涂料多遍涂刷,且细部节点部位的附加层通常采用带有胎体增强材料的附加涂膜防水层。

　　涂膜防水屋面的檐口、泛水等细部如图11.23和图11.24所示。其余节点的细部构造读者可参考卷材防水屋面。

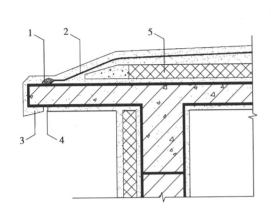

图11.23　涂膜防水屋面挑檐口构造
1—防水涂料多遍涂刷；2—涂膜防水层；
3—鹰嘴；4—滴水槽；5—保温层

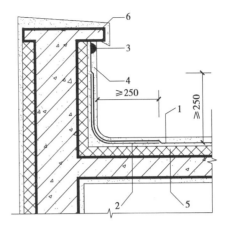

图11.24　涂膜防水屋面泛水构造
1—涂膜防水层；2—带胎体增强材料的附加涂膜防水层；
3—防水涂料多遍涂刷；4—保护层；5—保温层；6—压顶

坡屋顶的
承重结构

11.5　瓦屋面

　　瓦屋面一般是在屋面基层上铺盖各种瓦材,利用瓦材的相互搭接来防止雨水渗漏;也有出于造型需要而在屋面盖瓦,利用瓦下的基层材料来防水的做法。瓦屋面的构造比较简单,取材较便利,是我国传统建筑常用的屋面构造方式。近年来随着建筑设计的多样化,为了满足造型和艺术的要求,不少有较大坡度的屋面也越来越多地采用了瓦屋面。

　　瓦屋面的防水材料为各种瓦材及与瓦材配合使用的各种涂膜防水材料和卷材防水材料。其防水等级和防水做法应符合表11.5的要求。

表11.5　瓦屋面防水等级及防水做法

防水等级	防水做法
Ⅰ级	瓦+防水层
Ⅱ级	瓦+防水垫层

　　注:①防水层厚度应符合《屋面工程技术规范》中Ⅱ级防水的规定。
　　②防水垫层宜采用自粘聚合物沥青、聚合物改性沥青防水垫层,其厚度应符合《屋面工程技术规范》和《坡屋面工程技术规范》的规定。

　　瓦屋面按屋面基层的组成方式可分为有檩体系和无檩体系两种。在有檩体系中,瓦通常铺设在由檩条、屋面板、挂瓦条等组成的基层上;无檩体系的瓦屋面基层则通常由各类钢筋混凝土板构成。

　　常用的瓦屋面主要有块瓦、沥青瓦和波形瓦等。瓦屋面的基层可以采用木基层,也可以采用混凝土基层,其防水构造做法应根据瓦的类型、基层种类和防水等级而定。

11.5.1　块瓦屋面

　　块瓦是由黏土、混凝土和树脂等材料制成的块状硬质屋面瓦材。块瓦分为平瓦和小青瓦、筒瓦等。由于块瓦瓦片的尺寸较小,且瓦片相互搭接时搭接部位垫高较大,为了保证屋面的防水性能,块瓦屋面的坡度不应小于30%。

块瓦的固定应根据不同瓦材的特点采用挂、绑、钉、粘的不同方法固定。除了小青瓦和筒瓦需采用水泥砂浆卧瓦固定外,如图11.25(a),其他块瓦屋面应采用干挂铺瓦方式。其目的是施工安全方便;并可避免水泥砂浆卧瓦安装方式的缺陷,如易产生冷桥、污染瓦片、冬季砂浆收缩拉裂瓦片、黏结不牢引起脱落等。

干挂铺瓦主要有钢挂瓦条挂瓦和木挂瓦条挂瓦两种,其屋面防水构造做法如图11.25(b)、(c)所示。木挂瓦条应钉在顺水条上,顺水条用固定钉钉入持钉层内;钢挂瓦条与钢顺水条应焊接连接,顺水条用固定钉钉入持钉层内。持钉层可以为木板、人造板和细石混凝土,其厚度应满足固定钉在外力作用时的抗拔力要求。此外,挂瓦条下部也可不设顺水条,而将挂瓦条和支承垫板直接钉在40 mm厚配筋细石混凝土上。

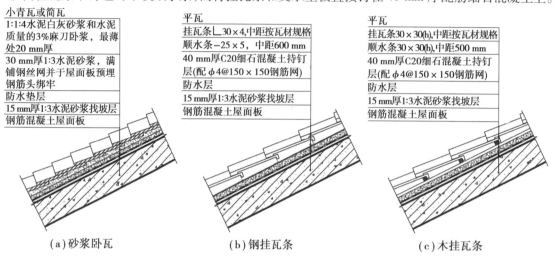

（a）砂浆卧瓦   （b）钢挂瓦条   （c）木挂瓦条

图11.25 块瓦屋面防水构造

块瓦的排列、搭接及下钉位置、数量和黏结应按各种瓦的施工要求进行。如平瓦的横向搭接(包括脊瓦的搭接)应顺年最大频率风向;平瓦的纵向搭接应按上瓦前端紧压下瓦尾端的方式排列,搭接长度和构造均满足相应要求。

块瓦屋面应特别注意块瓦与屋面基层的加强固定措施。在大风及地震设防地区或屋面坡度大于100%时,瓦片应采取固定加强措施。特别是檐口部位是受风压较集中的部位,特别应采取防风揭和防落瓦措施。块瓦的固定加强措施一般有以下几种:

①水泥砂浆卧瓦者,用12号铜丝将瓦与满铺钢丝网绑扎固定。

②钢挂瓦条钩挂者,用双股18号铜丝将瓦与钢挂瓦条绑牢固定。

③木挂瓦条钩挂者,用专用螺钉(或双股18号铜丝)将瓦与木挂瓦条钉(绑)牢。

此外,块瓦屋面还应做好檐沟、天沟、屋脊等部位的细部构造处理。块瓦屋面檐沟的细部构造如图11.26所示,其做法及构造要点主要有:

①檐沟防水层下应增设附加防水层,附加层伸入屋面的宽度不应小于500 mm。

②檐沟防水层伸入瓦内的宽度不应小于150 mm,并应与屋面防水层或防水垫层顺流水方向搭接。

③檐沟防水层和附加层应由沟底翻上至外侧顶部,并进行相应的收头处理。

④瓦材伸入檐沟的长度宜为50~70 mm。

块瓦屋面的屋脊可以采用与主瓦相配套的配件成品脊瓦,也可采用C20混凝土捣制或与屋面板同时浇捣的现浇屋脊。屋脊处的细部构造如图11.27所示,其做法及构造要点主要有:

①采用成品脊瓦的瓦屋面,屋脊处应增设宽度不小于250 mm的卷材附加防水层;脊瓦下端距坡面瓦的高度不宜大于80 mm,脊瓦在两坡面瓦上的搭盖宽度每边不应小于40 mm;脊瓦与坡面瓦之间的缝隙应采用聚合物水泥砂浆填实抹平。

②采用现浇屋脊的瓦屋面,屋脊处应增设平面、立面上宽度不小于250 mm的卷材附加防水层,且在现浇屋脊立面上用密封胶将附加层封严收头,并外抹水泥砂浆保护;现浇屋脊与坡面瓦之间的缝隙应采用水泥砂浆填实抹平。

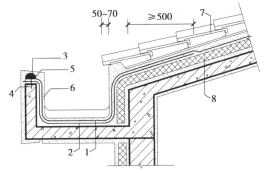

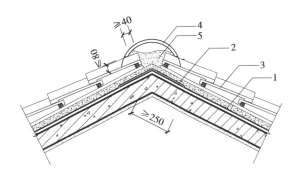

图 11.26　块瓦屋面檐沟构造
1—防水层(垫层);2—附加层;3—密封材料;
4—水泥钉;5—金属压条;6—保护层;
7—块瓦;8—保温层

图 11.27　块瓦屋面屋脊构造
1—防水层(垫层);2—附加层;3—块瓦;
4—成品脊瓦;5—聚合物水泥砂浆

11.5.2　沥青瓦屋面

沥青瓦又被称为玻纤胎沥青瓦、油毡瓦、多彩沥青油毡瓦等,是以玻璃纤维为胎基、经渗涂石油沥青后,一面覆盖彩色矿物粒料,另一面撒以隔离材料制成的柔性瓦状屋面防水片材。沥青瓦按产品形式分为平面沥青瓦(单层瓦)和叠合沥青瓦(叠层瓦)两种,其规格一般为 1 000 mm×333 mm×2.8 mm。

沥青瓦屋面由于具有重量轻、颜色多样、施工方便、可在木基层或混凝土基层上适用等优点,近些年来在坡屋面工程中广泛采用。其中,叠层瓦的坡屋面比单层瓦的立体感更强。为了避免在沥青瓦片之间发生浸水现象,利于屋面雨水排出,沥青瓦屋面的坡度不应小于 20%。

由于沥青瓦为薄而轻的片状材料,故其固定方式应以钉为主,黏结为辅。因此,沥青瓦屋面的构造层次相对比较简单,做法如图 11.28 所示。通常每张瓦片上不得少于 4 个固定钉;在大风地区或屋面坡度大于 100% 时,每张瓦片上的固定钉不得少于 6 个。铺设沥青瓦时,应自檐口向上铺设,檐口、屋脊等屋面边沿部位的沥青瓦之间、起始层沥青瓦与基层之间还应采用沥青基胶粘材料满粘牢固。外露的固定钉钉帽应采用沥青基胶粘材料涂盖。

沥青瓦屋面的屋脊通常采用与主瓦相配套的沥青脊瓦,脊瓦可用沥青瓦裁成,也可用专用脊瓦。屋脊处的细部构造如图 11.29 所示,其做法及构造要点主要有:

①屋脊处应增设宽度不小于 250 mm 的卷材附加层。

②脊瓦在两坡面瓦上的搭盖宽度,每边不应小于 150 mm。

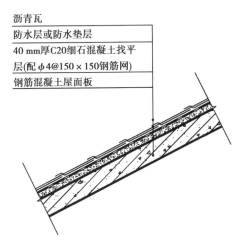

沥青瓦
防水层或防水垫层
40 mm厚C20细石混凝土找平层(配φ4@150×150钢筋网)
钢筋混凝土屋面板

图 11.28　沥青瓦屋面防水构造

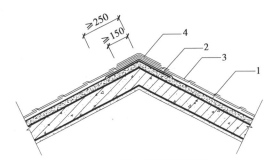

图 11.29　块瓦屋面屋脊构造
1—防水层(垫层);2—附加层;
3—沥青瓦;4—沥青脊瓦

③铺设脊瓦时应顺年最大频率风向搭接,脊瓦与脊瓦的压盖面不应小于脊瓦面积的1/2。

④每片脊瓦除满涂沥青基胶两个粘材料外,还应用两个固定钉固定。

11.6 金属板屋面

近些年来大量大跨度建筑(体育场馆、航站楼、会展中心、厂房等)的涌现使得金属板屋面迅猛发展,大量新材料的应用及细部构造和施工工艺的创新,对金属板屋面设计提出了更高的要求。

金属板屋面是指采用压型金属板或金属面绝热夹芯板的建筑屋面,它是由金属面板与支承结构组成。其屋面坡度不宜小于5%;对于拱形、球冠形屋面顶部的局部坡度可以小于5%;对于积雪较大及腐蚀环境中的屋面不宜小于8%。

金属面板既是围护结构又是防水材料,故金属板屋面的耐久年限和防水效果与金属板的材质有密切的关系。其中压型金属板屋面可适用于Ⅰ、Ⅱ级防水等级的屋面;金属绝热夹芯板可适用于Ⅱ级防水等级的屋面。其屋面防水等级和防水做法应符合表11.6的要求。

表 11.6　金属板屋面防水等级和防水做法

防水等级	防水做法
Ⅰ级	压型金属板+防水垫层
Ⅱ级	压型金属板、金属绝热夹芯板

注:①当防水等级为Ⅰ级时,压型铝合金板基板厚度不应小于0.9 mm,压型钢板基板厚度不应小于0.6 mm;

②当防水等级为Ⅰ级时,压型金属板应采用360°咬口锁边连接方式;

③在Ⅰ级屋面防水做法中,仅作压型金属板时,应符合《金属压型板应用技术规范》等相关技术的规定。

11.6.1　金属板屋面的优缺点及适用范围

金属板屋面具有下列突出优点:

①轻质高强。金属板屋面的自重通常只有100 N/m²左右,比传统的钢筋混凝土屋面板轻得多,对减轻建筑物自重,尤其是减轻大跨度建筑屋顶的自重具有重要意义。

②施工安装方便,速度快。金属板屋面的连接主要采用螺栓连接,不受季节气候影响,在寒冷气候下施工尤具有优越性。

③色彩丰富,美观耐用。金属板的表面涂层处理有多种类型,质感强,可以大大增强建筑造型的艺术效果;且金属板具有自我防锈能力,耐腐蚀、耐酸碱性强,耐久性好。

④抗震性好。金属板屋面具有良好的适应变形能力,因此在地震区和软土地基上采用金属板作围护结构对抗震特别有利。

但金属板屋面的板材比较薄,刚度较低,隔声效果较差,特别是单层金属板屋面在雨天时候易产生较大的雨点噪声。故对有较高声环境要求的建筑不宜采用金属板屋面,或在屋面下部进行二次降噪处理。

同时,金属板屋面在台风地区或高于50 m的建筑上应谨慎使用,且不建议采用180°咬口锁边连接型压型金属板。如需采用,必须采取适当的防风措施,如增加固定点,在屋脊、檐口、山墙转角等外侧增设通长固定压条等。对于风荷载较大地区的敞开式建筑,其屋面板上下两面同时受有较大风压,也应采取加强连接的构造措施。

11.6.2　金属板屋面的类型与规格

金属板材的种类很多,根据面板材料分有彩色涂层钢板、镀层钢板、不锈钢板、铝合金板、钛合金板和铜合金板等,厚度一般为0.4~1.5 mm,板的表层一般均进行涂装。金属板的质量很大程度上取决于板材材质及饰面涂料的质量,有些金属板的耐久年限可达50年以上。

根据金属板的断面形式,可分为波形板、梯形板和带肋梯形板等。波形板和梯形板的力学性能不够理想,材料用量较浪费;带肋梯形板是在普通梯形板的上下翼和腹板上增加凹凸槽,起加劲肋的作用,提高了彩板的强度和刚度。

根据功能构造主要分为压型金属板和金属面绝热夹芯板两大类。其中,压型金属板是指用薄钢板、镀锌钢板、有机涂层钢板、铝合金板作原料经辊压冷弯成形制成的各种波形建筑板材。根据构造系统可分为单层金属板屋面、单层金属板复合保温屋面、檩条露明型双层金属板复合保温屋面、檩条暗藏型双层金属板复合保温屋面。金属面绝热夹芯板是将彩色涂层钢板面板及底板与硬聚氨酯、聚苯乙烯、岩棉、矿渣棉玻璃棉芯材,通过黏结剂或发泡复合而成的保温复合板材。它具有防水、保温、饰面等多种功能,不需要另设保温层,对简化屋面构造和加快施工安装速度有利。

金属板的规格受原材料和运输等因素的影响。其宽度通常在 500~1 500 mm;其长度通常可以根据工程需求定制,一般宜在 12 m 以内,也可以长达 15 m,但需考虑运输条件的要求。如果将压型工作在现场完成,则不受运输限制,只要起吊安装方便,其长度可以做到 70 m 以上。屋面板长向无接缝,对防水有利。

11.6.3 金属板屋面的连接与接缝构造

金属板屋面的金属面板本身具有良好的防水性能,但金属板与支承结构的连接和金属板之间接缝部位由于板材的伸缩变形、安装紧密程度等误差,会产生缝隙,如果设计不合理则容易使雨水随风渗入室内,出现渗漏水的现象。因此,金属屋面的连接和接缝构造是金属板材屋面防水的关键。

金属板屋面的连接方式主要有紧固件连接和咬口锁边连接两种方式,如图 11.30 所示。其中,紧固件连接是通过自攻螺钉相连,连接性能可靠,能较好地发挥板材的强度,但由于连接件暴露在室外,容易生锈影响屋面的美观,密封胶的老化易导致屋面渗漏水等问题;咬口锁边连接是通过板与板、板与支架之间的相互咬合进行连接,由于连接件是隐蔽的,因此可以较好地避免生锈和屋面渗漏水的现象,但金属屋面板容易在风吸力作用下发生破坏。

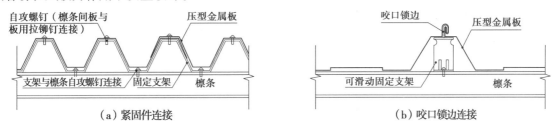

(a) 紧固件连接　　　　　　　　　(b) 咬口锁边连接

图 11.30　金属板屋面的连接方式

金属屋面板的纵向最好不出现接缝,当屋面太长而不得不进行连接时,其纵向连接应位于檩条或墙梁处,两块板均应伸至支承构件上。搭接端应与支承构件有可靠的连接,搭接部位应设置防水密封胶带。其中,压型金属板的纵向最小搭接长度应符合表 11.7 的规定。

表 11.7　压型金属板的纵向最小搭接长度

压型金属板		纵向最小搭接长度(mm)
高波压型金属板		350
低波压型金属板	屋面坡度≤10%	250
	屋面坡度>10%	200

由于受金属板宽度的限制,金属板屋面在宽度方向(即横向)上必然需要连接,其横向连接构造与屋面板类型和连接方式有紧密关系。采用咬口锁边连接时,通常根据不同类型的压型金属板和配套支架进行扣合和咬合连接,其方式主要有暗扣直立锁边连接、360°咬口锁边连接等方式。采用紧固件连接时,通常采用搭接方式,横向搭接方向宜与主导风向一致,搭接部位均应设置防水密封胶带。其中,压型金属板的搭接不小于一个波,搭接处用连接件紧固时,连接件应采用带防水密封胶垫的自攻螺钉设置在波峰上;夹芯板的搭接尺寸应按具体板型确定,并应用拉铆钉连接。如图 11.31 所示。

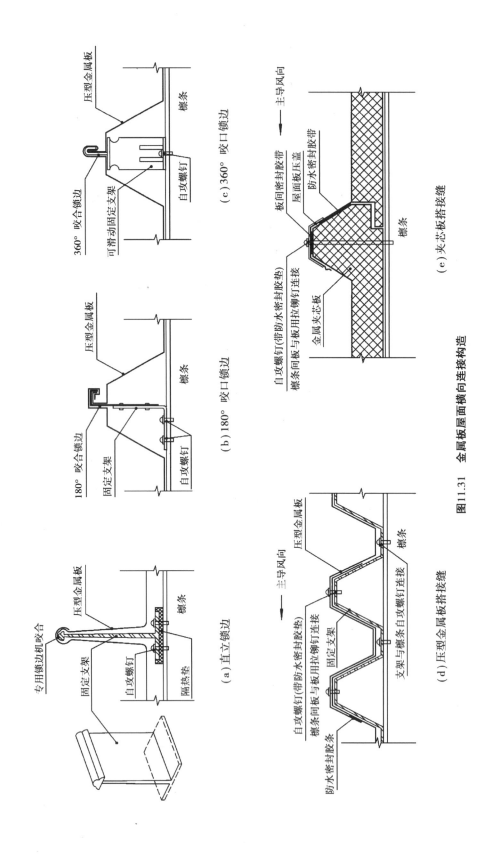

图11.31 金属板屋面横向连接构造

11.6.4　金属板屋面的细部构造

金属板屋面的细部构造设计比较复杂,不同类型、不同供应商的金属屋面板构造做法也不尽相同,一般均应对细部构造进行深化设计。金属板屋面细部构造是保证屋面整体质量的关键,其主要针对的是金属板变形大、应力与变形集中、最易出现质量问题和发生渗漏的部位,主要包括有屋面系统的变形缝、檐口、檐沟、水落口、山墙、女儿墙、高低跨、屋脊等部位,部分节点的细部构造如图 11.32 所示。

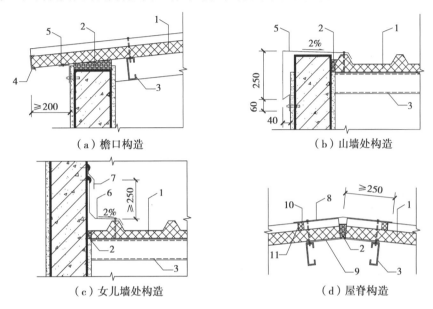

（a）檐口构造　　　　　　　　（b）山墙处构造

（c）女儿墙处构造　　　　　　（d）屋脊构造

图 11.32　金属板屋面的细部构造

1—金属夹芯板;2—通长密封条填充;3—檩条;4—檐口堵头板;5—包角板;6—金属泛水板;
7—金属盖板;8—屋脊盖板;9—屋脊底板;10—泡沫堵头;11—挡水板

11.7　屋面的保温和隔热

屋顶与外墙一样属于建筑的外围护结构,不但要有遮风蔽雨的功能,还应有保温与隔热的功能。屋面的保温与隔热不仅仅是为了给顶层房间提供良好、舒适的热环境,同时也是为了满足建筑节能的要求。

掌握屋面保温和隔热的类型、原理和构造方式。

11.7.1　屋顶的节能要求

作为建筑外围护结构的重要组成,屋顶节能是建筑节能的一个重要方面。屋顶的节能主要通过提高其保温与隔热的性能来降低顶层房间的空调能耗。

屋顶要想达到好的节能效果,需要结合当地的气候条件、建筑体型等因素来选择合理的节能措施。如在严寒及寒冷地区,屋顶通过设置保温层可以阻止室内热量的散失;在炎热地区,屋顶通过设置隔热降温层可以阻止太阳的辐射热传至室内;在夏热冬冷地区,屋顶则需要两者兼顾着考虑。

目前,各地区都出台了相应的建筑节能标准,并对屋面的热工性能进行了相应的规定。如《公共建筑节能设计标准》(GB 50189—2015)、《严寒和寒冷地区居住建筑节能设计标准》(JGJ 26—2018)、《夏热冬冷地区居住建筑节能设计标准》(JGJ 134—2010)、《夏热冬暖地区居住建筑节能设计标准》(JGJ 75—2012),以及各地颁布的地方标准等。各地区对公共建筑屋面的传热系数均有不同要求。表 11.8 是不同气候区对甲类公共建筑屋面传热系数的限制。

表 11.8 甲类公共建筑屋面的传热系数 K 限值 单位:W/(m² · K)

建筑体型	严寒地区		寒冷地区	夏热冬冷地区	夏热冬暖地区
	A、B 区	C 区			
体型系数≤0.30	≤0.28	≤0.35	≤0.45	≤0.40(D≤2.5)	≤0.50(D≤2.5)
0.30<体型系数≤0.50	≤0.25	≤0.28	≤0.40	≤0.50(D>2.5)	≤0.80(D>2.5)

11.7.2 屋面保温

在冬季寒冷地区或装有空调设备的建筑中,屋面应具有一定的保温性能。屋面的保温设计是按稳定传热原理进行考虑的,其主要措施是在屋顶中增加保温层,提高屋面的总热阻,减少屋面的传热系数。

1)保温材料的类型

保温材料一般为轻质、疏松、多孔或纤维的材料,其导热系数一般不大于 0.2 W/(m · K)。按其成分分为有机和无机材料两种。按其形状可分为以下 3 种类型:

①松散保温材料。常用的松散材料有膨胀蛭石(粒径 3~15 mm,堆积密度应小于 300 kg/m³,导热系数应小于 0.14 W/m · K)、膨胀珍珠岩、炉渣和水渣(粒径为 5~40 mm)、矿棉等。

②整体保温材料。通常用水泥或沥青等胶结材料与松散保温材料拌合,整体浇筑在需要保温的部位,如沥青膨胀珍珠岩、水泥膨胀珍珠岩、水泥膨胀蛭石等。

③板状保温材料。如加气混凝土板、膨胀珍珠岩板、膨胀蛭石板、矿棉板、岩棉板、泡沫塑料板、木丝板、刨花板等,其中最常用的是加气混凝土板和泡沫混凝土板。有机纤维板材的保温性能一般较无机板材好,但耐久性较差,只有在通风条件良好、不易腐烂的环境下采用才比较适宜。

其中,松散保温材料由于在施工中很难保证内部没有水分和潮气存在,其保温性能及防水性能大大减弱,因此在实际工程中较少采用。故在选用保温材料时,应结合工程造价、铺设的具体部位等因素综合考虑,保温层的厚度应就建筑所在地区按现行建筑节能设计标准计算确定。

2)平屋面的保温构造

平屋面的坡度平缓,宜将保温层放在屋面结构层上。保温层的位置有两种处理方式:

①将保温层放在结构层之上、防水层之下,成为封闭的保温层。这种方式通常叫作正置式保温,也叫作内置式保温。

②将保温层放在防水层之上,成为敞露的保温层。这种方式通常叫做倒置式保温,也叫作外置式保温。

图 11.33 为正置式卷材平屋顶保温构造,与非保温屋面不同的是增加了保温层和保温层上下的找平层和隔汽层。保温层上设找平层是因为保温层强度较低,表面不够平整,其上需经找平后才便于铺防水卷材;保温层下面设隔汽层是因为冬季室内温度高于室外,热空气从室内向室外渗透,在渗透过程中热空气中的水蒸气容易在保温层中产生结露现象形成冷凝水。然而水的导热系数比空气大得多,一旦多孔隙的保温材料中浸入了水,便会大大降低其保温效果。同时,积存于保温材料中的水分遇热后转化为蒸汽而膨胀,容易引起卷材防水层的起鼓甚至开裂,故宜在保温层下铺设隔汽层。隔汽层可采用防水卷材或涂料,并宜选择其蒸汽渗透阻较大的材料。

隔汽层阻止了外界水蒸气渗入保温层,但同时也引起一些副作用,例如施工时保温材料或找平层未干透就铺贴卷材防水层,残存在其中的水汽无法散发出去。因此,需要在保温层中设排汽道,排汽道内用大粒径炉渣填塞,既可让水汽在其中流动,又可保证防水层的基层坚实可靠。

图 11.34 为倒置式保温屋面构造。其特点是保温层在防水层之上,对防水层起到屏蔽和防护的作用,减少阳光和气候变化的影响,也不易受到外界的机械损伤。因此,这种构造是一种值得推广的保温屋

面构造形式。

　　值得注意的是,倒置式屋面在保温材料和防水层的性能上有特殊的规定。例如:保温材料应采用吸湿性小的憎水材料,其导热系数不应大于 0.080 W/(m·K);保温层的设计厚度应按节能计算厚度增加 25%取值,且最小厚度不得小于 25 mm;屋面的防水等级应为 I 级,其防水层合理使用年限不得小于 20 年等。

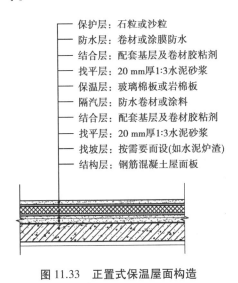

保护层:石粒或沙粒
防水层:卷材或涂膜防水
结合层:配套基层及卷材胶粘剂
找平层:20 mm厚1:3水泥砂浆
保温层:玻璃棉板或岩棉板
隔汽层:防水卷材或涂料
结合层:配套基层及卷材胶粘剂
找平层:20 mm厚1:3水泥砂浆
找坡层:按需要而设(如水泥炉渣)
结构层:钢筋混凝土屋面板

图 11.33　正置式保温屋面构造

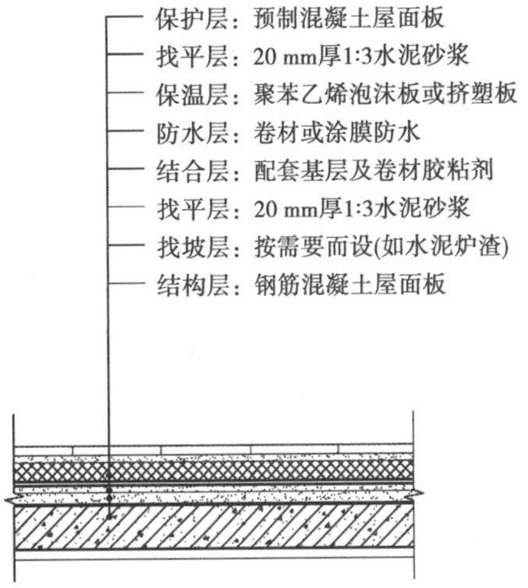

保护层:预制混凝土屋面板
找平层:20 mm厚1:3水泥砂浆
保温层:聚苯乙烯泡沫板或挤塑板
防水层:卷材或涂膜防水
结合层:配套基层及卷材胶粘剂
找平层:20 mm厚1:3水泥砂浆
找坡层:按需要而设(如水泥炉渣)
结构层:钢筋混凝土屋面板

图 11.34　倒置式保温屋面构造

11.7.3　屋面隔热

平屋顶隔热

掌握屋面隔热的类型和构造方法。

　　在夏季太阳辐射和室外气温的综合作用下,从屋面传入室内的热量要比从墙体传入室内的热量多。在低、多层建筑中,顶层房间占有很大比例,屋面的隔热问题应予以认真考虑。我国南方地区的建筑屋面隔热尤为重要,应采取适当的构造措施解决屋顶的降温和隔热问题。

　　屋顶隔热降温的基本原理是减少直接作用于屋顶表面的太阳辐射热量。所采用的主要隔热方式有屋面通风隔热、屋面蓄水隔热、屋面种植隔热、屋面反射隔热等。

1) 通风隔热屋面

　　通风隔热就是在屋顶设置架空通风间层,主要利用其上层表面遮挡阳光辐射,同时利用风压和热压作用将间层中的热空气带走,减少通过屋面板传入室内的热量,从而达到隔热降温的目的。通风间层的设置通常有两种方式:一种是在屋面上做架空通风间层,另一种是利用吊顶棚内的空间做通风间层。

　　(1)架空通风隔热

　　架空通风隔热的空气间层设于屋面防水层上,架空层内的空气可以自由流通,其隔热原理主要是利用架空的面层遮挡直射阳光,同时,架空层内被加热的空气也会与室外空气进行置换,带走一部分热量,从而达到降低室内温度的目的。架空通风屋面适宜在通风较好的条件下使用。

　　架空通风层通常用砖、瓦、混凝土等材料及制品制作(图 11.35),其中最常用的是架空预制板(或大阶砖)通风层。架空通风层的设计要点有:

　　①屋面坡度。当采用混凝土板架空隔热层时,屋面坡度不宜大于 5%。

　　②架空层的净空高度。架空层的净空高度应随屋面宽度和坡度的大小而变化,屋面宽度和坡度越大,净空越高,但不宜超过 360 mm,否则架空层内的风速将反而变小,影响降温效果。为了保证通风效果,其高度一般以 180~300 mm 为宜。屋面宽度大于 10 m 时,应在屋脊处设置通风桥以改善通风效果。

　　③通风孔的设置。为保证架空层内的空气流通顺畅,其周边应留设一定数量的通风孔,图 11.36(b)是将通风孔留设在对着风向的女儿墙上。如果在女儿墙上开孔有碍于建筑立面造型,也可以在离女儿墙 250 mm 宽的范围内不铺架空板,让架空板周边开敞,以利空气对流。

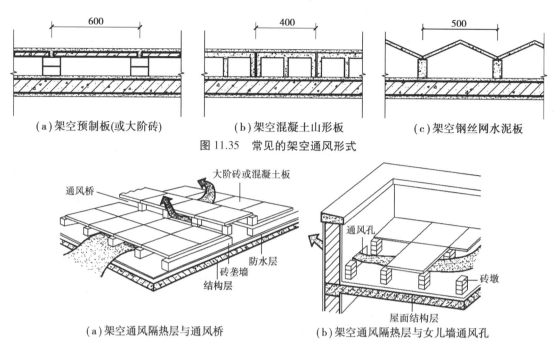

(a)架空预制板(或大阶砖)　　　(b)架空混凝土山形板　　　(c)架空钢丝网水泥板

图 11.35　常见的架空通风形式

(a)架空通风隔热层与通风桥　　　(b)架空通风隔热层与女儿墙通风孔

图 11.36　架空通风隔热屋面构造

④隔热板的支承方式。架空通风屋顶可以采用砖垄墙式的[图 11.36(a)],也可做成砖墩式的[图 11.36(b)]。当架空层的通风口能正对当地夏季主导风向时,采用前者可以提高架空层的通风效果。但当通风孔不能朝向夏季主导风向时,采用砖垄墙式的反而不利于通风。这时最好采用砖墩支承架空板方式,这种方式与风向无关,但通风效果不如前者。这是因为砖垄墙架空板通风是一种巷道式通风,只要正对主导风向,巷道内就易形成流速很快的对流风,散热效果好;而砖墩架空层内的对流风速要慢得多。

(2)顶棚通风隔热

利用吊顶棚与屋面间的空间做通风隔热也可以起到与架空通风同样的作用。图 11.37 是几种常见的顶棚通风隔热屋面构造示意,设计中应注意满足下列要求:

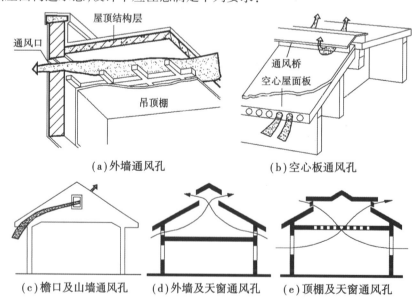

(a)外墙通风孔　　　(b)空心板通风孔

(c)檐口及山墙通风孔　　(d)外墙及天窗通风孔　　(e)顶棚及天窗通风孔

图 11.37　顶棚通风隔热屋面通风孔的设置

①通风孔的设置。为保证顶棚内的空气流通顺畅,需设置一定数量的通风孔。平屋顶的通风孔通常开设在外墙上,孔口可饰以混凝土花格或其他装饰性构件[图 11.37(a)]。坡屋顶的通风孔常设在挑檐顶棚处、檐口外墙处、山墙上部[图 11.37(c)、(d)]。屋顶跨度较大时还可以在屋顶上开设天窗作为出气孔,以加强顶棚层内的通风[图 11.37(d)、(e)]。有时,还可利用空心屋面板的孔洞作为通风散热的通

道,其进风孔设在檐口处,屋脊处设通风桥[图11.37(b)]。有的地区则在屋面安放双层屋面板而形成通风隔热层,其中上层屋面板用来铺设防水层,下层屋面板则用作通风顶棚,通风层的四周仍需设通风孔。

②通风层的净空高度。顶棚通风层应有足够的净空高度,具体高度应综合各因素所需高度加以确定。如通风孔自身的必需高度,屋面梁、屋架等结构的高度,设备管道占用的空间高度及供检修用的空间高度等。仅作通风隔热用的空间净高一般为500 mm左右。

③通风孔的防雨措施。通风孔须防止雨水飘进,特别是无挑檐遮挡的外墙通风孔和天窗通风口应注意解决好飘雨问题。当通风孔较小(≤300 mm×300 mm)时,只要将混凝土花格靠外墙的内边缘安装,利用较厚的外墙洞口即可挡住飘雨。当通风孔尺寸较大时,可以在洞口处设百叶窗片来挡雨。

④屋面防水层的保护。较之架空板通风屋面,顶棚通风屋面的防水层由于缺少了架空层的遮挡,保护层直接暴露在大气中,且下部的防水层温度变化较大,容易加快防水材料的老化,减少使用年限。因此,应在屋面的防水层上涂上浅色涂料,反射阳光,减缓卷材和涂料的老化。

2) 蓄水隔热屋面

蓄水隔热屋面利用平屋面所蓄积的水层来达到屋面隔热的目的。其原理为:在太阳辐射和室外气温的综合作用下,水能通过蒸发带走大量的热量,从而减少了屋面吸收的热能,起到隔热的作用。同时,水面还能反射阳光,减少太阳辐射对屋面的热作用。水层在冬季还有一定的保温作用。此外,防水层长期在蓄水层的保护下,可以延缓防水材料的老化,延长使用年限。

总的来说,蓄水屋面具有既能隔热又可保温,既能减少防水层的开裂又可延长其使用寿命等优点。在我国南方地区,蓄水屋面对于建筑的防暑降温和提高屋面的防水质量能起到很好的作用。如果在水层中养殖一些水浮莲之类的水生植物,利用植物吸收阳光进行光合作用和叶片遮蔽阳光的特点,其隔热降温的效果将会更加理想。值得注意的是,蓄水屋面不宜用于寒冷地区、地震地区和振动较大的建筑物。蓄水屋面的构造设计主要应注意以下几方面:

①水层深度及屋面坡度。过厚的水层会加大屋面荷载,过薄的水层夏季又容易被晒干,不便于管理。从理论上讲,50 mm深的水层即可满足降温与保护防水层的要求,但实际比较适宜的水层深度为150~200 mm。为保证屋面蓄水深度的均匀,蓄水屋面的坡度不宜大于0.5%。

②防水层的做法。蓄水屋面的防水层根据防水等级选用相应的卷材防水、涂膜防水或复合防水做法。防水层上面需要设置强度等级不低于C25钢筋混凝土蓄水池,并在蓄水池内采用20 mm厚渗透结晶型防水砂浆抹面。为了确保每个蓄水区混凝土的整体防水性,要求蓄水池混凝土应一次浇筑完毕,不得留置施工缝。蓄水池的防水混凝土完工后,应及时养护,蓄水后不得断水。

③蓄水区的划分。为了便于分区检修和避免水层产生过大的风浪,蓄水屋面应划分为若干蓄水区,每区的边长不宜超过10 m。蓄水区间用混凝土做成分仓壁,壁的底部留过水孔,使各蓄水区的水层连通[图11.38(a)],但在变形缝的两侧应设计成互不连通的蓄水区。当蓄水屋面的长度超过40 m时,应做分仓缝设计。

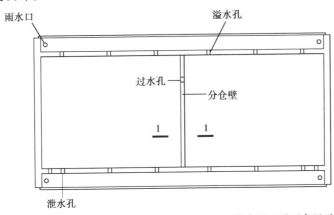
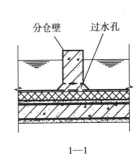

(a)蓄水屋面平面布置示意图

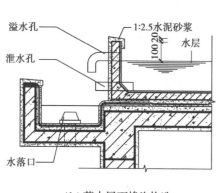

（b）蓄水屋面檐沟构造

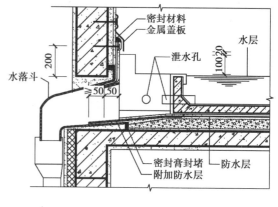

（c）蓄水屋面穿女儿墙水落口构造

图 11.38　顶棚通风隔热屋面通风孔的设置

④女儿墙与泛水构造。蓄水屋面四周可做女儿墙或檐沟,女儿墙与蓄水池仓壁是独立分开的,之间通常用聚苯板隔离开。蓄水屋面女儿墙泛水的构造做法是:先将屋面防水层延伸到女儿墙墙面形成泛水,其高度应高出蓄水池仓壁高度 150 mm 左右;然后再浇筑钢筋混凝土蓄水池(图 11.39)。

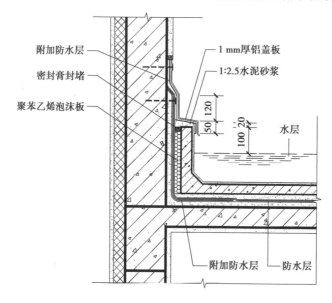

图 11.39　蓄水屋面泛水构造

⑤溢水孔与泄水孔。为避免暴雨时蓄水深度过大,采用檐沟屋面的蓄水池外壁上需均匀布置若干溢水孔,以使多余的雨水溢出屋面。同时,为便于检修时排除蓄水,应在池壁根部设泄水孔。泄水孔和溢水孔均应与排水檐沟、水落管或其他排水出口连通[图 11.38(b)、(c)]。

⑥管道的防水处理。蓄水屋面不仅有排水管,一般还应设给水管,以保证水源的稳定。蓄水池的所有孔洞应预留,不得后凿。所设置的给排水管、溢水管、泄水管均应在混凝土施工及做防水层之前安装完毕,并用油膏等防水材料妥善嵌填接缝。

近年来,我国南方部分地区也有采用深蓄水屋面做法的,其蓄水深度可达 600~700 mm,视各地气象条件而定。这种做法的水源完全由天然降雨提供,不需人工补充水。为了保证池中蓄水不致干涸,蓄水深度应大于当地气象资料统计提供的历年最大雨水蒸发量,也就是说蓄水池中的水即使在连晴高温的季节也能保证不干。深蓄水屋面的主要优点是不需人工补水,管理便利,池内还可养鱼增加收入。但这种屋面的荷载很大,超过一般屋面板承受的荷载。为确保结构安全,应单独对屋面结构进行验算。

3）种植隔热屋面

种植隔热屋面不但能美化环境,改善城市"热岛效应",减少雨水排放,还能显著减少建筑能耗,是一种生态的隔热措施,值得大力推广应用。种植隔热的原理是:在屋面上种植植物,借助栽培介质隔热及植物遮挡阳光和树叶蒸腾作用的双重功效来达到降温隔热的目的。

种植隔热根据栽培介质层构造方式的不同,可分为一般种植隔热和蓄水种植隔热两类。

（1）一般种植隔热屋面

一般种植隔热屋面是在防水屋面保护层上铺以种植土,并种植植物起到隔热及保护环境作用的屋面。其基本构造层次为:种植隔热层、保护层、耐根穿刺防水层、防水层、找平层和结构层,如图 11.40 所示。一般种植屋面的设计要求及构造要点有:

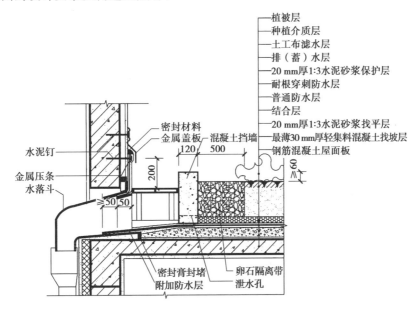

图 11.40　一般种植隔热屋面构造

①选择适宜的种植介质。为了不过多地增加屋面荷载,宜尽量选用轻质材料作栽培介质,常用的有谷壳、蛭石、陶粒、泥碳等,即所谓的无土栽培介质。近年来,还有以聚苯乙烯、尿甲醛、聚甲基甲酸酯等合成材料泡沫或岩棉、聚丙烯腈絮状纤维等作栽培介质的,其重量更轻,耐久性和保水性更好。为了降低成本,也可以在发酵后的锯末中掺入约 30% 体积比的腐殖土作栽培介质,但密度较大,需对屋面板进行结构验算,且容易污染环境。

种植土的厚度应满足屋面所栽种的植物正常生长的需要,可参考表 11.9 选用,但一般不宜小于100 mm。

表 11.9　种植土厚度

植物种类	种植土厚度（mm）				
	草坪、地被	小灌木	大灌木	小乔木	大乔木
种植土厚度	≥100	≥300	≥500	≥600	≥900

注:厚度要求引自《种植屋面工程技术规程》(JGJ 155—2013)中的规定。

②种植床的做法。种植床又称苗床,可用砖、加气混凝土来砌筑床埂或现浇混凝土挡墙。床埂最好砌在下部的承重结构上,内外用 1：3 水泥砂浆抹面,高度宜大于种植层 60 mm 左右。每个种植床应在其床埂的根部设不少于两个的泄水孔,以防种植床内积水过多造成植物烂根,如图 11.40 所示。为避免栽培介质的流失,泄水处也须设滤水网,滤水网可用塑料网或塑料多孔板、环氧树脂涂覆的铁丝网等制作。

③种植屋面的排水和给水。一般种植屋面应有一定的排水坡度(1%~3%),以便及时排除积水。通常在靠屋面低侧的种植床与女儿墙间留出300~400 mm的距离,利用所形成的天沟有组织排水。如采用含泥砂的栽培介质,屋面排水口处宜设挡水槛,以便沉积水中的泥砂。种植层的厚度一般都不大,为了防止久晴天气苗床内干涸,宜在每一种植分区内设一个给水阀,以供人工浇水之用。

④种植屋面的防水层。种植屋面应做两道防水,其中必须有一道耐根穿刺防水层,普通防水层在下,耐根穿刺防水层在上。防水层做法应满足I级防水设防要求。常用的耐根穿刺层有复合铜胎基SBS改性沥青防水卷材、APP改性沥青耐根穿刺防水卷材、聚氯乙烯防水卷材(PVC)等,其厚度符合相关要求。防水层上不宜种植根系发达、对防水层有较强侵蚀作用的植物,如松、柏、榕树等。

⑤屋面的安全防护。种植屋面是一种上人层面,需要经常进行人工管理(如浇水、施肥、栽种),因而屋顶四周应设女儿墙等作为护栏以利安全。护栏的净保护高度应满足相关规范对栏杆的要求。如屋面栽有较高大的树木或设有藤架等设施,还应采取适当的紧固措施,以免被风刮倒伤人。

(2)蓄水种植隔热屋面

蓄水种植隔热屋面是将一般种植屋面与蓄水屋面结合起来,进一步完善其构造后所形成的一种隔热屋面,其基本构造层次如图11.41所示。构造要点为:

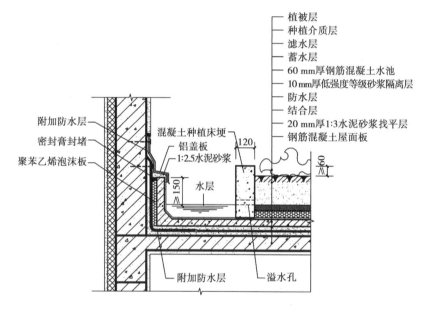

图11.41 蓄水种植隔热屋面构造

①防水层。蓄水种植屋面的防水层应根据防水等级选用相应的卷材、涂膜或复合防水做法。与蓄水屋面一样,其上需要设置等级不低于C25钢筋混凝土蓄水池,且蓄水池混凝土应一次浇筑完毕,以免渗漏。

②蓄水层。种植床内的水层靠轻质多孔粗骨料蓄积,粗骨料的粒径不应小于25 mm,蓄水层(包括水和粗骨料)的深度不小于60 mm。种植床以外的屋面也蓄水,深度与种植床内相同。

③滤水层。考虑到保持蓄水层的畅通,不至被杂质堵塞,应在粗骨料的上面铺60~80 mm厚的细骨料滤水层或无纺布滤水层。细骨料按5~20 mm粒径级配,下粗上细地铺填,无纺布不小于150 g/m²,且应超过基质表面5 cm。

④种植层。蓄水种植屋面的构造层次较多,为尽量减轻屋面板的荷载,栽培介质的堆积密度不宜大于10 kN/m³。

⑤种植床埂。蓄水种植屋面应根据屋顶绿化设计用床埂进行分区,每区面积不宜大于100 m²。床埂宜高于种植层60 mm左右,床埂底部每隔1 200~1 500 mm设一个溢水孔,孔下口平水层面。溢水孔处应铺设粗骨料或安设滤网以防止细骨料流失。

⑥人行架空通道板。架空板设在蓄水层上、种植床之间,供人在屋面活动和操作管理之用,兼有给屋

面非种植覆盖部分增加一隔热层的功效。架空通道板应满足上人屋面的荷载要求,通常可支承在两边的床埂上。

蓄水种植屋面与一般种植屋面主要的区别是增加了一个连通整个层面的蓄水层,从而弥补了一般种植屋面隔热不完整、对人工补水依赖较多等缺点,又兼具有蓄水屋面和一般种植屋面的优点,隔热效果更佳。但由于有粗骨料蓄水层,荷载较大,不适合旧建筑屋顶改造,且相对来说造价也较高。

4)反射隔热屋面

屋面受到太阳辐射后,一部分辐射热量被屋面吸收,另一部分被屋面反射出去,反射热量与入射热量之比称为屋面材料的反射率(用百分数表示)。该比值取决于屋面材料的颜色和粗糙程度,颜色浅、表面光滑的屋面材料具有更大的反射率。表 11.10 为不同材料、不同颜色屋面的反射率。

表 11.10　各种屋面材料的反射率

屋面表面材料与颜色	反射率(%)	屋面表面材料与颜色	反射率(%)
沥青、玛碲脂	15	石灰刷白	80
油毡	15	砂	59
镀锌薄钢板	35	红	26
混凝土	35	黄	65
铅箔	89	石棉瓦	34

屋面反射隔热原理就是利用材料的这一特性,采用浅色混凝土或涂刷白色涂料等方式取得良好的降温隔热效果。如果在吊顶棚通风隔热层中加铺一层铝箔纸板,其隔热效果更加显著,因为铝箔具有很高的反射率。

简答题

(1)屋顶按其外形分有哪些形式?各自有何特点和适用范围?

(2)屋面防水有几个等级?各自有何要求?

(3)影响屋面排水坡度大小的因素有哪些?

(4)屋面排水坡度的形成方法有哪两种?各有何优缺点?

(5)有组织排水根据水落管与建筑外墙的位置关系分为哪两种类型?各有何优缺点?

(6)如何进行屋面排水组织设计?

(7)常见的防水卷材主要分为哪几种类型?各举例说明。

(8)卷材防水屋面有哪些基本构造层次?并绘图说明其泛水构造的特点。

(9)卷材防水屋面的泛水、天沟、檐口、水落口等细部构造的要点是什么?

(10)什么是涂膜防水屋面?

(11)块瓦屋面通常有哪几种铺瓦方式?对于大风及地震设防地区或屋面坡度大于 100% 的块瓦屋面,通常有哪些固定加强措施?

(12)金属板屋面的连接方式主要有哪几种方式?各有何特点?

(13)绘图说明正置式卷材防水保温屋面的基本构造层次。

(14)屋面隔热的主要方式有哪几种?各有何特点?

综合训练题

题目一：

某教学楼屋顶平面尺寸如图1所示，采用外排水，请设计屋面排水示意图，需要完成以下工作：

①排水计算（含排水分区划分，雨水口设置等）；

②标注排水坡度和坡向；

③绘制天沟或檐沟、分格缝、雨水口等构件。

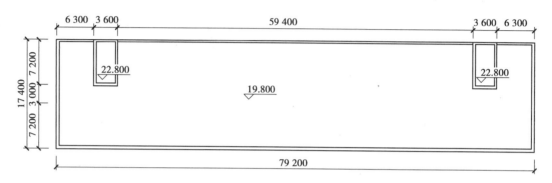

图 1

（1）基础知识：

①屋面排水方式的选择；

②排水坡度大小、排水分区面积、雨水口设置；

③屋面排水相关构造。

（2）学习难点：

①在雨水水流的全过程中，保持水流的通畅和路线的便捷；

②在排水至低点后，如何将雨水引向雨水口；

③在排水路径上遇到阻碍物后，如何保证水流通畅。

（3）学习进阶：

①如上述建筑位于我国严寒地区，考虑冬季结冻的因素，屋面排水方式应采用内排水，请重新讨论并完成屋面排水示意图。

②思考大跨度建筑（如大型体育馆、展览馆、候机楼、火车站）的屋顶排水组织，因为汇水面积巨大，传统重力流方案是否合理？有什么解决方案？

题目二：

根据上次屋面排水设计图的工作基础，结合选定的卷材防水做法，并根据结构设计的要求，建筑设置了变形缝，如图2所示，请绘制以下细部构造：

①分格缝；②泛水；③变形缝。

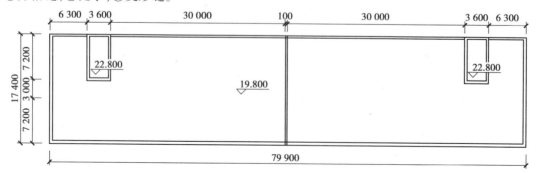

图 2

（1）基础知识：

①泛水构造；

②卷材屋面构造层次；

③屋面防水相关构造。

（2）学习难点：

①有了变形缝后,排水分区的划分；

②分格缝构造节点的合理选择；

③变形缝细部构造既要满足防水,又要满足变形。

（3）学习的进阶：

①如果因特殊要求,需要将屋顶变形缝构造做成与屋面平整,请尝试给出你的构造解决方案。

②结合校园建筑实地调研或文献浏览,请用草图示意屋面变形缝与女儿墙变形缝交接处的构造。

题目三：

根据前两次设计工作的基础,讨论分析该教学楼适宜的屋面保温及隔热做法,讨论的范畴包括：

①教学楼所处的气候环境；

②教学楼的不同使用对象；

③屋顶空间的多样化利用。

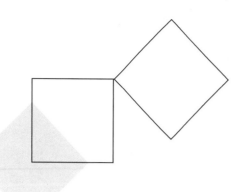

12 门 窗

本章导读：
• **基本要求** 熟悉门窗的种类、形式和尺度；掌握门窗的基本性能及选用；了解各种门窗的构造组成。
• **重点** 门窗的形式和尺度，门窗的基本性能及选用。
• **难点** 门窗的基本性能及选用。

门和窗是房屋的重要组成部分。门的主要功能是交通联系，兼顾通风采光；窗主要供采光和通风之用，它们均属建筑的围护构件。

在设计门窗时，必须根据有关规范和建筑的使用要求来决定其形式及尺寸大小。造型要美观大方，构造应坚固、耐久，开启灵活，关闭紧严，便于维修和清洁，规格类型应尽量统一，并符合现行《建筑模数协调统一标准》的要求，以降低成本和适应建筑工业化生产的需要。

门窗按其制作的材料可分为：木门窗、塑料门窗、铝合金门窗、彩板门窗等。

12.1 形式与尺度

熟悉门窗的形式与尺度。

门窗的形式主要取决于门窗的开启方式，不论其材料如何，开启方式均大致相同。

门窗概述

12.1.1 门的形式与尺度

1）门的形式

门按其开启方式通常有：平开门、弹簧门、推拉门、折叠门、转门等几种形式。

（1）平开门

平开门为水平开启的门，它的铰链装于门扇的一侧与门框相连，门扇围绕铰链轴转动。其门扇有单扇、双扇，内开和外开之分。平开门构造简单，开启灵活，易于维修，易满足疏散的要求，是建筑中最常见、使用最广泛的门，如图 12.1（a）所示。

（2）弹簧门

弹簧门的开启方式与普通平开门相同，不同之处是它以弹簧铰链代替普通铰链，借助弹簧的力量实现门的启闭。它使用方便,美观大方。为避免人流相撞,门扇或门扇上部应镶嵌玻璃,如图 12.1(b)所示。还有一种弹簧门是采用暗装地弹簧来实现门的启闭。

（3）推拉门

门扇沿轨道左右滑行来实现门的启闭。根据轨道的位置,推拉门可为上挂式和下滑式。推拉门开启时不占空间,受力合理,不易变形,但在关闭时难于严密。在民用建筑中,还经常采用轻便推拉门分隔内部空间,如图 12.1(c)、(d)所示。

（4）折叠门

折叠门由多个门扇构成,每个门扇宽度以 600 mm 左右为宜,适用于宽度较大的洞口,分为侧挂式折叠门和推拉式折叠门两种。侧挂式折叠门不适用于宽大洞口。推拉式折叠门在门顶或门底装滑轮及导向装置,启闭时门扇通过滑轮沿着导向装置移动,如图 12.1(e)、(f)所示。折叠门占用空间少,但构造较复杂,通常用于公共建筑中大空间的灵活分隔。

（5）转门

转门是由两个固定的弧形门套和垂直旋转的门扇构成。门扇可分为三扇或四扇,绕竖轴旋转。转门对隔绝室外气流有一定作用,可作为寒冷地区公共建筑的外门,但不能作为疏散门。通常在转门两旁另设疏散用门,如图 12.1(g)所示。其构造复杂、造价高,不宜大量采用。

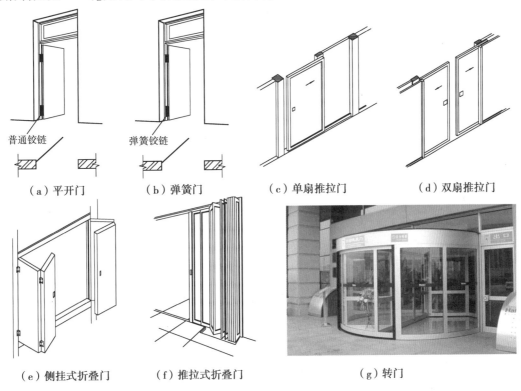

（a）平开门　　（b）弹簧门　　（c）单扇推拉门　　（d）双扇推拉门

（e）侧挂式折叠门　　（f）推拉式折叠门　　（g）转门

图 12.1 门的开启方式

2）门的尺度

门的尺度通常是指门洞的高宽尺寸。门作为交通疏散,其尺度取决于人的通行、家具器械的搬运及与建筑物的比例关系等,并应符合现行《建筑模数协调统一标准》的规定。

（1）门的高度

一般民用建筑门的高度不宜小于 2 100 mm。如门设有亮子时,门洞高度一般为 2 400~3 000 mm,其中亮子高度一般为 300~600 mm。公共建筑大门高度可视需要适当提高。

（2）门的宽度

单扇门为 600~1 000 mm,双扇门为 1 200~1 800 mm。宽度在 2 100 mm 以上时,则多做成三扇、四扇门或双扇带固定扇的门,因为门扇过宽易产生翘曲变形,同时也不利于开启。

为了使用方便,一般民用建筑门(木门、铝合金门、塑钢门)均编制成标准图,在图上注明类型及有关尺寸,设计时可按需要直接选用。

12.1.2 窗的形式与尺度

窗的分类及特点

1) 窗的形式

熟悉窗的
形式分类。

窗按其开启方式通常有:平开窗、固定窗、悬窗、推拉窗、立转窗等几种形式,如图 12.2 所示。

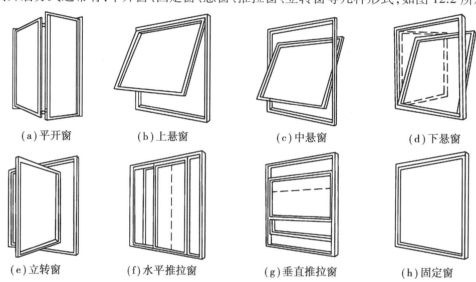

(a) 平开窗　　(b) 上悬窗　　(c) 中悬窗　　(d) 下悬窗

(e) 立转窗　　(f) 水平推拉窗　　(g) 垂直推拉窗　　(h) 固定窗

图 12.2　窗的开启方式

(1)平开窗

铰链安装在窗扇一侧与窗框相连,向外或向内水平开启。有单扇、双扇、多扇,内开与外开之分。平开窗与平开门相似,构造简单、开启灵活、制作维修均方便,是民用建筑中很常见的一种窗,如图 12.2(a)所示。

(2)悬窗

根据铰链和转轴位置的不同,可分为上悬窗、中悬窗和下悬窗,如图 12.2(b)、(c)、(d)所示。

(3)固定窗

无窗扇、不能开启的窗为固定窗。固定窗的玻璃直接嵌固在窗框上,可供采光和眺望之用,不能通风。固定窗构造简单、密闭性好,多与门亮子和开启窗配合使用,如图 12.2(h)所示。

此外,还有立转窗、推拉窗等形式,如图 12.2(e)、(f)、(g)所示。

2) 窗的尺度

窗的尺度主要取决于房间的采光通风、构造做法和建筑造型等要求,并要符合现行《建筑模数协调统一标准》的规定。对一般民用建筑用窗,各地均有通用图集,各类窗的高度与宽度尺寸通常采用扩大模数 3 M 数列作为洞口的标志尺寸,需要时只要按所需类型及尺度大小直接选用。

熟悉门窗
的各种性
能。

12.2 性能与选用

12.2.1 门窗"三性"

门窗的物理性能主要包括空气渗透、雨水渗漏、抗风压、保温、隔声、采光性能 6 个方面。其中,后 3

种性能,是根据房间功能的具体需求进行选择和控制;前 3 种性能是建筑门窗基本的 3 项性能,即通常说的门窗"三性"。根据《建筑幕墙、门窗通用技术条件》(GB/T 31433—2015)的规定,建筑门窗根据不同性能指标有不同的分级。

(1)门窗气密性指标

门窗气密性能的分级是采用在标准状态下,压力差为 10 Pa 时的单位开启缝长空气渗透量 q_1 和单位面积空气渗透量 q_2 作为分级指标,将建筑门窗分为 8 级,见表 12.1。

表 12.1　门窗气密性能分级表

分　级	1	2	3	4	5	6	7	8
单位缝长下 $q_1[\mathrm{m^3/(m^3 \cdot h)}]$	$4.0 \geqslant q_1 > 3.5$	$3.5 \geqslant q_1 > 3.0$	$3.0 \geqslant q_1 > 2.5$	$2.5 \geqslant q_1 > 2.0$	$2.0 \geqslant q_1 > 1.5$	$1.5 \geqslant q_1 > 1.0$	$1.0 \geqslant q_1 > 0.5$	$q_1 \leqslant 0.5$
单位面积下 $q_2[\mathrm{m^3/(m^2 \cdot h)}]$	$12 \geqslant q_2 > 10.5$	$10.5 \geqslant q_2 > 9.0$	$9.0 \geqslant q_2 > 7.5$	$7.5 \geqslant q_2 > 6.0$	$6.0 \geqslant q_2 > 4.5$	$4.5 \geqslant q_2 > 3.0$	$3.0 \geqslant q_2 > 1.5$	$q_2 \leqslant 1.5$

注:第 8 级应在分级后同时注明具体分级指标值。

(2)门窗水密性指标

门窗水密性能的分级是采用严重渗漏压力差值的前一级压力差值作为分级指标,将建筑门窗分为 6 级,见表 12.2。

表 12.2　门窗水密性能分级表　　　　　　　　单位:Pa

分　级	1	2	3	4	5	6
分级指标 ΔP	$100 \leqslant \Delta P < 150$	$150 \leqslant \Delta P < 250$	$250 \leqslant \Delta P < 350$	$350 \leqslant \Delta P < 500$	$500 \leqslant \Delta P < 700$	$\Delta P \geqslant 700$

注:第 6 级应在分级后同时注明具体检测压力差值。

(3)门窗抗风压性指标

门窗抗风压性能的分级是采用定级检测压力差值 P_3 作为分级指标,将建筑门窗分为 9 级,见表 12.3。

表 12.3　门窗抗风压性能分级表　　　　　　　　单位:kPa

分　级	1	2	3	4	5	6	7	8	9
分级指标 P_3	$1.0 \leqslant P_3 < 1.5$	$1.5 \leqslant P_3 < 2.0$	$2.0 \leqslant P_3 < 2.5$	$2.5 \leqslant P_3 < 3.0$	$3.0 \leqslant P_3 < 3.5$	$3.5 \leqslant P_3 < 4.0$	$4.0 \leqslant P_3 < 4.5$	$4.5 \leqslant P_3 < 5.0$	$P_3 \geqslant 5.0$

注:第 9 级应在分级后同时注明具体检测压力差值。

此外,建筑门窗在空气声隔声性能、保温性能及采光性能方面也有相关标准和相应的分级指标。因此,在门窗的选用上,应根据各地区气候、建筑高度、房间使用要求等因素,合理确定和选择门窗的类型和等级,并满足相关性能指标的要求。

12.2.2　门窗节能

建筑门窗是建筑围护结构中热工性能最薄弱的部位,其能耗占到建筑围护结构总能耗的 40%～50%。同时,门窗也是建筑中的得热构件,可以通过太阳光透射入室内而获得太阳辐射,因此是影响建筑室内热环境和建筑节能的重要因素。

门窗要想达到好的节能效果,除了满足良好的三项基本性能外,还应综合考虑当地气候条件、功能要求、建筑形式等因素,并满足国家节能设计标准对门窗设计指标的要求。

门窗节能设计

熟悉门窗节能的各个方面。

1)节能设计指标

在建筑节能设计中,应根据建筑所处城市的建筑热工设计分区,恰当地选择门窗材料和构造方式,使建筑外门窗的热工性能符合该地区建筑节能设计标准的相关规定。其主要指标包括有:

（1）传热系数

传热系数是外门窗保温性能分级的重要指标。不同建筑外门窗材料、构造方法其传热系数也不相同,不同建筑热工设计分区、不同体形系数条件下的建筑外门窗其传热系数要求也不同,见表12.4。

（2）综合遮阳系数

对于南方炎热地区,在强烈的太阳辐射条件下,阳光直射到室内,将严重影响建筑室内热环境,因此外窗应采取适当遮阳措施,以降低建筑空调能耗。门窗遮阳包括玻璃遮阳和建筑外遮阳,建筑外遮阳分为水平遮阳、垂直遮阳、综合遮阳以及挡板遮阳。

门窗的遮阳效果用综合遮阳系数（SC_w）来衡量,其影响因素包括玻璃本身的遮阳性能和外遮阳的遮阳性能。其要求也根据建筑热工设计分区、窗墙面积比的不同有所区别,见表12.4。

表 12.4　夏热冬冷地区不同朝向、不同窗墙面积比的门窗传热系数和综合遮阳系数限制

围护结构部位			传热系数 K $[W/(m^2 \cdot K)]$	外窗综合遮阳系数 SC_w （东、西向/南向）
户　门			3.0（通往封闭空间） 2.0（通往非封闭空间或户外）	
外窗（含阳台门透明部分）	体形系数 ≤0.40	窗墙面积比≤0.20	4.7	—/—
		0.20<窗墙面积比≤0.30	4.0	—/—
		0.30<窗墙面积比≤0.40	3.2	夏季≤0.40/夏季≤0.45
		0.40<窗墙面积比≤0.45	2.8	夏季≤0.35/夏季≤0.40
		0.45<窗墙面积比≤0.60	2.5	东、西、南向设置外遮阳 夏季≤0.35　冬季≥0.60
	体形系数 >0.40	窗墙面积比≤0.20	4.0	—/—
		0.20<窗墙面积比≤0.30	3.2	—/—
		0.30<窗墙面积比≤0.40	2.8	夏季≤0.40/夏季≤0.45
		0.40<窗墙面积比≤0.45	2.5	夏季≤0.35/夏季≤0.40
		0.45<窗墙面积比≤0.60	2.3	东、西、南向设置外遮阳 夏季≤0.35　冬季≥0.60

注：①表中的"东,西"代表从东或西偏北 30°（含 30°）至偏南 60°（含 60°）的范围;"南"代表从南偏东 30°至偏西 30°的范围。

②楼梯间、外走廊的窗不按本表规定执行。

2)节能设计措施

①增强门窗的保温性能。即根据各地区建筑节能设计标准合理选择满足传热系数指标的门窗。提高门窗保温性能的措施有改善门窗框的保温能力,改善门扇和窗玻璃的保温能力。

②减少门窗的空气渗透。空气渗透是门窗热工性能薄弱的重要原因之一,因此,应选用制作和安装质量良好、气密性等级较高的门窗。改进门窗气密性的措施有在出入口处增设门斗;提高型材的规格尺寸、准确度、尺寸稳定性和组装的精确度;采取良好的密封措施。

③选择适宜的窗地比。建筑能耗中,照明能耗占 20%～30%。为了充分利用天然采光,节约照明用电,应根据房间的功能、光气候特征等因素,选择适宜的窗地比。

④控制好窗墙面积比。从天然采光角度来说,窗洞口面积越大越好。但从热工角度来说,为了避免建筑能耗随外窗面积的增大而增加,必须对窗墙面积比进行控制。窗墙面积比的限制除了与建筑热工设计分区有关外,还与外墙的朝向相关。

⑤合理的遮阳设计。在南方炎热地区,门窗的隔热性能尤其重要。提高隔热性能主要靠

遮阳的种类

两方面的途径:一是采用合理的建筑外遮阳,设计挑檐、遮阳板、活动遮阳等措施;二是玻璃的选择,选用对太阳红外线反射能力强的热反射材料贴膜,如 Low-E 玻璃等。

12.3　门窗构造

12.3.1　木门窗构造

平开木门

熟悉门的构造组成。

1)平开门的组成

平开门一般由门框、门扇、亮子、五金零件及其附件组成(图 12.3)。

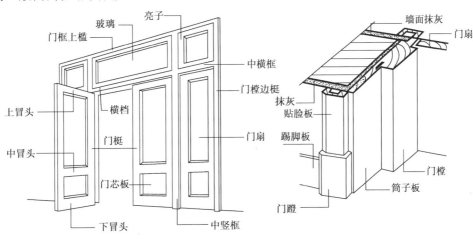

图 12.3　木门的构造组成

①门框:又称门樘,是门扇、亮子与墙的联系构件,一般由两根竖直的边框和上框组成。当门带有亮子时,还有中横框,多扇门则还有中竖框。门框的安装根据施工方式分后塞口和先立口两种。

②门扇:按其构造方式不同,有镶板门、夹板门、拼板门、玻璃门和纱门等类型。

③亮子:又称腰头窗,在门上方,为辅助采光和通风之用,有平开、固定及上中下悬几种。

④五金零件:一般有铰链、插销、门锁、拉手、门碰头等。

⑤附件:有贴脸板、筒子板等。

窗框的安装　窗框与墙的关系

2)平开窗的组成

平开窗一般由窗框、窗扇(玻璃扇、纱扇)、五金零件及其附件组成(图 12.4)。

①窗框:一般由两根边框和上下框组成。当窗的尺寸较大时,应增设中横框或中竖框。窗框的安装与门框一样,根据施工方式分后塞口和先立口两种。

②窗扇:一般由上冒头、中冒头(窗芯)、下冒头及边梃组成。根据镶嵌材料的不同,分为玻璃扇、纱窗扇和百叶窗扇等。

③五金零件:一般有铰链、插销、风钩、拉手及导轨、滑轮等。

④附件:有贴脸板、窗台板和窗帘盒等。

熟悉窗的构造组成。

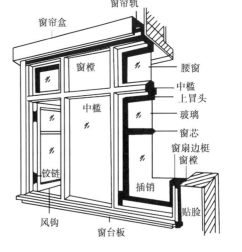

图 12.4　木窗的构造组成

由于木窗在强度、防火、密闭性、耐久性等方面存在较大的不足,加之我国建筑用优质木材资源有限,故目前木窗的使用较少。

3)木门构造

常用的木门门扇有镶板门和夹板门两种,其构造示例如图 12.5 和图 12.6 所示。

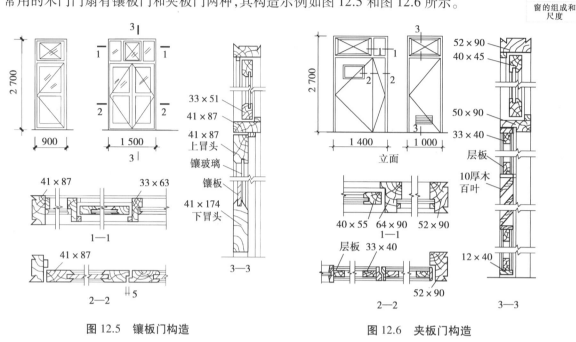

图 12.5 镶板门构造

图 12.6 夹板门构造

12.3.2 塑料门窗构造

塑料门窗是以聚氯乙烯、改性聚氯乙烯或其他树脂为主要原料,轻质碳酸钙为填料,添加适量助剂和改性剂,经挤压机挤成各种截面的空腹门窗异型材,再根据不同的品种规格选用不同截面异型材料组装而成。由于塑料的变形大、刚度差,一般在型材内腔加入钢或铝等,以增加抗弯能力,即所谓塑钢门窗,较之全塑门窗刚度更好,如图 12.7 所示。

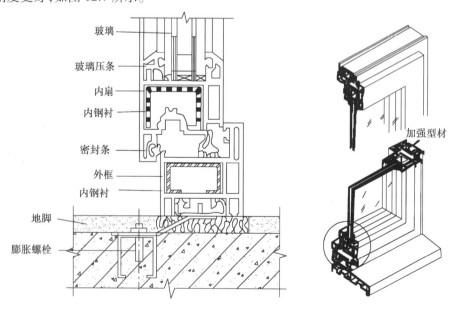

图 12.7 塑钢窗的构造组成

塑料门窗线条清晰、挺拔,造型美观,具有耐水、耐腐蚀、阻燃、抗冲击、无须表面处理等优点,不但具有良好的装饰性,而且有良好的隔热性和密封性。因此,在建筑上得到大量的应用。

12.3.3　金属门窗构造

金属门窗种类较多,常见的有铝合金门窗、钢门窗和彩板门窗,其中铝合金门窗应用最为广泛。

1) 普通铝合金门窗

铝合金门窗的开启方式多为水平推拉式,根据需要也可以采用其他启闭方式。下面以铝合金推拉窗为例,讲述有关的构造做法。

(1)铝合金窗框的构造

铝合金窗框采用塞口法安装,其装入洞口应横平竖直,外框与洞口应弹性连接牢固,不得将窗外框直接埋入墙体(图12.8)。这样做一方面是保证建筑物在振动、沉降和热胀冷缩等因素引起的互相撞击、挤压时,不致使窗损坏;另一方面使外框不直接与混凝土、水泥浆接触,避免碱对铝型材的腐蚀,对延长使用寿命有利。

(2)铝合金窗玻璃的选择及安装

玻璃的厚度和类别主要根据面积大小、热工节能要求来确定,一般多选用5~8 mm厚的平板玻璃、镀膜玻璃、钢化玻璃或中空玻璃等。在玻璃与铝型材接触的位置设垫块,周边用橡皮条密封固定。

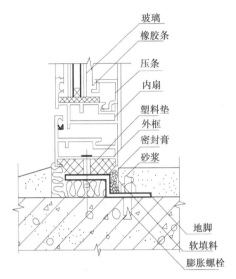

图12.8　铝合金门窗安装节点

2) 断桥铝合金门窗

由于普通铝合金门窗框传热系数大,很难满足目前门窗节能指标的要求,故近年来开始采用断桥铝合金门窗,它可以较大地降低铝合金门窗的传热系数。断桥型铝合金门窗框是指型材采用非金属材料将铝合金型材进行断热。其构造有穿条式和灌注式两种,前者在框中间采用高强度增强尼龙隔热条,后者用聚氨基甲酸乙酯灌注。目前市场上的断热型铝合金门窗以穿条式为主,其构造做法如图12.9所示。

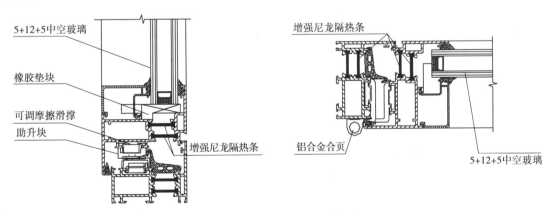

图12.9　断桥铝合金窗的构造组成

复习思考题

(1)门按其开启方式通常有哪些形式？各有何特点？

(2)窗按其开启方式通常有哪些形式？各有何特点？

(3)门窗"三性"指的是哪三种性能。

(4)门窗的节能设计措施主要有哪些方面？

(5)平开木门的构造组成有哪些？

(6)塑料门窗的特点是什么？

(7)断桥铝合金门窗与普通铝合金门窗的区别是什么？

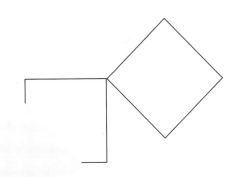

13 装配式建筑

本章导读:

● **基本要求** 了解装配式建筑的相关概念;理解专用体系和通用体系的区别;了解国、内外装配式建筑的历史及发展;掌握当前我国装配式建筑的发展特征,并理解其相关的社会经济和工程技术背景;了解我国当前装配式建筑的部品划分,熟悉并掌握主要的建筑围隔部品类型与构造。

● **重点** 专用体系和通用体系的区别,装配式建筑的发展特征,主要建筑围隔部品的种类及构造。

● **难点** 我国装配式建筑发展的特征和原因,围隔部品的种类及构造。

13.1 装配式建筑的相关概念

13.1.1 建筑工业化

建筑工业化是指用现代工业生产方式和管理手段代替传统的、分散的手工业生产方式来建造房屋,使其逐步转变为采用现代机器装备的社会化大生产的过程。基本内容是以模数协调为基础的设计标准化、构配件生产工厂化、施工作业机械化和组织管理科学化;要求把可以采用的最佳方法和先进技术应用到研究、设计、制造和施工的全过程;目的在于把美学价值和使用功能与节约材料、生产工艺及安装方法相结合,以充分利用时间和空间,取得提高劳动生产率、缩短工期、降低成本、保证质量、完善功能的效果。

13.1.2 工业化建筑

工业化建筑是指采用以标准化设计、工厂化生产、装配化施工、一体化装修和信息化管理为主要特征的工业化生产方式建造的建筑。工业化建筑体系分为专用体系(Closed System)和通用体系(Open System)两类。前者是以定型建筑物为基础,进行构配件配套的一种体系,它有一定的设计专用性和技术先进性,但缺少与其他体系配合的互换性和通用性。后者是以通用构件、部品为基础,进行多样化房屋组合的一种体系,它的构配件可以互相通用,并可以进行专业化成批生产。

13.1.3　装配式建筑

装配式建筑是指结构系统、外围护系统、设备与管线系统、内装系统采用预制部品部件在工地装配而成的建筑。我国装配式建筑主要包括装配式混凝土建筑、装配式钢结构建筑、装配式木结构建筑。其主要优点是生产效率高,构件质量好,施工速度快,现场湿作业少,受季节性影响小。

13.1.4　装配率

我国《装配式建筑评价标准》(GB/T 51129)明确装配率是指单体建筑室外地坪以上的主体结构、围护墙和内隔墙、装修和设备管线等采用预制部品部件的综合比例。

装配率是评价装配式建筑的重要指标,也是推动工业化建筑发展的重要指标。它是由主体结构、围护墙和内隔墙以及装修和设备管线三方面评分组成。装配率应根据表 13.1 中评价项分值按下列公式计算:

$$P = \frac{Q_1 + Q_2 + Q_3}{100 - Q_4} \times 100\%$$

式中　P——装配率;

　　　Q_1——主体结构指标实际得分值;

　　　Q_2——围护墙和内隔墙指标实际得分值;

　　　Q_3——装修和设备管线指标实际得分值;

　　　Q_4——评价项目中缺少的评价项分值总和。

表 13.1　装配式建筑评分表

评价项		评价要求	评价分值	最低分值
主体结构 (50分)	柱、支撑、承重墙、延性墙板等竖向构件	35 % ≤ 比例≤80%	20—30*	20
	梁、板、楼梯、阳台、空调板等构件	70 % ≤ 比例≤80%	15—20*	
围护墙和 内隔墙 (20分)	非承重围护墙非砌筑	比例≥80%	5	10
	围护墙与保温、隔热、装饰一体化	50%≤比例≤80%	2—5*	
	内隔墙非砌筑	比例≥50%	5	
	内隔墙与管线、装修一体化	50%≤比例≤80%	2—5*	
装修和 设备管线 (30分)	全装修	—	6	6
	干式工法楼面、地面	比例≥70%	6	—
	集成厨房	70%≤比例≤90%	3—6*	
	集成卫生间	70%≤比例≤90%	3—6*	
	管线分离	50%≤比例≤70%	4—6*	

注:表中带"*"项的分值采用"内插法"计算,计算结果去小数点后 1 位。

根据计算结果,装配式建筑评价等级应划分为 A 级、AA 级、AAA 级,分别对应的装配率指标是 60%—75%、76%—90%、91%及以上。

13.2　装配式建筑的发展历程

13.2.1　我国装配式建筑的发展历程

我国装配式建筑的应用始于 20 世纪 50 年代。在"一五"计划期间,就借鉴了苏联和东欧各国的经

国外装配式
建筑发展历程

验,在国内推行标准化、工厂化、机械化的预制构件和装配式建筑。预制构件首先在工业建筑中得到大量运用。当时的单层工业厂房(图 13.1)普遍使用钢筋混凝土和钢排架体系,柱、吊车梁、屋架或屋面梁、屋面板、天窗架等主要结构构件均采用预制装配。

图 13.1　钢筋混凝土排架结构典型厂房

　　20 世纪 70—80 年代初是我国装配式建筑的持续发展期,尤其是从 70 年代后期开始,在改革开放的推动下,我国多种装配式建筑体系得到了快速的引进和发展。从设计层面上看,引入了荷兰支撑体住宅的概念,体现了装配式建筑空间适用性和可变性的概念;在技术层面上,实践了砌块建筑(图 13.2)、大板建筑(图 13.3)、框架板材建筑(图 13.4)、盒子建筑(图13.5)、升层和升板建筑(图13.6)等 5 种主要类型。

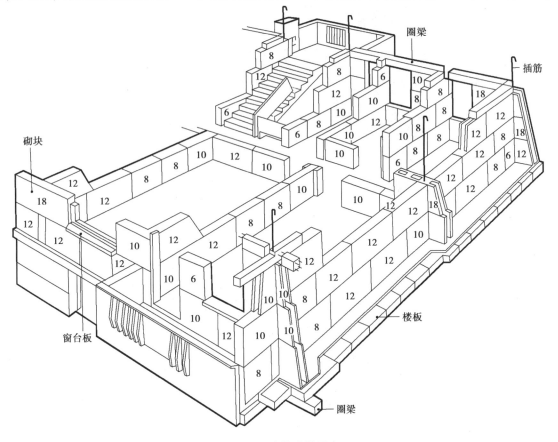

图 13.2　砌块建筑示意

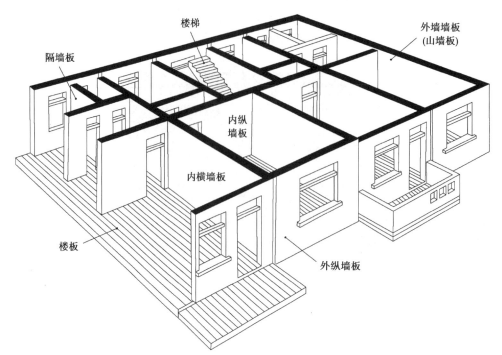

图 13.3　大板建筑示意

图 13.4　框架板材建筑示意

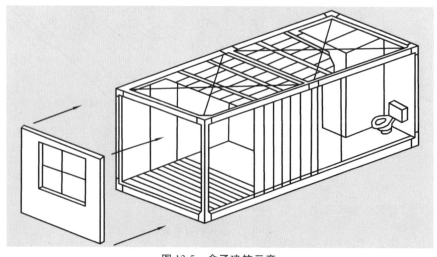

图 13.5　盒子建筑示意

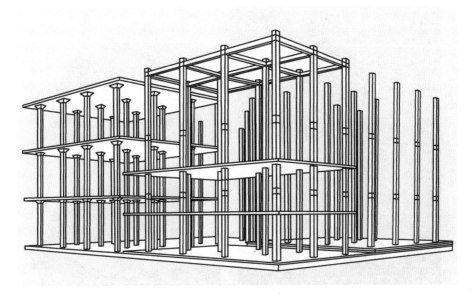

图 13.6 升层和升板建筑示意

但改革开放以后,特别是农村土地承包到户后,农村劳动力得到极大释放,大量农民工进入建筑施工行业,低廉的劳动力成本在一定程度上中断和阻碍了我国装配式建筑的发展。同时,在 20 世纪 90 年代前后,我国的住宅供给制度发生了较大的变化,供给式的分配方式被商品化的市场方式替代,开发商成为住宅供给和建设的主体,在那一时期的社会经济背景下,开发商推动装配式建筑发展的动力不足。此外,原有的装配式建筑出现的墙板渗漏、隔声差、保温差等工程质量和使用性能方面的问题也阻碍了我国装配式建筑的发展。因此,在 20 世纪 70 年代至世纪之交,装配式建筑在我国如昙花一现般繁荣后就陷入沉寂。

进入 21 世纪后,国家和地方政府大力发展和推广装配式建筑,颁发各种政策鼓励推进装配式建筑,各地也纷纷制定各种优惠措施,各种技术规范和标准也相继出台,大力推进试点和示范项目(图 13.7~图 13.10)。

图 13.7 上海万科新里程

图 13.8　宝业青浦新城 63A-03A 地块项目

图 13.9　济南港新园公租房项目

图 13.10　北京郭公庄一期公租房项目

随后,房地产企业、建筑施工企业、建筑材料和设备企业等也行动起来,掀起了当下我国装配式建筑发展的新高潮,形成了以示范工程为载体,以房地产公司、建筑公司为主导,建筑材料和设备公司为辅助的市场体系。

13.2.2   当前我国装配式建筑发展的特征

我国从 21 世纪初开始,建筑工业化和装配式建筑的重新升温,并呈现快速发展的态势,是有其深刻的社会经济和工程技术背景的。

①劳动力成本持续上升推进了装配式建筑的回暖。我国建筑业享受着廉价劳动力的优势,同时也创造了巨大的就业机会。但是,随着人口红利的逐渐消失,劳动力成本增加直接推高了建筑造价。在经济要素的推动下,建筑业必须把长远发展的目光重新转向装配式建筑。

②新时期对建筑质量和性能的更高要求需要建筑工业化。从"有得住"到"住得好"的过程中,使用者对建筑耐久、安全、保温、隔热、防火、防水、隔声、采光等建筑质量和性能的要求越来越高,许多传统建造方式下存在的痼疾可以通过建筑工业化顺利得以解决,保障了更高的建筑质量,更好的建筑性能。

③建筑工业化是提升技术水平和增强国际竞争力的需要。建筑业是我国产业转型和提升的重要一环,将建筑工业化与信息化结合,以 BIM 等为平台,将设计、采购、生产、配送、存储、施工、财务、运营、管理等各个环节高度集成,既是建筑业产业转型的需要,也是提升我国建筑业国际竞争力的必然。

④可持续发展的思想要求建筑生产方式的转变。随着低碳环保、可持续发展理念的深入,建筑业作为资源尤其是能源的消耗大户必须变革其生产方式。与传统生产方式相比,装配式建筑能在设计、生产与施工各环节中大幅实现节水、节材、节能、节地和保护环境的诉求,与国家推广绿色建筑的政策一致。

虽然,建筑工业化从 20 世纪初开始酝酿,并在第二次世界大战后得到快速发展,迄今已历经百年,但相对于有上千年历史的传统生产方式,仍然是年轻的,也是建筑业未来发展的方向之一。进入 21 世纪,我国建筑工业化以及装配式建筑重获新生,但也任重道远。如果说专用体系是建筑工业化的 1.0 版本,那么通用体系就是 2.0 版本,性能提升则是 3.0 版本,而信息化智造将是 4.0 版本,我国建筑业在新的世纪需要完成从 1.0 版本向 4.0 版本的跨越式发展。

13.3   我国装配式建筑的主要部品

装配式建筑从专用系统走向通用系统的核心就是建筑部品的通用化,依据建筑物的构造组成,并结合我国近年来的装配式建筑工程实践,建筑的主要部品可划分为结构部品、围隔部品、内装部品和设备部品等。其中,围隔部品是本节讨论的主要内容,同时也将兼具围护和分隔空间作用的结构部品纳入本节。

从结构主材来分,我国装配式建筑分为混凝土结构、钢结构和木结构三大类。由于木结构材料的获取和适用范围受限,在我国应用并不广泛。混凝土结构和钢结构是装配式建筑的主要结构类型。其中,混凝土结构使用最为广泛,普遍适用于包括住宅的各类民用和工业建筑中,钢结构主要用于工业建筑和超高层、大跨度建筑,现在也逐渐拓展到普通民用建筑类型,随着内装部品的配套完善,钢结构在住宅领域的使用也具有广阔前景。

因为结构主材的不同,混凝土和钢结构装配式建筑的结构部品有一定的差异性,但围隔部品却有相当大的通用性和互换性。详见表 13.2。

表 13.2   混凝土结构和钢结构装配式建筑部品划分对比

分 类	主要适用的结构类型	主要的结构部品	主要的围隔部品
混凝土结构	装配整体式框架结构, 装配整体式剪力墙结构, 装配整体式框架-现浇剪力墙结构, 装配整体式部分框支剪力墙结构。	预制梁、预制柱、预制剪力墙、叠合楼板、屋盖及预制楼梯、阳台板	外围护墙、内分隔墙、叠合楼板、屋盖、阳台板、门窗等
钢结构	框架结构,框架-支撑结构, 筒体结构,巨型结构, 交错桁架结构,门式刚架结构。	预制梁、预制柱、预制支撑、叠合楼板、屋盖及预制楼梯、阳台板	外围护墙、内分隔墙、叠合楼板、屋盖、阳台板、门窗等

　　同时应注意的是,在混凝土结构中,预制剪力墙既是结构部品也是围隔部品。而无论何种结构类型,叠合楼板、屋盖、阳台板等不仅是结构部品,同时也兼具围护和分隔空间的作用,也是围隔部品。因此,本节主要讨论的建筑部件是墙体和楼板。此外,在本书前述章节已经讲授的其他相关预制建筑部品,如骨架隔墙、幕墙、预制楼板和预制楼梯等在本节就不再赘述。

13.3.1　预制墙体

　　根据墙体的受力不同,预制墙体分为预制混凝土剪力墙和各种轻质隔墙。考虑到预制装配部件的集成度和施工的方便,当前我国重点发展的主要有两类混凝土剪力墙和三类轻质隔墙。预制混凝土剪力墙有内墙板和外墙板两种(图 13.11)。轻质隔墙有蒸压加气混凝土板(图 13.12)、混凝土夹心保温板(图13.13)、金属夹心板 3 种(图 13.14)。

（a）预制混凝土剪力墙内墙板　　　　　　（b）预制混凝土剪力墙外墙板

图 13.11　预制混凝土剪力墙墙板

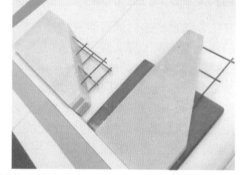

图 13.12　蒸压加气混凝土板

图 13.13　混凝土夹心保温板　　　　　图 13.14　金属夹心保温板

1) 预制混凝土剪力墙内墙板

预制混凝土剪力墙内墙板由标号不低于 C30 的混凝土与受力钢筋及预埋件在工厂预制,主要板型有无洞口内墙、固定门垛内墙、中间门洞内墙和刀把内墙等 4 种(表 13.3)墙板厚度为 200 mm,断面平齐。

表 13.3 预制混凝土剪力墙内墙板规格示例 单位:mm

墙板类型	示意图	墙板编号	标志宽度	层 高	门 宽	门 高
无洞口内墙		MQ-2128	2 100	2 800	—	—
固定门装内墙		MQM1-3028-0921	3 000	2 800	900	2 100
中间门洞内墙		MQM2-3029-1022	3 000	2 900	1 000	2 200
刀把内墙		MQM3-3030-1022	3 300	3 000	1 000	2 200

用于住宅建筑时,层高分为 2.8 m、2.9 m 和 3.0 m 三种,根据不同的层高,内墙板高度分为 2 640 mm, 2 740 mm 和 2 840 mm,标志宽度为 1 800 ~ 3 600 mm(按 300 mm 递增)。门洞口宽度分为 900 mm 和 1 000 mm 两种,高度分为 2 100 mm 和 2 200 mm 两种。

上、下层墙板的竖向钢筋采用灌浆套筒连接(图 13.15);相邻内墙板之间的水平钢筋采用连接钢筋连接,然后现浇混凝土连接成整体(图 13.16)。图 13.17 为固定门垛内墙板模板图示例。

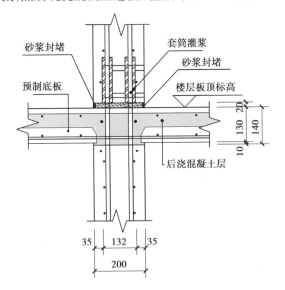

图 13.15　内墙板竖向连接

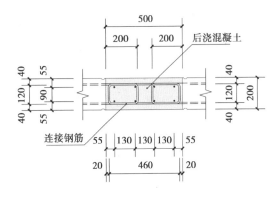

图 13.16　内墙板水平连接

2) 预制混凝土剪力墙外墙板

预制混凝土剪力墙外墙板与内墙板的最大不同是要考虑外墙保温的要求,通常采用夹心保温的三明治构造,由内叶板、夹心保温板、外叶板组成。内叶板具有受力作用,厚度为 200 mm,外叶板厚度为 60 mm,夹心保温板的厚度由计算决定,通常为 30 ~ 100 mm,常用材料有模塑聚苯板、挤塑聚苯板、硬泡聚氨酯板、酚醛泡沫板、发泡水泥板、泡沫玻璃板等。内、外叶板之间应有可靠连接。

因为内叶板有现浇连接的要求,所以内外叶板之间宽度和高度方向均有一定的差值。又因为外叶板需考虑防水的要求,水平缝常做成高低错缝,竖缝仍可采用平缝。预制混凝土剪力墙外墙板主要板型有无洞口外墙、高窗台单窗洞外墙、低窗台单窗洞外墙、双窗洞外墙和单门洞外墙等 5 种(表 13.4)。

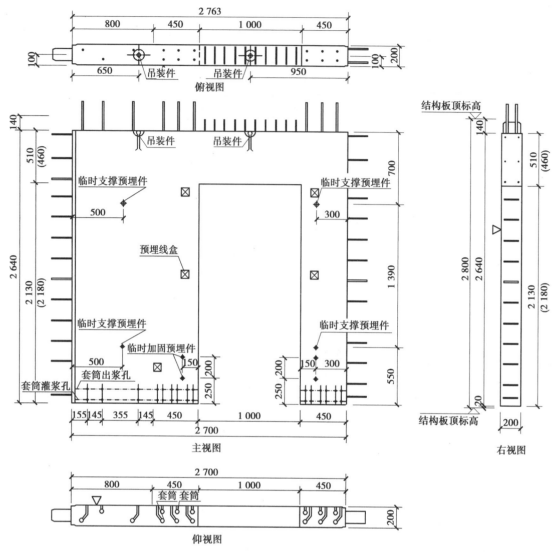

图 13.17　固定门垛内墙板模板图示例

表 13.4　预制混凝土剪力墙外墙板规格示例

单位：mm

墙板类型	示意图	墙板编号	标志宽度	层高	门(窗)宽	门(窗)高	门(窗)宽	门(窗)高
无洞口外墙	□	WQ-2428	2 400	2 800	—	—	—	—
一个窗洞外墙 (高窗台)	▣	WQCI-3028-1514	3 000	2 800	1 500	1 400	—	—
一个窗洞外墙 (矮窗台)	▣	WQCA-3029-1517	3 000	2 900	1 500	1 700	—	—
两个窗洞外墙	▣▣	WQC2-4830-0615-1515	4 800	3 000	1 600	1 500	1 500	1 500
一个门洞外墙	⊓	WQM-3628-1823	3 600	2 800	1 800	2 300	—	—

　　用于住宅建筑时,层高分为 2.8 m、2.9 m 和 3.0 m 三种,标志宽度为 2 700~4 500 mm(按 300 mm 递增)。窗洞口宽度有 600 mm、1 200 mm、1 500~2 700 mm(按 300 mm 递增)等多种,窗洞口高度有 1 500 mm、1 600 mm、1 700 mm、1 800 mm 等 4 种。门洞口宽度有 1 800 mm、2 100 mm、2 400 mm、2 700 mm 等 4 种,高度有 2 300 mm、2 400 mm 两种。

上下层墙板的竖向钢筋采用灌浆套筒连接(图 13.18);相邻内、外墙板之间的水平钢筋采用连接钢筋连接,然后现浇混凝土连接成整体(图 13.19)。图 13.20 为低窗台单窗洞外墙板模板图示例。

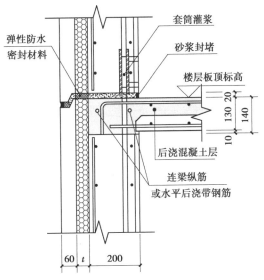

图 13.18 外墙板竖向连接

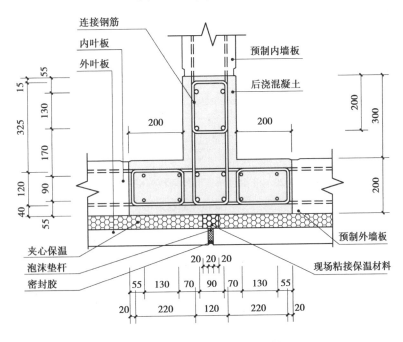

图 13.19 内、外墙板水平连接

3) 蒸压加气混凝土板

蒸压加气混凝土板是以硅质材料和钙质材料为主要原料,以铝粉为发气材料,配以经防腐处理的钢筋网片,经加水搅拌、浇筑成型、预养切割、蒸压养护制成的多孔板材。该板材轻质高强,具有良好的保温、防火、隔声性能,并具有较好的加工性能,但也具有抗冲击力差、干缩较大和吸湿率高等缺点。虽然,蒸压加气混凝土板可以用作楼面、屋面板,但最常用的还是作为建筑内、外墙板。

蒸压加气混凝土板标准宽度为 600 mm,非标准板宽可以锯切组合;其长度与板厚和荷载有关,不超过 6 m。常用外墙板规格见表 13.5,常用内墙板规格见表 13.6。

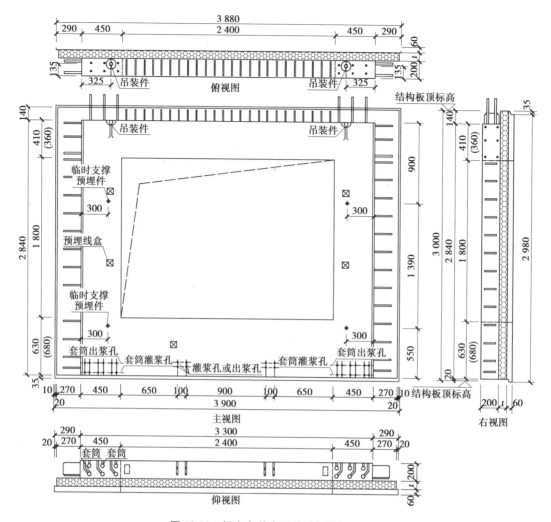

图 13.20　低窗台单窗洞外墙板模板图示例

表 13.5　常用外墙板规格

厚度(mm) 荷载(kN/m²)	100	120	150	175	200
	不同板厚对应长度(mm)				
0.8	4 000	5 000	6 000	6 000	6 000
1.0	3 900	4 900	5 900	6 000	6 000
1.2	3 800	4 750	5 800	6 000	6 000
1.4	3 700	4 600	5 650	6 000	6 000
1.6	3 600	4 150	5 500	6 000	6 000
1.8	3 500	4 300	5 300	6 000	6 000
2.0	3 400	4 150	5 150	6 000	6 000
2.2	3 300	4 000	5 000	5 700	6 000
2.4	3 200	3 800	4 800	5 500	6 000
2.6	3 100	3 700	4 600	5 300	5 700
2.8	3 000	3 500	400	5 100	5 500
3.0	2 900	3 400	4 200	4 900	5 300

注:①当一定厚度的 AAC 板长超出表中所列最大板长时可按需定制;

②设计荷载超出上表时,按单体设计确定。

表 13.6　常用内墙板规格

厚度（mm）	75	100	120	150	175	200
对应长度（mm）	3000	4250	5000	6000	6000	6000

注：当一定板厚的 AAC 板长超出所列最大板长时可按需定制。

　　根据结构和构造要求，蒸压加气混凝土板需要配筋，通常内墙板采用单层钢筋网片，外墙板采用双层钢筋网片，板的断面有平口和企口两种形式（图 13.21）。蒸压加气混凝土内墙板常采用竖向布板、嵌入式安装。外墙板可采用竖向布板，也可采用横向布板。根据外墙板与主体结构的位置关系，其安装可分为外包式和内嵌式两种（图 13.22），其中，外包式安装可有效避免冷热桥。

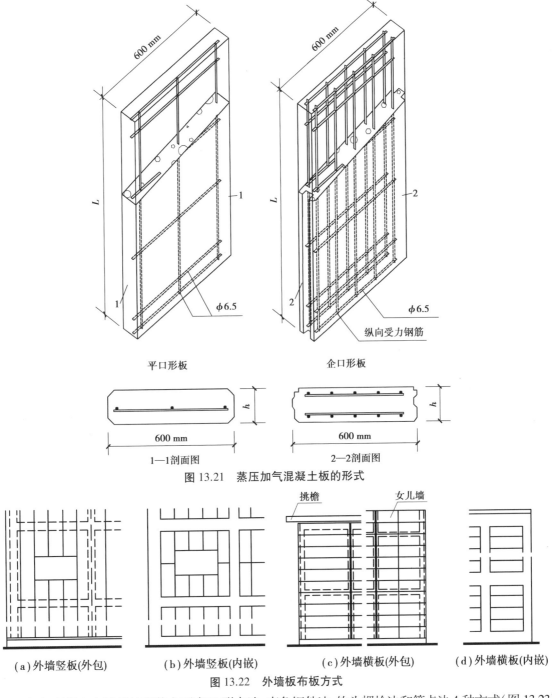

平口形板　　　　　　　　企口形板

1—1剖面图　　　　　　　2—2剖面图

图 13.21　蒸压加气混凝土板的形式

（a）外墙竖板(外包)　　　（b）外墙竖板(内嵌)　　　（c）外墙横板(外包)　　　（d）外墙横板(内嵌)

图 13.22　外墙板布板方式

　　蒸压加气混凝土内墙板的安装主要有 U 形卡法、直角钢件法、钩头螺栓法和管卡法 4 种方式（图 13.23）。

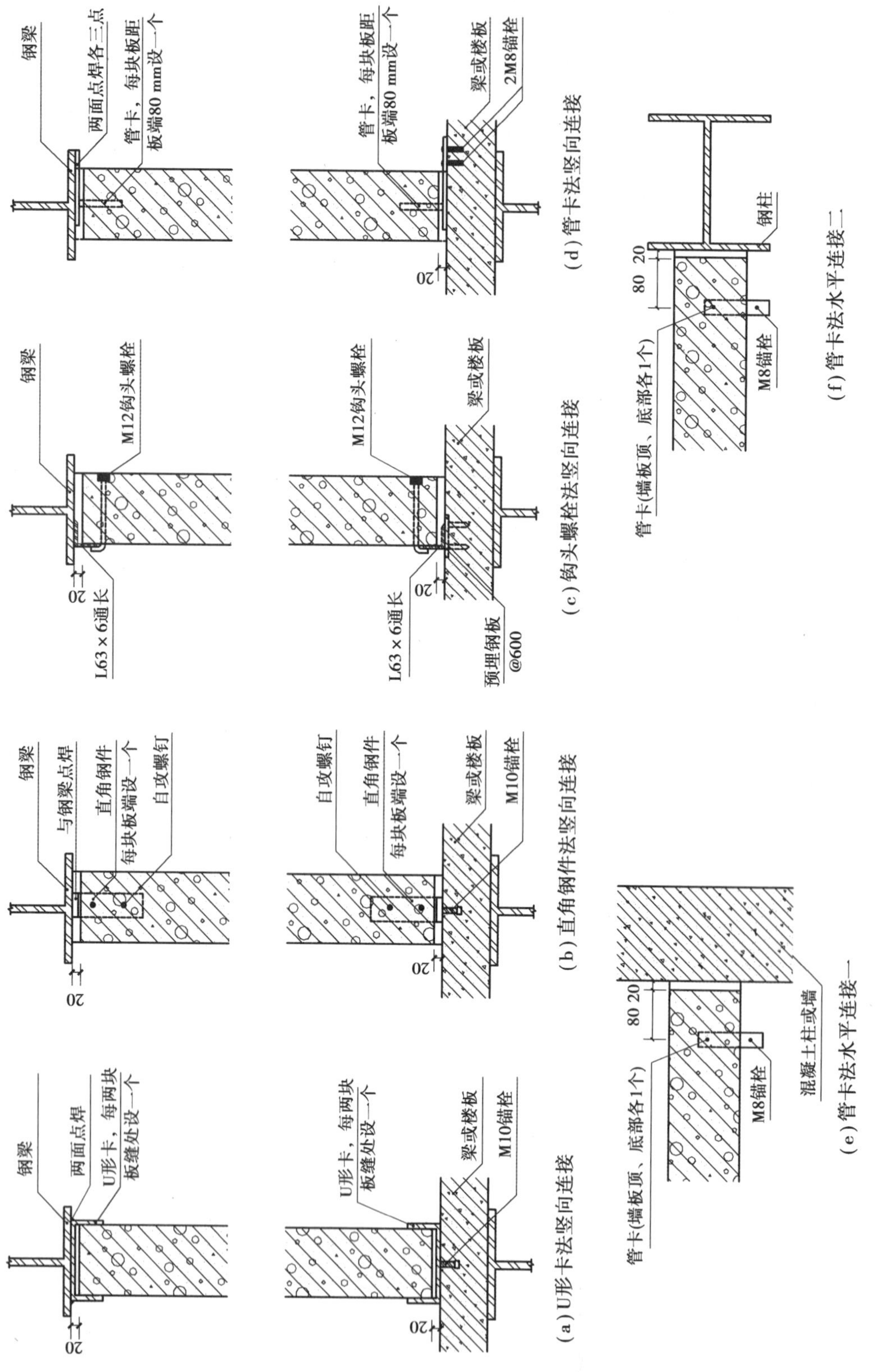

图13.23　内墙板安装方法

无论采用外包还是内嵌,蒸压加气混凝土外墙板的安装均可采用钩头螺栓法、滑动螺栓法和内置锚件法 3 种方式(图 13.24)。

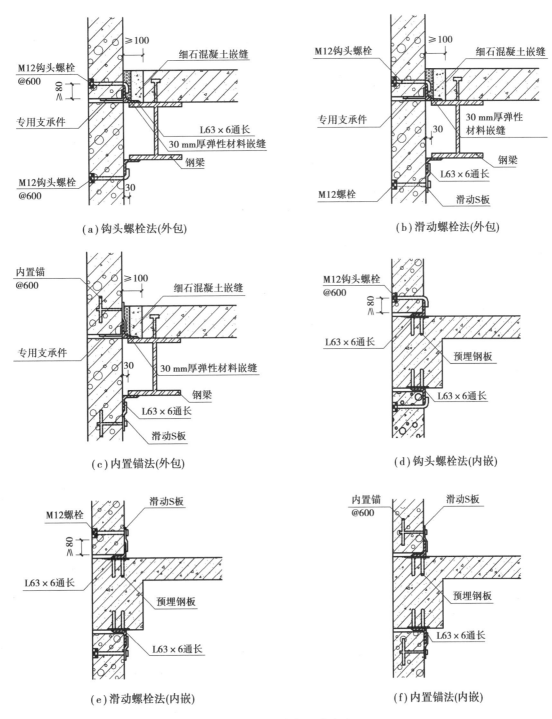

图 13.24　外墙板安装方法

4) 预制混凝土夹心保温板

从构造角度看,我国现行推广的预制混凝土剪力墙外墙板已经将保温层整合到构件中,是一种能够承受剪力的预制混凝土夹心保温板,可以说是预制混凝土夹心保温板的一种。预制混凝土夹心保温板与预制混凝土剪力墙外墙板相似,也采用三明治构造,由内、外叶混凝土墙板、夹心保温层和连接件组合,但不承担剪力。所以内、外叶板的厚度较薄,一般为 60~120 mm,内、外叶板间应采用不锈钢或者纤维增强塑料连接件连接,夹心保温层的厚度由计算决定,通常为 30~100 mm。

预制混凝土夹心保温板在内、外叶板之间常采用封边处理(图 13.25),以确保保温层的使用寿命,并避免火灾隐患,但封边处也会产生冷热桥,需要考虑封边材料的保温、防火能力,或者在内叶板上设置保温缓冲层来减缓冷热桥。

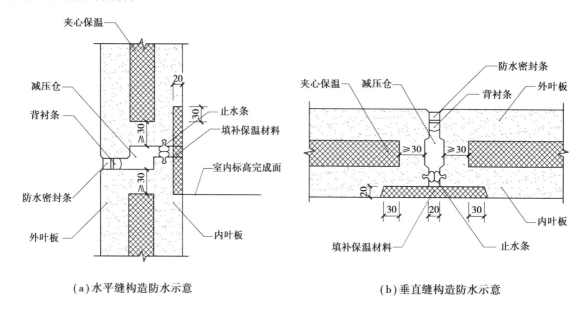

(a)水平缝构造防水示意　　　　　(b)垂直缝构造防水示意

图 13.25　预制混凝土夹心保温板接缝处理

预制混凝土夹心保温板的板面划分、尺寸规格和预制生产可以参考预制混凝土剪力墙外墙板,其安装通常采用外包方式,主要采用类似幕墙的外挂连接,也可以采用与叠合楼盖插筋并整浇的方式。

5)金属夹心板

金属夹心板是指将金属面板和底板与保温心材通过黏结剂(或发泡)复合而成的保温复合围护板材。金属夹心板重量轻、保温性能好、加工方便、安装便捷,在工业建筑和钢结构建筑中有广泛应用。但其耐火极限较低,在应用中应满足《建筑设计防火规范》(GB 50016—2014)的相关要求。

金属面板主要有钢板和铝板两类,钢板的厚度不小于 0.5 mm,铝合金板的厚度不小于0.9 mm,其中彩色钢板夹心板适用较多,其主要适用规格见表 13.7。

表 13.7　金属夹心板规格表

规格(mm)	标准板宽	1 000
	可选板宽	300,400,500,600,700,800,900
	板长	$1\ 000 \leqslant L \leqslant 12\ 000$
	阳角板厚	$1\ 000 \leqslant L \leqslant 3\ 000$
	标准板厚	50
	可选板厚	60,70,80,90,100

根据金属夹心板芯材的不同可分为硬质聚氨酯夹心板、聚苯乙烯夹心板、岩棉夹心板、玻璃丝棉夹心板等。其中岩棉和玻璃丝棉为 A 级不燃材料,其板材的耐火性能较好。

考虑到施工安装方便,提高防水和气密性能,并充分发挥工厂预制的作用,金属夹心板的断面形式较为复杂(图 13.26)。金属夹心板主要采用外包式安装,通常采用横向布板。夹心板材通过连接件固定在墙梁上,水平缝间采用承插式连接,垂直缝采用盖板连接。图 13.27 为承插型金属夹心板横向布板构造示例。

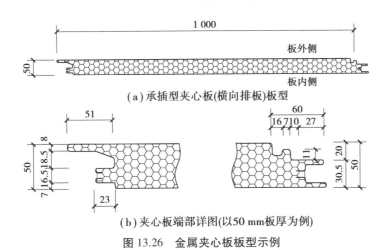

1 000

板外侧

50

板内侧

（a）承插型夹心板(横向排板)板型

51

8

50

16.5 18.5

7

23

60

16 7 10 27

11

30.5 20

50

（b）夹心板端部详图(以50 mm板厚为例)

图 13.26　金属夹心板板型示例

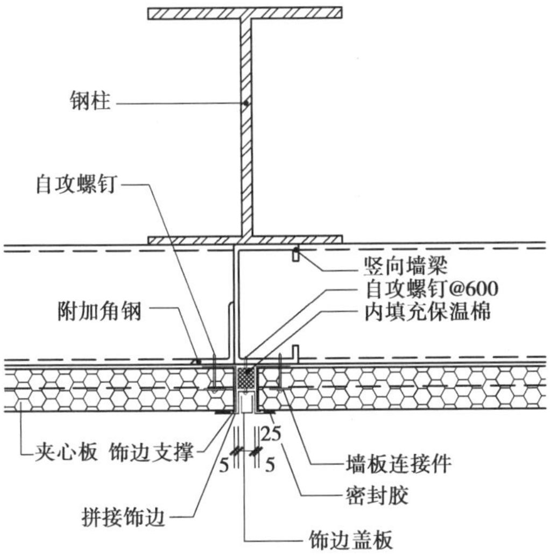

钢柱

自攻螺钉

竖向墙梁
自攻螺钉@600
内填充保温棉

附加角钢

板外侧

墙板连接件

自攻螺钉

竖向墙梁

夹心板 饰边支撑
拼接饰边
饰边盖板

5 25 5

墙板连接件
密封胶

板宽

11

板宽

①横向连接

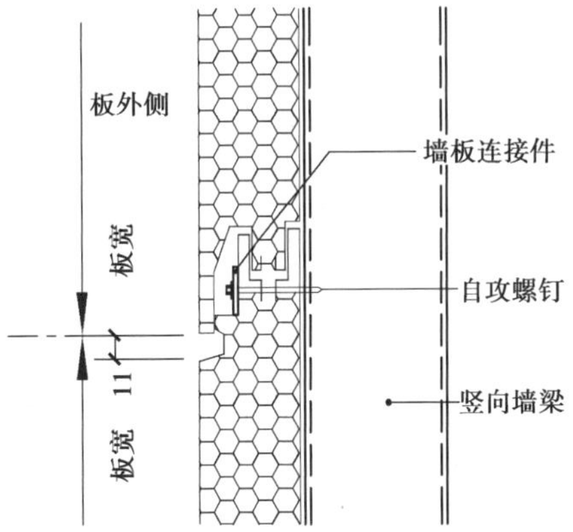

②竖向连接

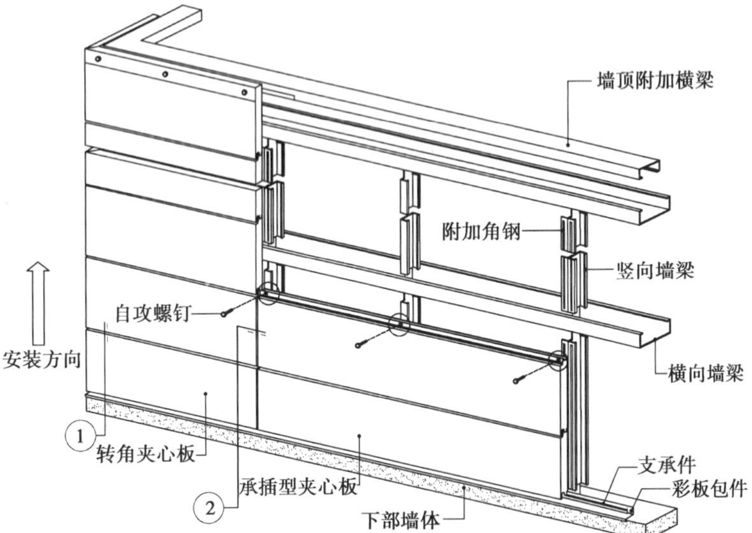

墙顶附加横梁

附加角钢

竖向墙梁

自攻螺钉

横向墙梁

安装方向

①

转角夹心板

②

承插型夹心板

下部墙体

支承件
彩板包件

承插型金属夹心板横向布板轴测图

图 13.27　承插型金属夹心板横向布板构造图

13.3.2　叠合楼板

叠合楼板是由预制底板和现浇钢筋混凝土叠合层组合而成的装配整体式楼板,该楼板整体性好、刚度大,跨度通常为3~6 m,最大跨度可达9 m以上。其中,预制底板既是楼板结构的组成部分,又是现浇叠合层的模板,节省模板,施工方便。

预制底板可采用压型钢板,也可采用钢筋混凝土板,前者就是压型钢板组合楼板,后者根据板的受力和形式又可分为多种。

按楼板受力状态,混凝土叠合楼板可分为单向受力和双向受力板。预制底板按照受力钢筋种类可以分为预制混凝土底板和预制预应力混凝土底板。

预制混凝土底板采用非预应力钢筋时,为增强刚度目前多采用桁架钢筋混凝土底板(图13.28);预制预应力混凝土底板可为预应力混凝土平板、预应力混凝土带肋板(图13.29)、预应力混凝土空心板(图13.30)。

图13.28　桁架钢筋混凝土底板

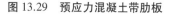

图13.29　预应力混凝土带肋板

图13.30　预应力混凝土空心板

混凝土叠合楼板中,预制底板厚度不宜小于60 mm,现浇叠合层的厚度不应小于60 mm。当跨度大于3 m时预制底板宜采用桁架钢筋混凝土底板或预应力混凝土平板,跨度大于6 m时预制底板宜采用预应力混凝土带肋底板、预应力混凝土空心板,叠合楼板厚度大于180 mm时宜采用预应力混凝土空心叠合板。

保证叠合面上下两侧混凝土共同承载、协调受力是预制混凝土叠合楼板设计的关键,一般通过叠合面的粗糙度以及界面抗剪构造钢筋来实现。

叠合楼板与预制混凝土梁和剪力墙之间通常采用钢筋连接,并与叠合梁、板及剪力墙板的现浇部分浇筑连接成为整体。

1)桁架钢筋混凝土叠合楼板

桁架钢筋混凝土叠合楼板是在普通预制平板的基础上,增设纵向钢筋桁架,最后再现浇钢筋混凝土叠合层所形成的装配整体式楼板。预制底板厚度通常为60 mm,叠合层厚度为70~90 mm。预制底板板宽为1 200~2 400 mm,单向板的跨度为2 700~4 200 mm,双向板的跨度为3 000~6 000 mm,均按照300 mm模数增长。图13.31为桁架钢筋混凝土叠合板在装配式剪力墙结构中的应用示例。

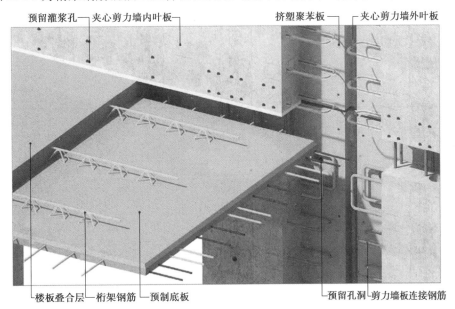

图13.31　桁架钢筋混凝土叠合板应用示例

2)预制带肋底板混凝土叠合板

预制带肋底板混凝土叠合板是在预留洞口的预制带肋底板上配筋并浇筑混凝土叠合层形成的装配整体式楼板。预制带肋底板主要有预应力和非预应力两种。其中,以预应力带肋板为底板的叠合板跨度更大,应用更为广泛,称为预应力混凝土带肋板叠合楼板(图13.32)。

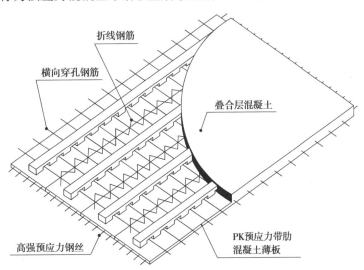

图13.32　预应力混凝土带肋板叠合楼板示例

预应力混凝土带肋底板有单肋板和多肋板两类,单肋板板宽主要有500 mm和600 mm两种,二者可组合形成多种板宽规格的多肋板,以满足不同适用要求。板跨为3 000~9 000 mm,以300 mm为模数递增。板肋的断面形状有矩形和T形两种(图13.33),当板跨≤3.3 m时,常用矩形肋;当板跨≥3.6 m时,常用 T 形肋,其常用规格见表 13.8。

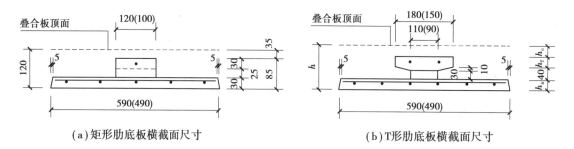

（a）矩形肋底板横截面尺寸　　　　　　　　（b）T 形肋底板横截面尺寸

图 13.33　预应力混凝土带肋板断面

表 13.8　T 形肋底板几何参数　　　　　　单位:mm

标志跨度	3 600	3 900	4 200	4 500	4 800	5 100	5 400	5 700	6 000	6 300
h_a	30	30	30	35	35	35	35	35	35	35
h_f	25	25	35	30	30	30	30	40	50	50
h_c	35	35	35	35	35	35	35	35	35	35
h	130	130	140	140	140	140	140	150	160	160
标志跨度	6 600	6 900	7 200	7 500	7 800	8 100	8 400	8 700	9 000	—
h_a	35	40	40	40	40	40	40	40	40	—
h_f	50	50	50	60	60	70	70	80	80	—
h_c	35	40	40	40	40	40	40	40	40	—
h	160	170	170	180	180	190	190	200	200	—

3）预应力混凝土叠合楼板

预应力混凝土叠合楼板是由预制预应力混凝土板为底板与现浇混凝土叠合层组合而成的装配整体式楼板。预制预应力混凝土底板有实心板和空心板两大类,预应力空心板的跨度较大,但厚度也较大。一般来说,当叠合楼板总厚度大于 180 mm 时,宜采用预应力混凝土空心板。

预应力混凝土实心叠合楼板通常采用 60 mm 厚底板,叠合 70,80,90 mm 厚现浇层,板宽有 600,1 200 mm 两种规格,板跨度为 3 000 mm ~ 6 000 mm,以 300 mm 为模数递增。

预应力混凝土空心叠合楼板也有 600,1 200 mm 两种板宽规格,但跨度和厚度与空心板有较大区别,最大跨度可到 9 900 mm,板厚也增加至 260 mm,见表 13.9。

表 13.9　预应力混凝土空心板规格　　　　　　单位:mm

叠合板标志宽度	叠合板标志长度	叠合板厚度	叠合层厚度	预制底板厚度
600,1 200	2.4~6.0	130,150	50,70	80
600,1 200	2.7~6.3	150,170	50,70	100
600,1 200	3.3~7.5	180,200,220	50,70,90	130
600,1 200	3.6~9.9	220,240,260	50,70,90	170

复习思考题

(1)什么是建筑工业化?什么是装配式建筑?

(2)专用体系与通用体系的区别有哪些?

(3)国内、外装配式建筑的发展历程有什么不同?

(4)当前我国装配式建筑发展的主要特征是什么?其社会经济和工程技术背景有哪些?

(5)当前我国装配式建筑的主要结构类型有哪些?建筑部品划分为哪4个类别?

(6)当前我国预制墙体有哪些类型?

(7)预制混凝土剪力墙内、外墙板的区别主要是什么?

(8)蒸压加气混凝土板作为内、外墙板有哪些主要安装方式?并绘简图说明。

(9)当前我国叠合楼板有哪些类型?

(10)请对比各类型叠合楼板的组成方式和常用规格。

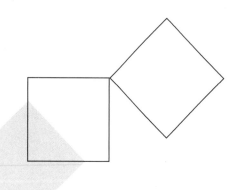

参考文献

[1] 李必瑜,王雪松.房屋建筑学[M].武汉:武汉理工大学出版社,2020.

[2] 同济大学,东南大学,西安建筑科技大学,重庆大学.房屋建筑学[M].北京:中国建筑工业出版社,2016.

[3] 哈尔滨建筑工程学院.工业建筑设计原理[M].北京:中国建筑工业出版社,1988.

[4] 陈仲林,唐鸣放.建筑物理[M].北京:中国建筑工业出版社,2009.

[5] 李必瑜,魏宏杨.建筑构造:上[M].北京:中国建筑工业出版社,2019.

[6] 刘建荣,翁季.建筑构造:下[M].北京:中国建筑工业出版社,2019.

[7] 罗小未,蔡琬英.外国建筑历史图说[M].上海:同济大学出版社,2005.

[8] 王受之.世界现代建筑史[M].北京:中国建筑工业出版社,2012.

[9] 彭一刚.建筑空间组合论[M].北京:中国建筑工业出版社,2008.

[10] 鲍家声.建筑设计教程[M].北京:中国建筑工业出版社,2009.

[11] 中华人民共和国住房和城乡建设部.装配式混凝土建筑技术标准[S].北京:中国建筑工业出版社,2017.

[12] 中华人民共和国住房和城乡建设部.装配式钢结构建筑技术标准[S].北京:中国建筑工业出版社,2017.

[13] 中华人民共和国住房和城乡建设部.装配式建筑评价标准[S].北京:中国建筑工业出版社,2018.